煤矿机电设备与煤矿安全技术研究

李远清　侯　军　牛旭军■主编

文化发展出版社
Cultural Development Press

图书在版编目（CIP）数据

煤矿机电设备与煤矿安全技术研究 / 李远清，侯军，牛旭军主编 . —北京：文化发展出版社，2020. 12(2022.1重印)

ISBN 978-7-5142-3175-5

Ⅰ . ①煤… Ⅱ . ①李… ②侯… ③牛… Ⅲ . ①煤矿－机电设备－安全管理②煤矿－矿山安全 Ⅳ . ① TD608 ② TD7

中国版本图书馆 CIP 数据核字（2020）第 225498 号

煤矿机电设备与煤矿安全技术研究

主　　编：李远清　侯　军　牛旭军

责任编辑：张　琪　　　　　　责任校对：岳智勇
责任印制：邓辉明　　　　　　责任设计：侯　铮
出版发行：文化发展出版社有限公司（北京市翠微路 2 号　邮编：100036）
网　　址：www. wenhuafazhan. com
经　　销：各地新华书店
印　　刷：阳谷毕升印务有限公司

开　　本：787mm×1092mm　1/16
字　　数：425 千字
印　　张：22.375
印　　次：2021 年 5 月第 1 版　2022 年 1 月第 2 次印刷
定　　价：54.00 元
Ｉ S B N：978-7-5142-3175-5

◆ 如发现任何质量问题请与我社发行部联系。发行部电话：010-88275710

编委会

作　者	署名位置	工作单位
李远清	第一主编	陕西中太能源投资有限公司
侯　军	第二主编	内蒙古北联电能源开发有限责任公司
牛旭军	第三主编	山西华晟荣煤矿有限公司
黄　松	副主编	贵州煤矿矿用安全产品检验中心
陈清国	副主编	肥城白庄煤矿有限公司
程先才	副主编	中国水利水电第十工程局有限公司
赵海妮	副主编	内蒙古鄂尔多斯永煤矿业投资有限公司
宋光辉	副主编	平煤股份一矿

前 言

PREFACE

随着科技水平的发展，很多先进的技术被用到煤矿机电设备，增加了煤矿生产的效率。虽然很多先进的技术装备在地面上多次试验没有问题，但是在井下复杂的条件下故障频出。造成这种现象的原因是，煤矿机电装备的研发周期缩短后，很多潜在的技术问题没有得到解决。引起矿山机电设备发生故障的因素有很多，很难逐一的进行排除。因此，在这种背景下，加大对矿山机电设备的检修和维护不仅能降低故障的发生概率，而且能增加矿山机电设备的寿命。然而，由于矿山机电设备的技术含量增加，对机电设备的检修和维护也不是件容易的事。

煤矿安全生产离不开安全生产监测监控系统的应用，为了满足煤矿生产不断发展的需要，煤矿安全生产监测监控系统也在不断发展。未来的发展态势主要从以下几个方面体现：首先，监测监控体系朝着更加全面的方向发展，覆盖面积更加广泛，更加满足煤矿安全生产全面自动化目的；其次，将现场维护及管理水平进一步提升，将矿井生产安全监督管理力度不断增强；利用现代科学技术带来的优势，研发出功能更加齐全，可靠程度更高的传感器，对煤矿安全监测监控系统配套的传感器还应该进一步深化研究，研发产品的种类更加齐全；网络化管理实现全面化，保障资源实现更为有效的共享。保障生产矿井及国家整体煤矿体系可以实现更大范围内的共享，强化网络管理。

为了满足从事煤矿机电设备和煤矿安全技术研究和工作人员的实际要求，编委会的专家们翻阅大量煤矿机电设备和煤矿安全技术的相关文献，并结合自己多年的实践经验编写了此书。由于编写时间和水平有限，尽管编者尽心尽力，反复推敲核实，但难免有疏漏及不妥之处，恳请广大读者批评指正，以便做进一步的修改和完善。

《煤矿机电设备与煤矿安全技术研究》编委会

目 录

CONCENTS

第一章　矿山供电与矿用电气设备基础

第一节　煤矿企业对供电的要求

一、煤矿的生产环境

煤矿生产主要是地下开采，矿井的一些主要用电设备，如煤矿副井的提升机、向井下供风的主通风机、井下的主排水泵等，它们不但用电量大，而且不允许中断供电。因为一旦中断供电，不仅会造成减产，还可能引起人身伤亡和设备损坏的重大事故，严重时可能会毁坏整个矿井。

煤矿井下生产场地狭小，而且又有顶板压力的作用，常有冒顶、片帮等现象发生，容易砸坏设备；有淋水、滴水现象，空气潮湿，使电气设备受潮，侵蚀电气设备的金属部件和绝缘材料。

随着采掘工作面的向前推进，电网和电气设备也需经常移动，使电缆和电气设备容易受到机械损伤。

煤矿井下空气中有瓦斯、煤尘等可燃、易爆性混合物。当遇到地质条件的变化［如煤（岩）层硬度不均匀、有夹矸等］时，采掘机械经常有冲击负荷，所以负荷变化大，容易引起设备过载。

二、煤矿企业对供电的基本要求

1. 供电可靠

供电可靠就是要求供电不能中断，特别是对重要的用电部门，要保证在任何情况下都不能中断供电。例如矿井主要运输设备停电，会造成大量减产；矿井提升设备突然中断供电，会使提升机紧急制动，产生很大的冲击拉力，使钢丝绳损坏。另外，矿井井下含有甲烷等有害气体，并有水不断涌出，一旦供电中断，可能使工作人员窒息死亡和引起瓦斯爆炸，矿井也有被水淹没的危险。因此，对煤矿中的重要用电设备，要求采用两个独立电源的双回路或环式供电方式，两路电源互为备用，当一路电源线路出现故障或停电检修时，则有另一路电源继续供电，以确保供电的可靠性。

2. 供电安全

供电安全有两个方面的意义，即防止人身触电和防止由于电气设备的损坏和故障引起的电气火灾及瓦斯、煤尘爆炸事故。因此，为了避免事故的发生，在煤矿供电工作中，应严格按照《煤矿安全规程》的有关规定，确保供电安全。

3. 供电质量

用电设备在额定值下运行时性能最好。因此，衡量供电质量高低的技术指标是频率的稳定性和电压的偏移。

供电频率由发电厂保证。对于频率为 50Hz 的工业用交流电，其偏差不允许超过额定值 ±0.2 ~ ±0.5Hz，即为额定频率的士 0.4% ~ ±1%。

对于供电电压，送到用电设备的端电压与额定值总有一些偏差，此偏差值称为电压偏移。一般情况下，各种用电设备都能适应一定范围内的电压偏移，但是如果电压偏移超过允许范围，电气设备的运行情况将显著恶化，甚至损坏用电设备。例如，白炽灯在超过额定电压 5% 的电压下工作时，其工作寿命将缩短一半。因此，煤矿企业对一般工作场所的照明灯允许电压偏移范围为 ±5%。又如交流电动机，当电压降低时，电动机转矩急剧下降，使电动机启动困难，运行温度升高，加速了绝缘的老化，甚至烧毁电动机。因此，一般规定电动机允许电压偏差范围为 ±5%。

4. 供电经济

供电经济涉及的范围很广，比如使供电系统在运行中尽量减少损耗、提高效率，尽量降低供电系统的基本建设投资和维护费用。此外，在设备的选型上应尽量选用低能耗、功率因数高的节能产品。

总之，要在安全生产和安全用电的前提下，使用户得到可靠、优质、经济的电能，并且在保证技术、经济指标符合要求的同时，尽可能地使系统结构简单、便于安装维护、易于操作。

三、电力负荷的分类

电力负荷是决定电力系统规划、设计、运行以及发电、送电、变电布局的主要依据。根据对供电可靠性要求的不同，矿山电力负荷可分成以下三类（见表 1-1）。

表 1-1　矿山电力负荷分类

类型	具体内容
一类负荷	凡因突然中断供电可能造成人身伤亡或重大设备损坏，给国民经济造成重大损失或在政治上产生不良影响的负荷，均属一类负荷。例如，煤矿主通风机、主井及副井提升机、主水泵、井上及井下中央变电所、矿区医院的手术室等用户。对这类负荷应有两个独立电源供电，对有特殊要求的一类负荷，两个独立电源应来自不同地点，以保证供电的绝对可靠

类型	具体内容
二类负荷	凡因突然停电造成大量减产和较大经济损失的负荷，为二类负荷。例如压风机、采区变电所、露天矿变电所等都属于这类负荷。对二类负荷供电，是否需要备用电源，应根据企业规模和技术经济指标决定。对于中小型煤矿的二类负荷一般由专用线路供电，但需在仓库里储备一套设备，以备故障时临时更换；对于大型煤矿则需要备用电源
三类负荷	三类负荷是指除一类、二类负荷外的其他负荷。例如，辅助车间的用电及公用事业用电设备等都属于三类负荷。对三类负荷一般采用单一回路供电方式，且不需要备用电源

第二节 矿山供电系统

一、矿山供电电源

煤矿用电来自电力系统或矿区发电厂。

所谓电力系统，是指由发电厂发电机、输电线路及升压或降压变压器所组成的整体。

发电厂是把其他形式能量转换成电能的场所。常根据所用能源的不同，将发电厂加以分类。例如：使用热力做动力的，称为火力发电厂；使用水力做动力的，称为水力发电厂；等等。

在发电厂中，由发电机产生的电能电压较低（10kV 或 20kV），它除供给附近用户直接使用外，必须先经升压变压器转换成高压，才能送至外界的高压电力网。

变电所是汇集电能、变换电压的中间环节，它由各种电力变压器和配电设备组成。不含电力变压器的变电所称为配电所。

矿山供、配电系统中的矿区变电所属于地区变电所，它接受枢纽（或区域）变电所送来的 110kV 电能，将之降为 35kV 后送至矿山地面变电所。矿山地面变电所多属终端或穿越变电所，它将电压降为 6 ~ 10kV 后，向额定电压为 10kV 及以下的用电设备供电。

电力网主要由各种变电所及各种等级的电力线路组成，是电力系统的重要组成部分，担负着送电、变换和分配电能的任务。

一般根据电压等级的高低，将电力网分成低压、高压、超高压和特高压几种。电压在 1kV 以下的电力网为低压电网；3 ~ 330kV 的电力网为高压电网；330 ~ 1000kV 的电力网为超高压电网；1000kV 以上的电力网为特高压电网。

二、矿山供电系统

矿山供电系统是由煤矿内各级变电所的变压器、配电装置、电力线路以及用户按照一定的方式互相连接起来的一个整体。矿井供电方式取决于矿区范围、采用的机械化方式、矿层结构、采煤方法、矿层埋藏深浅、井下涌水量大小等因素。目前主要有深井、浅井、平硐三种典型供电方式，下面分述它们的构成和特点。

1. 深井供电系统

对于矿层埋藏深、倾角小、采用立井和斜井开拓、生产能力大的矿井，多采用如图 1-2 所示的供电系统，它属于深井供电系统。

在井下，由于一、二级负荷一般占大部分，故依《煤矿安全规程》规定，井下主变（配）电所的电源引入线至少要用两条电缆，且它们应分接于地面变电所的不同母线上，并使得在正常工作时诸段同时运行；而在任一回路停止供电时，其余回路应能承担井下全部负荷的供电。

2. 浅井供电系统

在矿井煤层埋藏不深（距地表 100 ~ 200m），且涌水量不大，而采区又离井底车场较远时，出于经济和运行方便的考虑，井下电力设备多用低压供电，此时多采用借助钻孔或辅助风井将电能送至井下的浅井供电系统。

由地面变电所将 6kV 电压送至采区所在地面相应位置的地面移动变电所或变电亭，再由移动变电所或变电亭将电压降至 380V、660V 或 1140V 后，经钻孔向井下采区配电所供电。井底车场的低压设备直接由地面变电所低压母线供电，也可由井底车场配电所供电，用来代替井下中央变电所。

在浅井供电系统中，由于采区用电是通过采区地表直通井下的钻孔向采区供电的，所以也称为钻孔供电系统。采用浅井供电系统可节省井下昂贵的高压电气设备和电缆，减少井下变电硐室的开拓量，所以比较经济、安全。

3. 平硐开采的供电系统

当矿层埋藏较浅（100m 以内）、分布范围较广时，往往采用平硐开采的供电系统。此时，对于其深部的用电设备，可利用在小风井、斜井或钻孔附近设置的地面变电亭提供低压电能。当需要向平硐提供直流电时，可先经地面变电所整流，再用电缆下送。至于对平硐开拓且井深在 150m 的用电设备供电，其系统则与深井供电系统相同，此时往往在盲井口附近设立一个地面主变（配）电所，其各道（段）是否设置井下变（配）电所，需视具体情况而定。

矿山供电究竟采用哪种供电方式，应根据矿井的具体情况经技术、经济比较后确定。

三、矿井各级变电所及配电点

1. 矿山地面变电所

矿山地面变电所是全矿供电的枢纽，担负着受电、变电、配电以及测量、保护和主要电气设备工作状态监视等任务。

矿山企业属于一类用户，为了保证供电的可靠性，每个矿山必须具有两个独立的电源。

根据具体情况，两个独立电源可采用平行双回路供电或环形供电，也可采用其他具有备用电源的专用线供电方式。

矿山地面变电所一般设有两台主变压器，分别经高压开关与相应的一次母线段相连接，以保证矿山重要用电负荷的双电源供电。主变压器将电压降为 6kV 后，分别经高压开关与变电所相应的二次母线段相连接，然后通过接于各个母线段上的成套高压开关设备将电能分配到地面各高压用户和井下中央变电所。

此外，为了防止雷电入侵对电气设备的危害，各段母线均装有避雷器；为了提高功率因数，在两段 6kV 母线上分别装有并联电容器组；为了测量、保护和监视电力系统的运行情况，在变压器的两段母线上均装有电压互感器；为了限制井下短路电流，下井电缆应串接电抗器。

2. 井下中央变电所

井下中央变电所是井下供电的枢纽，它担负着向井下供电的重要任务，其主结构如图 1-1 所示。

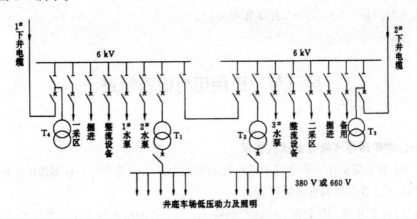

图 1-1 井下中央变电所结构示意图

井下中央变电所的位置应尽量靠近负荷中心，并根据通风良好、交通方便、进出线易于敷设、顶底板条件及保安煤柱的位置等因素综合考虑。根据现行开采方法，一般设在靠副井的井底车场范围内。

根据《煤矿安全规程》的规定，对井下中央变电所和主排水泵房的供电线路，不得少于两个回路，当任一回路停止供电时，另一回路应能担负矿井全部负荷。所以，为了保证井下供电的可靠性，由地面变电所引自中央变电所的电缆数目至少应有两条，并分别引自地面变电所的两段 6（10）kV 母线上。

水泵是井下中央变电所的重要负荷，应保证其供电绝对可靠。由于水泵总数中已包括备用水泵，因此每台水泵可用一条专用电缆供电。

水泵、采区用电、向电机车供电的硅整流装置的整流变压器、低压动力和照明用的配电变压器，应分散接在各段母线上，防止由于母线故障降低供电的可靠性和造成大范围停电，影响安全和生产。

3. 采区变电所

采区变电所是采区供电的中心，其任务是将井下中央变电所送来的高压 6kV 经高压防爆配电箱，由矿用变压器变为 660V（或 380V）后，分配或直接配给采掘工作面配电点或用电设备。这是一种传统的采区供电方式，即采区变电所→工作面配电点供电方式。

另外，随着综合机械化采煤工作面的大量出现，单机容量和设备的总容量都很大，其回采速度又快，若仍采用传统的采区供电方式，既不经济，又不易保证供电质量。因此，必须采用移动变电站供电，以缩短低压供电距离，使高压深入负荷中心，将综采工作面供电电压提高到 1140V，以利于保证供电的经济性和供电质量。目前我国高产高效工作面使用的设备，其额定电压已达 3300V。这种采区供电方式为：采区变电所→移动变电站→工作面配电点。

第三节　矿用电气设备概述

一、对矿用电气设备的结构要求

（1）由于煤矿井下的空气中含有瓦斯和煤尘，在一定条件下有爆炸的危险，所以矿用电气设备必须具有防爆性能。

（2）井下巷道、硐室和工作面空间狭小，为节省硐室建筑费用且搬迁设备方便，要求矿用电气设备体积小、重量轻。

（3）井下存在冒顶、片帮、滴水及淋水等现象，所以矿用电气设备的外壳要有足够的机械强度和较好的防潮、防锈性能。

（4）井下电气设备工作任务繁重，启动频繁，负载变化较大，设备易过载，因此要求矿用电气设备应有较大的过载能力。

（5）井下空气潮湿，易触电，故矿用电气设备外壳应封闭良好，有机械、电气闭锁及专用接地螺丝；对煤电钻、照明信号及控制电器采用 127V 及 36V 低压，以防触电。

二、防爆原理

为了满足矿用电气设备的防爆性能，常采用如下三种措施。

1. 隔爆外壳

隔爆型电气设备必须具有隔爆外壳，即当壳内发生爆炸时，绝不会引起壳外的可燃性混合物燃烧和爆炸，同时外壳也不会破裂或变形，即外壳必须具有耐爆和隔爆性能。

耐爆性能由外壳的机械强度保证。实验证明，壳内爆炸压力与外壳的容积大小和形状有关。由于长方形外壳壳内爆炸产生的压力最小，因此，近年来电气设备的隔爆外壳多设计成长方形。外壳净容积越大，爆炸时产生的爆炸压力也越大。不同容积外壳的机械强度要求见表 1-2。

表 1-2　隔爆外壳应能承受的试验压力

外壳容积 V/L	$V \leqslant 0.5$	$0.5 < V \leqslant 2.0$	$2.0 < V$
试验压力 /MPa	0.35	0.6	0.8

为了实现外壳隔爆性能，要求外壳各部件之间的隔爆接合面和隔爆面间隙必须符合一定的要求。这样当壳内发生爆炸时，隔爆面越长，传爆的可能性就越小；隔爆面间隙越小，穿过间隙的爆炸生成物能量就越少，隔爆能力就越强。隔爆间隙之所以有隔爆性能，一是间隙对爆炸生成物（火焰）有熄灭的作用；二是能降低壳内爆炸生成物的温度。因此，对接合面的间隙、最小有效长度和粗糙度均有一定的要求。粗糙度的要求：对静止的隔爆接合面和插销套应不大于 6.3；对操纵杆应不大于 3.2。对隔爆接合面的最大间隙或直径差 W、隔爆面最小有效长度 L 及螺栓通孔至外壳内缘的最小长度 L_1 的要求见表 1-3。

对于隔爆接合面所用的紧固件也必须有防诱和防松的措施。只有外壳零件紧固后，才能构成一个完整的隔爆外壳，起到隔爆作用。采用螺纹隔爆结构要符合表 1-4 的规定。

表 1-3　矿用电气设备隔爆外壳隔爆接合面结构参数

接合面形式	L/mm	L₁/mm	W/mm	
			外壳容积 V/L	
			V ≤ 0.1	V > 0.1
平面、止口或圆筒结构	6.0	6.0	0.30	–
	12.5	8.0	0.40	0.40
	25.0	9.0	0.50	0.50
	40.0	15.0		0.60
带有滚动轴承的圆筒结构	6.0	–	0.40	0.40
	12.5	–	0.50	0.50
	25.0	–	0.60	0.60
	40.0	–		0.80

表 1-4　螺纹隔爆结构的最小啮合扣数和拧入深度

外壳净容积 V/L	最小拧入深度 /mm	最小啮合扣数
V ≤ 0.1	5.0	
0.1 < V ≤ 0.2	9.0	6
2.0 < V	12.5	

2. 本质安全型电路

本质安全型电路简称本安型电路（亦称安全火花型电路）。它是指电路系统或设备在正常工作或在规定的故障状态下，产生的火花和火花效应均不能点燃瓦斯和煤尘。实验证明，当瓦斯在空气中的浓度为 8.2% ~ 8.5% 时，最容易发生爆炸，其所需要的最小能量为 0.28mJ 以下。因此恰当选择电路参数或采取一定的保护措施，把火花能量限制在 0.28mJ 以下，就不会引起瓦斯爆炸。

电火花分为电阻性、电容性和电感性三种。电路开关在开、合过程中或发生短路时，均能产生电火花，其能量大小取决于电源电压和回路阻抗。对纯电阻电路，火花的能量取决于电压和电流；对电感电路主要取决于电流和电感；对电容电路主要取决于电压和电容。电火花能量是决定能否点燃瓦斯的主要参数，因此在设计本质安全型电路时，必须限制电火花能量。其方法主要有：

（1）合理选择电气元件，尽量降低电源电压；

（2）增大电路中的电阻或利用导线电阻来限制电路中的故障电流；

（3）采取消能措施，消耗或衰减电感元件或电容元件中的能量。

可见，本质安全型电路只能是低电压小电流电路，所以只适用于矿井通讯、信号、测量和控制等电路。本质安全型设备可不要隔爆外壳，且具有体积小、重量轻、安全可靠等优点。

3. 超前切断电源和采用快速断电系统

当电气设备出现故障时，在可能点燃瓦斯之前，利用自动断电装置将电源切断。这种方法已用于矿用照明灯、矿用屏蔽电缆和爆破器。现以屏蔽电缆为例说明其工作原理。矿用屏蔽电缆与检漏继电器配合使用，可做到超前切断电源。当屏蔽电缆受到机械损伤时，相间绝缘被破坏，电缆芯线首先与屏蔽层接触造成漏电，检漏继电器动作使馈电开关跳闸。这样，在电缆内部还未形成短路故障之前即可切断电源。

快速断电系统的工作原理是，电火花点燃瓦斯和煤尘需要一定的时间，其时间的长短因电路参数和故障原因的不同而异，但最短不少于 5ms。如果故障切断时间少于 5ms，则无论电缆受何损伤，其电火花均不能点燃瓦斯和煤尘。一般快速断电系统的切断时间为 2.5 ~ 3ms。

三、矿用电气设备的类型

防爆电气设备分为两类。Ⅰ类：煤矿井下用电气设备，即矿用防爆型；Ⅱ类：除矿井以外的场合使用的电气设备，即矿用一般型。

1. 矿用一般型

矿用一般型电气设备的标志符号为"KY"，它与普通的设备相比有以下特点：

（1）外壳机械强度较高，防滴防溅；

（2）绝缘材料耐潮性好；

（3）引入电缆的接线端子有一定的空气间隙和漏电距离的要求；

（4）接线盒的内壁和可能产生火花的金属外壳内壁应均匀地涂上一层耐弧漆。

矿用一般型电气设备是非防爆设备，只能用于无瓦斯和煤尘爆炸危险的场所。

2. 矿用防爆型

矿用防爆型电气设备的外壳和铭牌上都标有"Ex"标志。它分以下几种：

（1）增安型电气设备（Exe Ⅰ）。增安型设备在正常运行时不会产生电弧、火花或可能点燃爆炸性混合物的高温，它不采用隔爆外壳，只是采取适当措施（包括加强绝缘、增大电气间隙和漏电距离）以提高安全程度。其标志符号为"e"。

（2）隔爆型电气设备（Exd Ⅰ）。隔爆型电气设备是具有防爆外壳的电气设备，这种设备将可能产生电火花和电弧的元件放在外壳中，使其与外界环境隔离。其标志符号为"d"。

（3）本质安全型电气设备（Exi$_a$ Ⅰ 或 Exi$_b$ Ⅰ）。本质安全型电气设备的全部电路均为本质安全电路,即在规定的试验条件下,正常工作或在规定的故障条件下,所产生的电火花和热效应均不能点燃规定的爆炸性混合物的电路。其标志符号为"i"(本安型又分 a 和 b 两个等级,a 等级的安全程度高于 b 等级)。

(4)隔爆兼本质安全型电气设备($Exdi_a$ I 或 $Exdi_b$ I)。这种设备是隔爆型与本安型的组合,它的非本安电路部分置于隔爆外壳中。其标志符号为"di"。

(5)充砂型电气设备(Exq I)。充砂型电气设备的外壳内充填砂粒材料,使其在规定的使用条件下,壳内产生的电弧使外壳壁或砂粒材料的表面过热,但均不能点燃周围的爆炸性混合物。其标志符号为"q"。

(6)正压型电气设备(Exp I)。这是一种具有正压外壳的电气设备,即将新鲜的空气或惰性气体充入密封的电气设备的外壳内部,保持一定的正压力,以阻止电气设备外部爆炸性混合物侵入外壳内部,使点火源与周围的爆炸性混合物相隔离,以达到防爆的目的。其标志符号为"p"。

此外,矿用防爆设备的类型还包括矿用充油型电气设备(Exo I)、矿用无火花型电气设备(Exn I)、矿用浇封型电气设备(Exm I)等。

第二章　高压电器

第一节　高压隔离开关与高压断路器

一、高压隔离开关

1. 隔离开关的用途和类型

（1）隔离开关的用途

隔离开关用于有电压而无负荷时接通和开断电路，将需要检修的部分与其他带电的部分或电源可靠地分离，另外还可用来进行电路切换。隔离开关没有灭弧装置，不能用来切断带负荷的电路，但允许用以接通和切断小电流电路，如 35kV、1000kV·A 及以下和 110·kV、3200kV·A 及以下的空载变压器和电压互感器、避雷器等。

（2）隔离开关的分类

隔离开关可按以下原则分类：按相绝缘支柱的数目可分为单柱式（用于变压器中性点接地）、双柱式及三柱式三种；按装置地点可分为户内式和户外式两种；按极数可分为单极（变压器中性点接地）和三极两种；按有无接地闸刀可分为有接地闸刀和无接地闸刀两种；按闸刀的运动方式可分为水平旋转式、垂直旋转式、摆动式和插入式四种；按操作机构的不同可分为手动、电动和气动三种。

2. 隔离开关的结构

隔离开关主要由绝缘材料、导电系统、操作机构和底座等组成。

（1）户内式隔离开关

户内式隔离开关的外形及结构如图 2-1 所示。其三相组装在同一个底座上。当闸刀动作时，由转轴 6 带动升降绝缘子 9 使闸刀运动，从而实现对电路的分合。

隔离开关对地绝缘时，由支柱绝缘子 2 和升降绝缘子（转动瓷瓶）9 来实现。断口间采用空气为绝缘介质。

户内式隔离开关的导电系统由固定在支柱绝缘子上的静触头 5、闸刀 4 和底架 1 三部分组成。根据结构形式或压力参数的不同，触头可分为片状触头和圆柱状指形触头，其中最常见的为片状触头，它的闸刀是由两片平行闸刀片组成的。为了防止短路电流通过时所产生的电动力，使闸刀自动断开，在有些闸刀的刀片上安装有压力弹簧，以形成一定的接触压力；有些则在闸刀一端的刀片两侧装两片导磁的钢片，称为"磁锁"，当短路电流通过闭合的隔离开关时，钢片间产生相互吸力，增加了对静触头的接触压力，从而提高其可靠性。

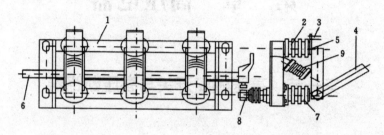

图 2-1　GN8—10（6）型隔离开关的外形及结构

1—底架；2—支柱绝缘子；3—上接线端；4—闸刀；5—静触头；6—转轴；
7—套管绝缘子；8—下接线端；9—升降绝缘子

（2）户外式隔离开关

户外式隔离开关的工作条件一般都比较恶劣，所以它除了能确保在冰、雨、风尘、严寒和酷热条件下可靠工作外，同时还应有较高的机械强度，并且有破冰的能力。

二、高压断路器

1. 高压断路器的用途与分类

高压断路器主要用于在有负荷情况下开断和闭合电路，在发生短路故障时，能自动跳闸切断短路电流，对高压线路起控制和保护作用。

高压断路器按安装场所分有户内式、户外式和防爆式等；按灭弧原理分有油断路器、压缩空气断路器、六氟化硫断路器、真空断路器及磁吹断路器和固体产气断路器等；按额定电

压分有 3kV、6kV、10kV、12kV、35kV、60kV、110kV、220kV、330kV 等多种；按操作机构配用方式分有单独的操作机构和具有附装的操作机构（操作机构为断路器不可分割的一部分）两种。此外，还可以根据控制和保护的不同对象划分。

2. 油断路器

油断路器又称高压油开关，是当前高压输、配电线路上使用最普遍的一种断路器。它主要由绝缘材料、导电系统、灭弧装置、传动机构和其他部件组成，其中尤以绝缘、灭弧和导电系统的触头更为重要。

油断路器是以变压器油作为灭弧介质和绝缘介质的断路器。根据其用油量的多少，分为多油断路器和少油断路器两种。

（1）多油断路器

多油断路器的触头系统放在装有绝缘油的接地钢箱中，油起着灭弧和绝缘两种作用，由于用油量多，故称为多油断路器。一般多油断路器的内部总体布置基本上相同，触头、横担、灭弧装置等都浸在变压器油内，其余部件都装在油箱盖上。

多油断路器按结构可分为三相共箱式和三相分箱式两种。一般电压为10kV及以下的多油断路器，其三相触头放入一个油箱内，称为共箱式。电压为35kV及以上的多油断路器，三相分装于3个油箱中，且3个油箱同装于一个支架上，称为分箱式。

多油断路器的结构比较简单，在户外使用时受大气影响较小，但是其用油量多、体积大、重量重、动作时间较长，而且还有发生爆炸和火灾的危险，故目前应用较少，并趋于淘汰。

（2）少油断路器

少油断路器又称贫油断路器，绝缘油只能起灭弧作用，无对地绝缘作用。其用油量较少，只有多油断路器的10%。它具有体积小、重量轻、结构简单、节省材料、制造方便等优点，故被广泛采用。下面介绍SN10—101型少油断路器的结构原理及灭弧情况。图2-2所示为SN10—10Ⅰ型少油断路器的结构示意图。

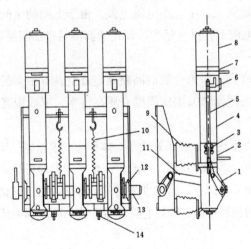

图2-2 SN10—10Ⅰ型少油断路器的结构
1—基座；2—下出线；3—滚动触头；4—绝缘筒；5—导电杆；6—静触座；7—上出线；
8—上帽；9—绝缘子；10—分闸弹簧；11—绝缘拉杆；12—轴承；13—大轴；
14—合闸缓冲器

SN10—10Ⅰ型户内高压少油断路器由框架、传动系统和油箱三部分组成。框架用角钢和钢板焊接而成，其上装有分闸弹簧、分闸缓冲器、合闸缓冲器及绝缘子。

传动系统包括大轴、轴承及绝缘拉杆。大轴、轴承装在框架上，绝缘拉杆将大轴与油箱上的转轴连接起来。

油箱固定在绝缘子上，油箱的下部是用球墨铸铁制成的基座，基座内装有转轴、连杆和导电杆，导电杆顶端装有铜钨合金动触片，基座下部装有油缓冲器和放油螺栓；油箱中部是绝缘筒，筒内装有灭弧室。基座与绝缘筒之间装有下出线，下出线内装有滚动触头，通过滚动触头将导电杆与下出线连接起来。油箱上部是上出线和上帽，上出线装有静触座和油标。上帽内装有油气分离室，静触座上装有普通的指形触头及镶着铜钨合金的弧触指。

断路器的导电回路是：由上出线7经静触座6、导电杆5、滚动触头3到下出线2。分闸时，在分闸弹簧10的作用下，大轴13转动，经绝缘拉杆11传到断路器各相的转轴，将导电杆向下拉，动、静触头就分开，电弧在灭弧室熄灭。电弧高温使油汽化，分解和蒸发的气体上升到上帽中空气室，经油气分离器冷却，气体由排气孔排出。导电杆分闸到终了时，由缓冲器活塞插入导电杆下部钢管中进行分闸缓冲。分闸时则相反，导电杆向上运动，在接近合闸位置时，合闸缓冲弹簧被压缩，进行缓冲。

断路器采用横吹、纵吹和机械油吹联合作用的灭弧结构，所以灭弧性能好，在短时间内均能有效地熄灭大、中、小电流电弧。由于上帽的空间及油气分离器设计合理，在规定的开断电流下，排气量少，而且油滴不易排出断路器外。

3. 真空断路器

真空断路器是用高真空作为介质的断路器。真空具有很高的绝缘强度。由于真空中弧柱的带电质点的密度和温度比周围介质高得多，形成很强的扩散流，故能使电弧迅速可靠地熄灭。

真空断路器具有以下优点：触头开距小、体积小、重量轻、操作噪声小、所需操作功率小；动作速度快；燃弧时间短，一般只需半个周期即可熄灭电弧，熄弧后触头间隙介质恢复迅速；触头寿命长，运行维护简单，特别适用于频繁操作。真空断路器是当前应用较为广泛的新型产品，今后它将逐步取代油断路器而成为主流产品。

4. 空气断路器

空气断路器是利用压缩空气作为灭弧、绝缘和传热介质的，又称为压缩空气断路器。它靠预先储存在断路器灭弧室内的压缩空气流动，使触头处形成一股高速气流来吹弧和冷却电弧，称为常充气结构。只要加大压缩空气的流量和动力，就可相应地开断更大的电流，因此开断性能易于控制。空气压力越高，灭弧能力越强，绝缘性能也越好。

在对断路器的容量、断路时间及自动重合闸等方面有较高要求的电力系统中，一般多采用空气断路器。

空气断路器的主要缺点是结构复杂、加工要求高、价格昂贵，而且要求用户有空压设备等。

5. 六氟化硫断路器

它是在超高压断路器中发展最快的一种新型断路器，利用 SF$_6$ 气体作为绝缘、灭弧和传热介质。SF$_6$ 气体具有良好的绝缘性能和灭弧特性，其绝缘性能是空气的 2.5 ~ 3 倍。压力在 0.3MPa 时的绝缘强度与变压器油相同，因而采用 SF$_6$ 作为电路的绝缘介质，可以大大缩小电器的外形尺寸。

SF$_6$ 气体具有极强的灭弧能力。首先是因为弧柱导电率高，所以燃弧电压低，电弧能量小，便于灭弧；其次是电弧在电流过零后，介质绝缘强度恢复比空气快 100 倍，因而灭弧能力比空气高 100 倍。

六氟化硫断路器是利用高压力的 SF$_6$ 气体在触头间形成高压气流来熄灭电弧的。按压力系统不同，断路器有双压式结构和单压式结构两种。双压式结构复杂，维修困难，但其断路容量较大。单压式结构简单，易于制造，可靠性高，维护容易。随着单压式结构在断路能力上的提高，将会完全取代双压式结构。

目前，常用的型号有 LN2—10（K）/1250 型及 LN2—35 Ⅰ、Ⅱ、Ⅲ /1250、1600 型等户内高压 SF$_6$ 断路器；LW3—10 Ⅰ、Ⅱ /400、630 型及 LW—35、LW7—35/1600 型户外高压 SF$_6$ 断路器等。

6. 固体产气断路器

固体产气断路器是利用固体产气元件在电弧作用下，产生大量气体，经狭缝高速喷出而吹灭电弧常用的产气元件有：有机玻璃、反白纸、脲醛树脂制品、聚氯乙烯、硬塑料等。产气元件可连续使用数次，便于检查和更换，能可靠地断开容量不很大的故障电流和负荷电流。但在开断电路时噪声大，故只适用于小型变电站和配电所，作为 35kV 侧的户外开关电器。

几种常用断路器的主要技术数据见表 2–1。

表 2–1　高压断路器主要技术数据

型号	额定电压 /kV	额定电流 /A	额定开断电流 /kA	热稳定电流 /kA 4s	操动机构型号
4N10—10I/630—16	10	630	16	16	CD10 Ⅰ
SN10—10 Ⅱ /l000—31.5	10	1000	31.5	31.5	
ZN25—6，10/630	6 10	630	12.5	12.5（2s）	GT2—XG

续表

型号	额定电压 /kV	额定电流 /A	额定开断电流 /kA	热稳定电流 /kA 4s	操动机构型号
ZNK—10/400	10	400	8	8	CG2—XG
LN2—10/1250	10	1250	25	25	CT8
ZN12—35/1250，1600	35	1250 1600	25 3105	25 31.5	
LW8—35/1600，2000	35	1600 2000	25 25	25 25	CT14
SN10—35I/I000	35	1000	16	16	CD10
DW5—10	10	50 100	1.8	2.9（5s）	
DW12—35	35	630 1000	20	20	CD16—X

第二节　高压负荷开关与高压熔断器

一、高压负荷开关

1. 高压负荷开关的用途及分类

高压负荷开关主要用来开断和闭合线路的负荷电流或指定的过载电流。只有当它与高压熔断器串联组成综合负荷开关时，才能切断短路电流及过载电流。

高压负荷开关的分类方法很多，按装置地点分有户内式和户外式；按结构分有一般式（不带熔断器）和综合式（带熔断器）；按灭弧原理分有固体产气式、压气式、油浸式（油负荷开关）和真空式等。

2. 煤矿常用产品

（1）户内式高压负荷开关

煤矿常用的户内式高压负荷开关有 FN2—10 型、FN3—10 型等。

FN2—10 型及 FN3—10 型高压负荷开关均为压气式负荷开关，是户内三极联动式。其结构如图 2-3 所示。

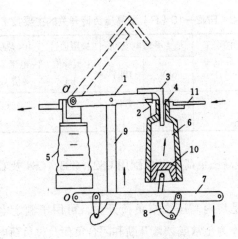

图2-3　压气式负荷开关结构示意图

1—闸刀式动触头；2—主静触头；3—耐弧动触头；4—耐弧静触头；5—支柱绝缘子；
6—气缸绝缘子；7—传动杆；8，9—绝缘杆；10—压气活塞；11—接线板

FN2—10（R）/400型户内式高压负荷开关适用于交流50Hz、额定电压10kV、额定电流400A的电力系统中，作为分断一般负荷电流、变压器空载电流、长距离空载架空线路或电缆线路、电容器组的户内开关设备使用。该产品与熔断器配合还可以作为分断短路电流的户内开关设备。

FN2—10型高压负荷开关由框架、传动机构、绝缘支柱、刀形触头、灭弧装置等组成。图2-3所示为压气式负荷开关的结构示意图。它的闸刀式动触头1是双片闸刀形结构，在其端部装有耐弧动触头3。当通过操动机构分闸时，传动杆7以O为支点向下运动，带动绝缘杆8向上运动，使气缸绝缘子6内的压气活塞10上移，将气缸内的空气压缩。与此同时，通过绝缘杆9的运动，使闸刀式动触头1绕O'逆时针转动，首先脱离主静触头2，这时电流经耐弧触头继续流通。当闸刀继续转动，使耐弧触头3与4分离，这时气缸内的压缩空气从耐弧喷嘴喷出，将电弧迅速吹灭，电路被完全断开。合闸过程与分闸过程相反，耐弧触头首先接触，然后主触头才闭合。

FN2—10（R）型高压负荷开关配CS4或CS4—T操动机构，通过操动机构的上、下运动，实现负荷开关的开、合。

FN2—10（R）型高压负荷开关的主要技术数据见表2-2。

FN3—10（R）S（S——熔断器装在负荷开关上部）型高压负荷开关的外形与FN2型基本相似，此外，FN3型负荷开关在框架上配有跳扣、凸轮与快速合闸弹簧，组成了快速合闸机构。高压熔断器可装在负荷开关的上部或下部，操动机构与开关相连接的拐臂可装在开关的左侧或右侧。FN3—10（R）的熔断器，在6kV、300A及10kV、200A时均为四管，不能直接安装在开关上，如必须采用时，可以单独供应。

表 2-2 FN2—10（R）型高压负荷开关的主要技术数据

型号	额定工作电压/kV	额定工作电流/A	最大开断电流/A		极限通过电流峰值/kA	10s 热稳定电流（有效值）/kA	配用操动机构型号	质量/kg
			6kV	10kV				
FN2—10 FN2—10R	10	400	2500	1200	25	4	CS4 CS4—T	44

FN3—10（R）型高压负荷开关可配用 CS2、CS3、CS4 及 CS5—T 型手动操动机构。

FN4—10/600 型是户内高压真空负荷开关，可用于额定电压 10kV、额定电流 600A 的电力系统中，作为正常或频繁开断和闭合负荷及过负荷电流的开关设备使用；与熔断器配合，还可作为短路或过负荷保护使用。

此外，性能更为优良的 FN6—10RD/400、630 型及 FN7—10RD/400、630 型高压负荷开关，可用于额定电压 10kV、额定电流 400A、630A 的电力系统中，作为配电室、高压开关柜、箱式变电站负荷开关柜中开断和闭合电路的开关设备使用。其主要特点有：操动机构可根据需要装于开关的右侧、左侧和背后，安装适应性强；具有轻巧的合闸储能装置，合闸速度不受人为因素的影响；具有特殊结构的高效灭弧管，灭弧性能好；维修简单，更换方便；具有断相保护功能，当熔断器任意一相熔断时，其撞击器撞击脱扣装置，使之迅速分闸，避免了缺相运行（所配熔管为 SDLAJ、SFLAJ、SKLAJ 型）。

2. 户外式高压负荷开关

目前生产的户外式负荷开关除多油式负荷开关外，还有高压真空负荷开关。

常用多油式负荷开关有 FW2—10G 型及 FW4—10 型两种。

FW2—10G 型产品额定工作电压为 10kV，额定工作电流有 100A、200A、400A、600A 四种，作为开、合规定负荷电流电路的户外开关设备使用。该产品在允许切断 2～3 倍额定电流的负荷电路中使用。

FW2—10G 为户外柱上油浸式高压负荷开关，三极共箱，每极有两个断口，油作灭弧和导电部分对地绝缘用介质，故外壳不带电。主要组成部分有油箱、导电触头部分、瓷瓶绝缘部分、操动机构和传动部分等。开关用支架固定在电线杆上，静触头及套管瓷瓶、传动机构、开断弹簧、操动机构和动触头等都借箱盖固定。箱盖与油箱通过五个螺栓紧固。油箱上装有导管式油标，以监视箱内油位。一个手柄用于开关的闭合，另一手柄用于开关的开断。放油孔设在油箱侧面。

FW4—10 型油浸式高压负荷开关的结构原理与 FW2 型基本相同。

多油负荷开关由于采用变压器油作为灭弧介质，所以给实际操作带来诸多不便。

FZW32—12/T630—20 型户外高压隔离真空负荷开关是我国自行研发的新一代高压电器产品，适用于额定电压 12kV、额定电流 630A、三相交流 50Hz 的供电网络中，作为分合负荷电流、电网隔离之用，也可用于其他类似的场所。它具有如下特点：

（1）采用真空灭弧室灭弧，无爆炸危险，不需要检修；

（2）隔离刀与三相真空灭弧室联动，分闸时有明显的隔离断口；

（3）机体的零部件全部采用不锈钢材料，底架采用不锈钢材料或热镀锌外加防紫外线保护涂料的碳钢，确保了机体在户外环境下的正常运行；

（4）安装方式以单杆式、手动操作为主，也可采用电动或远程遥控操作；

（5）安全可靠，电寿命长，可频繁操作。

所以特别适用于工、矿企业等配电线路改造。

真空负荷开关的基本结构如图 2-4 所示。该负荷开关是三相联动结构，主要由框架 5、真空灭弧室组件 1、隔离刀组件 3 及过中弹簧机构 6 组成，隔离刀、真空灭弧室通过绝缘子

固定于框架上，过中弹簧装于框架上。

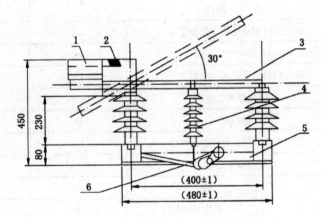

图 2-4　真空负荷开关基本结构图
1—真空灭弧室组件；2—分闸弹簧；3—隔离刀组件；4—绝缘拉杆；
5—框架；6—过中弹簧机构

负荷开关由隔离刀和真空灭弧室这两大组件组成，隔离刀承担分闸时绝缘隔离的作用，真空灭弧室承担熄灭电弧的作用。隔离刀是由过中弹簧机构进行合分闸操作的，过中弹簧提供了隔离刀合闸时所需的能量，并保证了真空灭弧室在分闸时熄灭电弧而不受人为因素的影响，真空灭弧室在隔离刀的分闸过程中，有快速机构提供灭弧室的分闸速度。隔离刀的三相联动操作确保了灭弧室的分闸同期性。

该系列产品的技术数据见表 2-3。

表 2-3　真空负荷开关的主要技术参数

序号	名称		单位	参数
1	额定电压		kV	12
2	额定频率		Hz	50
3	额定电流		A	630
4	额定有功负载开断电流		A	630
5	额定闭环开断电流		A	630
6	5% 额定有功负载开断电流		A	31.5
7	额定电缆充电开断电流		A	10
8	额定空载变压器开断容量		kV·A	1600
9	额定开断断路器组电流		A	100
10	1min 工频耐受电压：真空断口、相间、相对地 / 隔离断口		kV	42/48
11	雷电冲击耐受电压：真空断口、相间、相对地 / 隔离断口		kV	75/85
12	额定短时耐受电流（热稳定）		kA	20
13	额定短时持续时间		S	4
14	额定峰值耐受电流（动稳定）		kA	50
15	额定短路关合电流		kA	50
16	机械寿命		次	10000
17	真空灭弧室触头允许磨损厚度		mm	0.5
18	手动操作力矩		N·m	≤ 200
19	负荷开关真空灭弧室装配调整	触头开距	mm	5 ± 1
		平均分闸速度	m/s	1.1 ± 0.2
		三相分闸不同期	ms	≤ 5
		三相合闸不同期	ms	≤ 2
		带电体之间及相对地距离	mm	≥ 200
		辅助回路电阻	μΩ	≥ 400

二、高压熔断器

1. 户内式高压熔断器

户内式高压熔断器使用于 3 ~ 35kV 的供电系统中，属于限流式。图 2-5 所示为 RN3 型限流式熔断器的外形，其结构主要由熔管、触头座、接线板、支柱绝缘子、底架等部件组成，熔管内装有熔丝和石英砂。

当短路或过载电流通过熔断器时，熔丝立即熔断，同时产生电弧。电弧受到高温高压的作用，使电弧与石英砂紧密接触，被石英砂压缩并冷却，使电流在还未达到短路电流的最大值之前，电弧就很快地被熄灭，切断电路，从而起到保护限流作用。

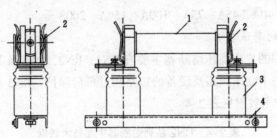

图 2-5　RN3 型限流式熔断器
1—管；2—触头座；3—绝缘子；4—底架

2. 户外式高压熔断器

户外式高压熔断器的型号较多，除了极少数产品如 RW10—35 型属于限流式熔断器外，多数为跌落式熔断器。图 2-6 所示是常用跌落式熔断器的结构图，它由瓷绝缘子、熔管和接触导电系统等三部分组成。

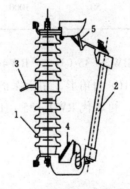

图 2-6　户外跌落式熔断器结构
1—绝缘子；2—熔管；3—安装板；4—下触头；5—上触头

在正常工作时，熔丝使熔管上的活动关节锁紧，故熔管能在上触头的压力作用下处于合闸状态。当熔丝熔断时，在熔管内产生电弧，熔管内衬的消弧管在电弧的作用下分解出大量气体，在电流过零时产生强烈的去游离作用而熄灭电弧。由于熔丝熔断，继而活动关节释放使熔管下垂，并在上、下触头的弹力和熔管自重的作用下迅速跌落，形成明显的分断间隙。

由于跌落式熔断器不会出现截流，故其过电压较低。这种熔断器开断大电流的能力较强，一般燃烧时间约为 10ms。当其灭弧时，由于会喷出大量游离气体并伴有很大响声，故一般只在户外使用，比如在 10kV 及以下的配电系统中用做变压器和配电线路保护。

国产的 6 ～ 35kV 熔丝额定电流等级分别规定为 2A、3A、5A、7.5A、10A、15A、20A、30A、40A、45A、75A、100A、150A、200A 等。

3. 煤矿常用的高压熔断器

煤矿目前常用的户内高压熔断器主要有 RN1、RN2、RN3 及其改进产品 RN5、RN6 系列，主要用于高压线路及设备的短路和过负荷保护。RN2 系列用于保护户内电压互感器，其技术数据见表 2-4。

表 2-4 RN2 系列熔断器主要技术数据

型号	额定工作电压 /kV	额定工作电流 /A	最大开断电流 /A	有效断流容量 /MV·A	当开断极限短路电流时，最大电流峰值 /kA	熔体管电阻 /Ω
RN2-6	6	0.5	85	1000	300	100 ± 7
					–	
RN2-10	10	0.5	50	1000	1000	100 ± 7
					–	

户外式高压熔断器主要有 RW2—35（H）、RW4—10、RW7—10、RW5—35 及 RW9—35 型。其中 RW2—35（H）为角形，用于保护 35kV 户外小型变压器或电压互感器，RW9—35 型为限流式，可取代 RW2—35（H）角形熔断器，其余均为跌落式熔断器。

第三节 高压开关的选择与管理技术

一、高压开关的选择

高压开关（断路器、隔离开关、负荷开关和高压熔断器）选择的原则：

1. 按使用环境和用途选择高压开关的类型

根据使用环境，按照各种开关在供电系统中的作用选择其类型。如户内使用的高压隔离开关可选用 GN6 型；户外使用的高压熔断器可选用 RW8 型；煤矿井下使用的隔爆型高压负荷开关可选用 FB6 型等。

2. 按正常工作条件选择高压开关的技术参数

高压开关技术参数的选择，要求开关的额定电压 U_N 或最高工作电压 U_m [（1.1～1.15）U_N] 及额定电流 IN 应分别大于或等于开关控制线路的正常工作电压 U 及长时最大工作电流 I，即 $U_m \geq U, I_N \geq I$。

3. 按短路条件进行断流容量及动、热稳定性校验

开关额定断流容量 SNBR 或开关额定开断电流 JNBR 应大于或等于三相次暂态短路容量 S'' 或次暂态短路电流 I''，即 $S_{NBR} \geq S'', I_{NBR} \geq I''$。

开关极限通过电流峰值应大于或等于三相短路冲击电流。

二、高压开关的管理技术

1. 高压开关的订货

订货时需提出型号、额定电压、额定电流、操作机构型号等，对断路器还要提出额定断流容量及分合闸电压，计量单位是"台"。对隔离开关还必须注明操作电压、辅助开关极数、接地刀闸及数量，其计量单位是"组"。对负荷开关还必须注明脱扣器的电流性质，是否带熔断器及熔断器的规格，其计量单位是"台"。

2. 验收

高压断路器验收时，要求瓷套管绝缘子无破损、裂纹等现象；对油断路器应无漏油、渗油现象；配套部件动作要灵活，合分闸应无停滞阻塞现象。对隔离开关还要检查闸刀和接地闸刀的联锁装置是否齐全可靠，对负荷开关除检查以上各项外，如果是综合负荷开关，其所带熔断器必须附有熔丝管。

3. 保管保养

户内式高压隔离开关、断路器、负荷开关及熔断器必须存放在通风良好、空气干燥的库房内，并防止水汽和腐蚀气体侵蚀。库内温度应在 35℃ 以下（油断路器应在 30℃ 以下），相对湿度在 80% 以下，要防止震动和撞击；要注意保护瓷瓶绝缘子、瓷套管，以免碰伤或破碎。户外式高压开关电器可放在料棚内，但应避免日晒，存放和移动时要喊止损伤及有害气体的腐蚀等。

对外露的接触表面应涂工业凡士林。当触头导电部分氧化变质时，应拆下酸洗，将氧化层除去，再用清水洗净吹干，并涂上一层无酸润滑油。发现铁件脱漆生锈时，应刮净旧漆，清除锈迹，并用沾有松节油的纱布擦净后重新涂漆。

隔离开关、负荷开关储存期一般不超过 1.5 年；断路器、高压熔断器不超过 1 年。

第四节　互感器与避雷器

一、互感器

1. 互感器的用途

（1）与测量仪表配合，对线路的电压、电流、电能进行测量；与继电保护装置配合，对电力系统和设备进行保护。

（2）使测量仪表、继电保护装置与线路高压隔离，以保证操作人员和二次装置的安全。

（3）将线路电压与电流变换成统一的标准值，以利于仪表和继电保护装置的标准化。

2. 互感器的类型

根据用途，互感器可分为电压互感器和电流互感器两类。

（1）电压互感器

1）电压互感器的工作原理

电压互感器的结构及其与被测线路和电压表的连接如图 2-7 所示。电压互感器高压绕组的匝数较多，并联在被测线路上；低压绕组的匝数较少（一至几匝），与高阻抗的测量仪表或继电器的电压线圈并联，由于低压绕组的负载阻抗大，电流很小，因此电压互感器实际上相当于一台空载运行的降压变压器，它的高、低压绕组的电压之比为

$$\frac{U_1}{U_2} = \frac{N_1}{N_2} = K_U$$

$$U_1 = \frac{N_1}{N_2} \cdot U_2 = K_U \cdot U_2$$

式中 N_1，N_2——高、低压绕组的匝数；

　　　U_1——被测电压；

　　　U_2——电压表读数；

　　　K_U——电压互感器的额定电压之比。

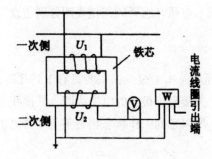

图 2-7 电压互感器的原理及接线示意图

由上式可见，只要适当地选择变比 K_U，就能从低

压侧的电压表上间接地读出高压侧的电压值 U_1。如果电压表配以专用的电压互感器，电压表的刻度可以按高压侧的电压值标出，就可以直接从电压表读出高压侧的电压。

电压互感器有多种规格和型号。其高压侧的额定电压 U_{1N} 取决于高压线路的电压等级，低压侧的额定电压 U_{2N} 都统一设计为 100V。使用电压互感器时，其铁芯和副绕组一定要接地，以防止高压绕组的绝缘损坏时，在低压侧出现高电压。使用电压互感器时，低压绕组绝对不允许短路。

2）电压互感器的分类

①按相数可分为单相式和三相式两种。单相式可用于各种电压等级线路，而三相式只用于 10kV 以下的装置中。

②按绝缘结构可分为干式、环氧树脂浇注式和油浸式三种。

③按装置地点可分为户内式和户外式两种。

④按线圈可分为二线圈和三线圈两种。

3）常用的电压互感器

①干式电压互感器，有 JDG 型和 JDGW 型两种，它们只用于电压为 3kV 以下的户内配电装置中。

②环氧树脂浇注式电压互感器，单相式常用的有 JDZ 系列和 JDZJ 系列。其中 JDZ 型的铁芯为三柱式，高、低压绕组绕成同心圆筒式，为全绝缘结构；JDZJ 型具有两个低压绕组，辅助绕组接成开口三角形，供接地保护用。常用的三相式有 JSZJ 系列和 JSZW 系列，均为三相五柱浇注式电压互感器，其中 JSZW—10 型除作为电压、电能测量及继电保护使用外，亦可作为 10kv 所用防爆真空装置中的专用电压互感器。

③油浸式电压互感器有 JDJ 型和 JDJJ 型，均为单相油浸式，电压等级有 6kV、10kV、35kV，其中 35kV 为户外式。JSJB—6、10 型为常用三相油浸式电压互感器，

铁芯为芯式，由三个柱组成，电压互感器的三相线圈分别装设在三个柱上。

（2）电流互感器

1）工作原理

电流互感器一次线圈匝数（N_1）很少，一般只有 1 到几匝，与被测线路串联，二次线圈匝数（N_2）较多，并接阻抗很小的电流线圈，其接线如图 3-12 所示。由于二次线圈的负载阻抗很小，所以它的工作状态相当于变压器的短路运行。

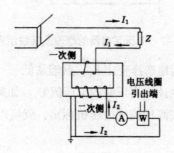

图 2-8　电流互感器原理接线示意图

电流互感器的一、二次线圈电流的关系为

$$\frac{I_1}{I_2} = \frac{N_1}{N_2} = K_1$$

$$I_1 = \frac{N_1}{N_2} I_2 = K_1 I_2$$

式中 K_1——电流互感器的变流比；

　　　I_1——被测线路电流；

　　　I_2——电流表读数。

由式（$I_1 = \dfrac{N_1}{N_2} I_2 = K_1 I_2$）可知，电流表读数乘以变流比即得被测线路的电流，当电流表配以专用的电流互感器（变比已知），就可以在电流表的刻度上直接标出被测电流值。通常电流互感器副边绕组的额定电流 I_{2N} 规定为 5A 或 1A。

需要特别注意的是，电流互感器在运行中切忌开路，否则，二次线圈将产生很高的过电压，运行时如需拆换电流表时，可将二次线圈与电流表并联的开关接通，将二次线圈短路，拆换后再将开关断开。

2）电流互感器的分类

①按用途可分为测量级（测量用）和保护级（供继电保护器用）两类。

②按绝缘结构可分为干式和浇注式两种。

③按一次线圈结构形式可分为单匝和多匝。单匝又分为贯穿式、母线式和套管式三种。贯穿式即一次线圈为一根铜杆或铜管；母线式是以线路的母线作为一次线圈；套管式是以导管、导杆为一次线圈，用于大型变压器或油断路器的高压套管上。多匝是一次线圈套于电流互感器的铁芯上。

3）常用的电流互感器产品

① LA—10 型户内用浇注绝缘贯穿式电流互感器。适用于交流 50Hz、额定工作电压 10kV、一次额定工作电流 5 ~ 1000A 的电力系统中，作为电流、电能测量及继电保护使用。该系列产品还有 LA—10W1 型、LA1—10J 型、LAJ—10W1 型等。

② LCWD1—35 型多油多匝电流互感器。用于户外额定工作电压为 35kV 的电力系统中，作为电流、电能测量及继电保护使用。

③ LR—35、LRD—35 型装入式电流互感器，可装在 DW6—35、DW8—35 型多油断路器电容式套管中，当线路短路时作为脱扣器自动跳闸的电源，使断路器切断电路。

二、避雷器

1. 避雷器的用途和分类

避雷器是电力系统中用来保护线路和电气设备免遭过电压损坏的一种保护电器。

在电力系统中，由于雷电、系统内部的操作（分闸、合闸）、事故（接地、断线等）或其他原因所引起的过电压远远超过工作电压，当其危及被保护设备绝缘时，避雷器就很快对地放电，将雷电流泄入大地，从而起到限制过电压和保护设备的作用。当电压恢复到正常工作电压时，它能够自动停止放电，保证电气设备正常工作。

目前常用的避雷器有阀式避雷器、管式避雷器和金属氧化物避雷器等。阀式避雷器按照结构不同，又可分为一般阀式和磁吹阀式两种。

2. 避雷器的典型产品

（1）阀式避雷器

阀式避雷器的结构主要由火花间隙和阀形电阻片装入密封的瓷套中构成。火花间隙由两个黄铜片中的云母片隔离形成。阀形电阻片由金刚砂、水玻璃和石墨胶合在一定温度下烧结成圆饼形。火花间隙和阀形电阻片在瓷套管内放好后，上方用弹簧压紧，如图 2-9 所示。

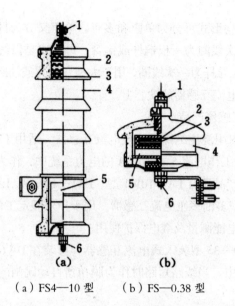

（a）FS4—10 型　　（b）FS—0.38 型

图 2-9　高低压阀形避雷器的结构

1—上接线端；2—火花间隙；3—云母垫圈；4—瓷套管；5—阀片；6—下接线端

阀形电阻片是一种非线性电阻，在正常工频电压下阻值很大，但对冲击高频雷电电压阻值却变得很小，像阀门一样，故称该避雷器为阀式避雷器。

火花间隙在正常工作时具有足够的对地绝缘强度，不会被正常运行的工频电压击穿，使阀形电阻与电路断开。若有雷电波过电压发生时，火花间隙很快被击穿，阀形电阻阻值降低，立刻把雷电流导入大地，而后阀形电阻值又立刻升高，限制工频工作续流通过，电压又恢复了正常。

磁吹阀形避雷器是保护性能进一步得到改进的一种避雷器。其阀片采用高温烧结，通流能力强，阀片数目少。为提高灭弧能力，火花间隙利用磁场使电弧产生运动，加速电弧冷却，从而使电弧尽快熄灭。它具有较大的切断续流的能力，以及较低的冲击放电电压和残压。它专门用来保护重要的或绝缘较为薄弱的设备，如高压电动机。

（2）管式避雷器

管式避雷器主要用于电力线路和变电所进线段的保护，也可用于保护线路中个别薄弱环节，如两条线路交叉处。它的结构如图 2-10 所示。这种避雷器由外部的外火花间隙和内部的内火花间隙及产气管三个主要部分组成。外火花间隙 S_1 将管式避雷器与线路电压隔开，内火花间隙 S_2 由棒形电极和环形电极组成，又称为消弧间隙。产气管是用棉花纤维和氧化锌胶液黏合剂制成的，外部采用环氧玻璃纤维。

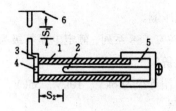

图 2-10　管式避雷器

S_1—外间隙；S_2—内间隙；

1—产气管；2—棒形电极；3—环形电极；4—喷口；5—储气管；6—高压线路

当线路上遭受直接雷击或产生感应电压时，外火花间隙与内火花间隙都被击穿放电，将雷电流通过接地装置泄入大地，随之而来的是供电系统的工频续流。产气管内壁在电弧作用下，产生很高压力的气体，迅速从喷口向管外喷出，形成强烈的纵吹作用，使电弧在续流第一次过零时熄灭。同时 S_1 也恢复了绝缘状态，系统恢复正常。

管式避雷器是采用自产气灭弧方法，它熄灭工频续流有一定的范围，因此规定有开断续流的上限与下限值。经过多次动作后，材料气化，管壁变薄，内径增大，不能再切断规定的电流值，而且使管子容易爆裂。

（3）金属氧化物避雷器

金属氧化物避雷器是一种新型避雷器。本产品采用金属氧化物电阻片（氧化锌阀片）作为主要工作元件。氧化锌阀片具有优良的伏安特性和较大的通流容量。当氧化锌阀片通过小电流时，阀片呈现很高的电阻值；当阀片通过较大电流（例如 5kA）时，阀片的电阻值变得很小，这种特性与电子元件中的稳压二极管相似。也就是说，氧化锌阀片具有优异的稳压特性。在系统正常工作电压下，避雷器呈现出高电阻状态，仅有微安级电流通过；在过电压大电流作用下，它便呈现低电阻状态，从而限制了避雷器两端的残压。

Y5W 配电和电站用金属氧化物避雷器（以下简称避雷器）是适用于保护交流电力系统中输变电设备的大气过压保护，以及限制真空断路器在开、合电容器组、电炉变压器及电动机时而产生的操作过电压等。本产品选用具有优良非线性特性的金属氧化物电阻片（氧化锌阀片）组成，无需串联间隙，且电气性能稳定，吸收过电压能力大，运行安全可靠。

3. 煤矿常用避雷器产品型号

（1）阀式避雷器

常用系列：

FS 系列，额定电压等级为 0.22kV、0.38kV、0.5kV，用于保护相应电压等级的交流电机、配电变压器的低压侧。

FS2、FS3、FS4、FS6、FS7、FS8 系列，额定电压等级为 6kV、10kV，用于保护变、配电所变压器和电缆头等设备。

FZ、FZ2 系列，额定电压等级为 6kV、10kV、35kV，用于保护变电站的设备。

（2）金属氧化物避雷器

除无间隙 Y5W 系列金属氧化物避雷器外，还有 Y5C—10（7.6、12.7）型串联间隙金属氧化物避雷器。该系列产品标称放电电流为 5kA，可用于额定工作电压 6kV、10kV 及中性点不接地的电力系统，作为电力线路、电气设备免遭雷击过电压损坏的保护设备用。

第三章 电动机

第一节 煤矿常用电动机

一、煤矿地面常用的异步电动机

三相交流异步电动机具有结构简单、价格低廉、坚固耐用、运行可靠及维护方便等优点，从而得到了广泛的应用。常用电动机的产品系列如下。

1. Y系列小型三相异步电动机

Y系列电动机为全国统一设计的新型产品。按结构形式不同，该系列可分为下列三种类型，见表3-1。

表3-1 常用Y系列电动机的类型及结构特征和用途

序号	结构形式及特征	用途
1	防护式，铸铁外壳，铸铝转子，防护等级为IP23，臣卜式，机座带底脚，端盖无凸缘，中心高160～315mm	用于不含易燃易爆或腐蚀性气体和较为清洁的场所，驱动各种无特殊要求的机械设备，如机床、泵、风机、压缩机、运输机械等
2	封闭式，铸铁外壳，壳上有散热筋，铸铝转子，防护等级为IP44，中心高80～315mm	用于煤矿地面灰尘较多、水土飞溅的场所，驱动无特殊要求的机械设备
3	中心高在355mm以上，基本形式为防护式，机座带底脚，电机为径向通风，电压等级有380V、3000V和6000V三种	用于煤矿地面驱动通风机、压缩机、水泵、破碎机、磨煤机、运输机械及其他设备等

2. YR系列三相绕线式异步电动机

YR系列三相绕线式异步电动机从结构形式上分有两种类型：一种是防护式，铸铁外壳，防护等级为IP23，卧式，机座带底脚，端盖无凸缘，中心高160～315mm，是老式系列JR、JR2、JR3的更新换代产品；另一种为封闭式，铸铁外壳，壳上有散热筋，防护等级为IP44，中心高132～280mm，取代的是原JRO、JRO2系列产品。

YR系列三相绕线式异步电动机在工矿企业中主要用于压缩机、起重机、球磨机、通风机、水泵、运输机械及其他设备的电力拖动，特别适用于：配电容量不足，笼型电动机不能顺利启动的场所；启动时间较长和启动比较频繁的场所；需要小范围调速的场合；联成"电轴"以作同步传动之用。

3. YD系列变极多速异步电动机

该系列电动机转速可逐级调节，操作简单，有双速、三速、四速三种，定子一套绕组，通过改变接线方法，达到变速的目的，电动机引出线为9~12个端子。主要用于要求有2~4个速度的电力拖动系统。

4. YK系列大型三相高速笼型异步电动机

该系列电动机在煤矿中主要用于拖动大型的矿井水泵、鼓风机、油泵等机械。电动机的功率为1000~3200kW，额定电压为6000V。

5. Y、YR系列大型三相高速异步电动机

YR系列绕线式异步电动机为卧式结构，带有两个座式轴承，分开启式自然通风和管道式通风两种。容量范围为400~3200kW，额定电压为6000V。在煤矿中主要用于一些要求启动力矩较大的机械，如大型提升机、电动发电机组及其他通用机械。本系列电动机不能在运行中反接电源，但可在停转后反向运行。

Y系列为鼠笼式异步电动机，除转子外其他方面的结构与YR系列相同。额定电压为6000V，容量范围为400~2500kW，同步转速为375r/min、500r/min、600r/min、750r/mm、1000r/min，适用于拖动风机、球磨机、水泵、压缩机等机械设备。

二、矿用防爆电动机系列

矿用防爆电动机是指煤矿井下使用的异步电动机。目前国内使用的防爆电动机有隔爆型、增安型、正压型、无火花型等四种类型。这四种防爆电动机，在型号中分别加B、A、P、W表示各自的防爆类I，如YB、YA分别表示在Y系列上派生的隔爆型、增安型防爆电动机。

矿用防爆电动机分为派生系列电动机和专用配套电动机。派生系列隔爆电动机主要有YB、YA等系列。专用配套电动机有局部通风机、装岩机、绞车、采煤机及输送机等机械使用的隔爆电动机。

1. 派生系列电动机

（1）YB系列

中心高80~315mm，功率0.5~160kW，防护等级主体采用IP44，接线盒采用IP54，额定电压为220V、380V、660V、220V/380V、380V/660V等五种，频率为50Hz。电动机外壳、端盖、接线盒座等零部件组成外部隔爆外壳，选用高强度铸铁

制造，对于煤矿井下固定式设备用的电动机采用 HT250 牌号铸铁。电动机各零部件的隔爆面长度、间隙均符合隔爆要求。

YB 系列电动机的接线盒具有良好的防爆性能，空腔较大，便于接线。隔爆空腔有二：一是由机座、前后端盖和轴组成的隔爆主空腔；二是由出线盒座、盖、接线座、接线螺栓、橡胶密封圈、出线斗等组成的接线盒隔爆空腔。接线盒内接线端子之间以及端子与外壳之间，均有足够的电气间隙和爬电距离，以防止产生电弧和爬电。

电源引出线都装有密封圈，材料为橡胶 XH—50，肖氏硬度为 45 ~ 55。

（2）YA 系列

因防护等级和适用场所的要求以及接线盒防爆结构的特点，YA 系列电动机外形尺寸较 Y 系列（IP44）电动机有所增大，接线盒外壳防护等级为 IP54。中心高 80 ~ 280mm，功率 0.55 ~ 90kW。

除上述低压防爆电动机外，我国 20 世纪 80 年代以来生产的高压防爆电动机有 YB 系列隔爆型及 YA 系列增安型。功率范围 160 ~ 710kW，电压 6kV，F 级绝缘，有 400、450、500 三个机座号。

2. 煤矿井下专用配套隔爆电动机

专用配套电动机，是指在各种机械设备上附带的电动机，一般由机械制造厂负责成套供应，企业在订购设备时，所配电动机的主要规格、参数应与主机规格一起填写，以便配套供应，只有当企业单独更换电动机时，才需单独计划并申请订货。

煤矿井下专用配套隔爆电动机主要有：

（1）YBT 系列隔爆电动机，专门与轴流式局部通风机配套用。

（2）YBI 系列装载机械用隔爆电动机，该系列电动机具有高启动转矩和过载能力强的特点，主要功率有 7.5kW、10.5kW、13kW、18.5kW、22kW 几种。

（3）YBJ 系列隔爆电动机，供 JD—40、JDM—25 等绞车配套使用。该系列为自扇冷式，具有高启动转矩和过载能力强的特点，且坚固耐用，能在满载条件下直接启动。

（4）YBC 系列（原 DMB）隔爆电动机与采煤机配套使用，具有启动转矩大和过载能力强的特点。

（5）YBS 系列隔爆电动机与输送机配套使用，用于刮板输送机和胶带输送机。

三、同步电动机

同步电动机与异步电动机相比较，其优点是通过调节它的直流励磁，使其工作在容性负载状态下，从而改善供电系统的功率因数，同时它还具有过载能力大、效率高、安装简单、运行可靠等优点。缺点是启动力矩小，需要配置一套直流电源装置，成本高。在煤矿主要用于空压机、通风机、大水泵、球磨机等设备上。T 和 TK 为常用系列。

常用同步电动机系列及其结构形式、用途见表 3-2。

表 3-2　常用同步电动机的结构形式及用途

产品名称	产品代号		结构形式及特征	用途
	新	老		
中型同步电动机		TD	外壳防护等级为 IP21，安装方式为 B3、B20，励磁方式有三种，即静止晶闸管、静止整流器、无刷励磁，电压有 380V、3000V、6000V	驱动通风机、水泵发电机及其他通风设施
大型同步电动机	T	TD TAKW TZYKB TAQWb	卧式，一般为单轴伸，也可制成双轴伸，通风方式有管道通风、半管道通风、密闭循环通风及开启式四种。一般为短轴式，也可制成定子可以移动的长轴式。TAKW、TZVKW、TAQWb 型皆采用无刷励磁。电压有 3000V/6000V、6000V、10000V	驱动鼓风机、水泵、电动发电机组、变频机组及其他通用机械
空压机用同步电动机	TK	TDK	卧式，一般为开启式，也可制成管道通风、防护式及防爆安全型。轴伸形式有单轴伸、双轴伸及无轴伸悬挂式。电压有 380V、6000V、3000V/6000V、10000V 等	与活塞式压缩机配套，适用于制冷设备及制化肥设备等
磨机用同步电动机	TM	TDMK TDQ	卧式结构，开启式自然通风，单轴伸。电压有 6000V、3000V/6000V 等	驱动大型矿山磨机，如格子型球磨、板磨机、磨煤机等
立式大型同步电动机	TL	TDL	悬式结构，设有推力轴承，可以承受水泵等的轴向推力和定子转子重量。通风方式为开启式、密闭循环和强制风冷三种。电压有 6000V、10000V 等	驱动立式轴流泵或离心式水泵

四、直流电动机

直流电动机的最大优点是可在宽广的范围内实现无级调速。由直流电动机组成的调速系统和交流调速系统相比，直流调速系统控制方便，调速性能好。虽然交流调速技术发展迅速，前景广阔，但目前在我国，高性能的交流调速定型产品尚少，交流调速技术替代直流调速技术需要经历一个较长的过程。因此在比较复杂的拖动系统中，直流电动机仍占有主导地位。

目前，煤矿常用的直流电动机系列有 Z 系列和 ZQ 系列，主要用于井下的电机车和大型提升机等设备。

第二节 电动机的选择

一、电动机种类的选择

电动机种类的选择应从以下几个方面考虑：

（1）我国最普遍的动力电源是三相交流电，从经济和维护方便出发，应该首先考虑选用交流电动机。当生产机械要求平滑均匀或需在大范围内调速，而交流电动机不能满足要求时，可选用直流电动机。

（2）在选择交流电动机时，如设备对启动和调速无特殊要求，而且可以轻载或空载启动，则首先考虑使用鼠笼式异步电动机；如果生产机械要求经常重载启动，或要求在小范围内调速时，则采用绕线式异步电动机，如起重机、卷扬提升机等；对所需功率较大（100kW 以上）、经常启动且不需要调速的生产机械，则考虑选用同步电动机。

二、额定电压的选择

电动机额定电压的选择要根据电动机容量大小和使用地点的电源电压来确定。

（1）交流电动机额定电压的选择

我国交流供电电压等级，低压 380V，高压 6kV，煤矿井下低压还有 660V 及 1140V 等。功率在 200kW 以下的电动机，一般都采用低压 380V，在井下可用 660V。功率在 200kW 及以上的电动机可考虑采用额定电压为 6kV 的高压电动机。

（2）直流电动机的额定电压要与电源电压相配合

直流供电电压一般为 110V、220V、440V。井下架线式电机车用的直流电压为 250V、500V；蓄电池电机车的直流电压为 40V、80V、110V 及 220V。

三、额定转速的选择

电动机额定转速选择的原则是使其尽可能与生产机械的转速一致或相近，以便简化设备的传动装置。如电动机的转速与生产机械不一致且相差较大，则可选择转速稍高于生产机械的电动机。因为从电动机的结构来看，同类型、同容量的电动机，额定转速越高，则体积和重量越小，价格越低，而且高速电动机比低速电动机具有较高的效率和功率因数，转速高的电动机可通过变速装置减速，使电动机和生产机械都在额定的转速下运行。容量在 100kW 以下的异步电动机，通常选用 4 极电机。

但对需要频繁启动的机械设备，则电动机的转速应选择较低的为好。因为从启动性能考虑，同样功率的电动机，转速低的启动转矩大，启动快，启动过程中能量损耗小。异步电动机的同步转速有 3000r/min、1500r/min、750r/min 和 650r/min 等四种。其中，最常用的是 1500r/min。

四、电动机结构和防护形式的选择

电动机结构形式在一般情况下应选用卧式的，因其价格要比立式的便宜，只有钻床、立式深井水泵等设备需采用立式电动机。

电动机的防护形式可根据工作环境来选择。在干燥、无灰尘和杂物等清洁场所，可采用无防护装置的开启式电动机，因它具有价格便宜、通风良好、单位容量体积小等优点；在干燥、灰尘少、无腐蚀性和爆炸性气体的场所，可采用防护式电机，它能防止水滴、铁屑、沙粒等物从上面或与垂直方向成 45° 角以内落入电动机的内部；在灰尘多、水土飞溅、特别潮湿的场所，以及露天工作的生产机械，都应选用封闭式电动机；煤矿井下或有爆炸性气体的场合，应选用防爆式电动机。

五、电动机额定功率的选择

电动机额定功率的大小，是由负载所需的功率决定的。如果电动机的额定功率选得太小，就不能保证生产机械正常工作，这不但会降低设备的生产效率，而且会使电动机过载、绕组发热甚至烧毁。如果额定功率选得太大，不仅使电动机处于轻载下工作，且功率因素和效率较低，这样将会增加设备费用，运行也很不经济。电动机功率一般按不同的运行方式和负载情况来选择。

（1）在恒定负载下长期运行的电动机，其额定功率应等于或略大于生产机械的功率，即

$$P_N \geq P_1 \text{或} P_N = \frac{Q_1}{\eta_1}$$

式中 P_N——电动机的额定功率；

P_1——生产机械的输出功率；

η_1——生产机械的效率。

在变动负载下长期运行的电动机，可按大于负载功率 10% 左右选用。

（2）短时运行的电动机功率可根据过载系数 λ 来考虑，即

$$P_N \geq \frac{P_1}{\lambda}$$

$$\lambda = \frac{最大转矩}{额定转矩}$$

式中，λ 值一般机械取 1.8 ~ 2.5，起重机取 2.5 ~ 3.4。

（3）重复短时运行的电动机功率，根据负载持续率，可选用由我国生产的专用重复短时运行电动机，如 YEP、YZR、YZ 等系列。

第三节 电动机的订货、验收与管理

一、电动机的订货

各种机械设备所需配备的电动机，一般都由机械制造厂负责成套供应，需货单位只要提出配套要求即可。只有需要更换、备用或自制机械设备的配套电动机时，才需要申请订货。订货时要求写明技术条件，如电动机名称、型号、额定功率、额定电压、额定电流、接法、频率、转速、安装及结构形式等。对隔爆电动机还要标明隔爆等级和接线盒的进线方式（分橡套电缆和钢管布线两种）。对直流电动机还要标明励磁电压。对某些大型电动机如需要配备附件的，还要写明附件名称及数量。

例如，需订购 5.5kW、2 极、机座带底脚、端盖无凸缘的标准电动机时，订货时填写的顺序为：

Y132S—2（IP44）、5.5kW、3000r/min、380V、△接、50Hz、B3。如有特殊要求，还要详细补充说明。

如上例若还要接线盒置于左侧、双轴伸时，则订货时的填写顺序为：

Y132S—2（IP44）、5.5kW、3000r/min、380V、50Hz、△接、B3、左出线、双轴伸。

二、电动机的验收

（1）电动机入库应具有装箱单、使用说明书及产品出厂合格证。验收时应与电动机铭牌上的型号、规格等逐项核对，应无差错。

（2）电动机外壳应无裂缝、变形、损伤、受潮锈蚀等现象。

（3）电动机出线端接线完好，接线盒不应有损伤现象，转动轴应灵活、无杂音。

（4）用兆欧表检查机壳与电机绕组间的绝缘电阻，一般采用绕组额定电压每 1kV 不少于 1Mn 的标准。

（5）电动机的附件应完好无损，如风扇完好、换向器铜片不应有氧化及凹凸痕迹、电刷与换向器接触应良好、转动时不应跳动等。

三、电动机的保养知识

（1）电动机应存放在干燥、通风、清洁和保温的库房内。库内温度一般不应低于+5℃，相对湿度不高于80%。

（2）要注意防尘、防潮、防冻、防腐，禁止与酸、碱等存放在一起。

（3）对于保管较长时间的电动机，至少每季度检查一次，每半年测量一次绝缘电阻，若有显著降低者，应进行干燥处理。

（4）对电动机转子轴伸最好包扎起来，从而防腐、防锈和防撞击；对于备用的滑环、炭刷和弹簧应取出，另用纸包起来保管。

（5）防爆电动机的隔爆面应无影响隔爆性能的任何砂眼和机械损伤等。

第四章　低压电器与矿用防爆型低压电器

第一节　低压自动控制电器

一、接触器

接触器是一种用来自动接通和开断主电路、大容量控制电路的控制电器，其主要控制对象是电动机，也可用于其他电力负荷，如电热器、电焊机、变压器及电容器等。接触器不仅可用来频繁地接通或开断带负荷电路，而且能实现远距离控制，还具有失压保护功能，因而被广泛使用。

接触器的种类繁多，按使用的电路不同可分为交流接触器和直流接触器；按驱动力不同可分为电磁式、气动式和液压式等接触器；按灭弧介质不同可分为空气式、油浸式和真空式接触器。

下面主要介绍产量较大、应用较广泛的空气电磁式交流接触器，简称交流接触器。

1. 交流接触器的结构和工作原理

（1）结构

交流接触器由以下四部分组成（见表4-1）：

表4-1　交流接触器的组成

项目	具体内容
电磁机构	由电磁线圈、铁芯和衔铁等组成，其功能是操作触点的闭合和开断
灭弧系统	容量在10A以上的接触器都有灭弧装置，常采用纵缝灭弧或栅片灭弧结构
触点系统	包括主触点和辅助触点，主触点可以通断较大的电流，用于主电路；辅助触点通断较小的电流（一般不超过10A），用于控制电路。一般每台接触器有三对（或四对）动合（常开）主触点和数对动合、动断（常闭）辅助触点
其他部分	包括弹簧、传动机构、接线柱及外壳等

（2）工作原理

交流接触器的工作原理：当线圈通电后，

线圈电流产生磁场，使静铁芯产生电磁吸力将衔铁吸合，衔铁带动动触桥向下运动，使动合触点闭合，动断触点开断（图中未画出）。当线圈断电时，电磁力消失，衔铁在弹簧的作用下释放，各触点又恢复原来位置。

接触器的文字符号为 KM。

2. 接触器的型号及主要技术数据

目前，国内常用的交流接触器有 CJ10、CJ12、CJ20、CJ24、CJX1、CJX2 等系列，其中 CJ20 和 CJ24 系列接触器是 20 世纪 80 年代开发的新产品，分别替代了原 CJ10、CJ12 系列产品。CJ20 系列接触器主要用于控制三相鼠笼异步电动机的启动、停止等，CJ24 系列主要用于矿山及起重设备中控制绕线式异步电动机的启动、停止和切换转子电阻。引进生产的交流接触器有：德国西门子公司的 3TB 和 3TF 系列、法国 TE 公司的 LC1 和 LC2 系列、德国 BBC 公司的 B 系列等。

CJ20 系列交流接触器的型号组成及含义如下：

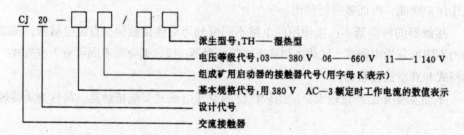

派生型号：TH——湿热型
电压等级代号：03——380 V 06——660 V 11——1 140 V
组成矿用启动器的接触器代号（用字母 K 表示）
基本规格代号：用 380 V AC-3 额定时工作电流的数值表示
设计代号
交流接触器

接触器铭牌上所规定的电压、电流、功率及电寿命仅是对应于一定使用类别的额定值。低压接触器常见使用类别及其代号见表 4-2。

表 4-2 接触器常见使用类别及其代号

电流种类	使用类别代号	典型用途举例
AC	AC—1	无感或微感负载、电阻炉
	AC—2	绕线式电动机的启动、停止
	AC—3	鼠笼型异步电动机的启动、停止
	AC—4	鼠笼型异步电动机的启动、反接制动、反向、点动
DC	DC—1	无感或微感负载、电阻炉
	DC—2	并励直流电动机的启动、点动、反接制动
	DC-3	串励直流电动机的启动、点动、反接制动

交流接触器的主要技术数据有：

（1）额定电压。是指主触点的额定工作电压。另外还有辅助触点、电磁线圈的额定电压。

（2）额定电流。是指主触点的额定工作电流，它是在规定的工作条件（额定工作电压、使用类别、额定工作制和操作频率等）下，保证电器正常工作的电流值。主触点的额定电压和额定电流是接触器的最重要的参数，均标注在电器的铭牌上。

（3）约定发热电流。接触器处于非封闭的状态下，按规定条件试验时，其各部件在 8h 工作制下的温升不超过极限值时所能承受的最大电流。

（4）接通和分断能力。接触器在规定的条件下，能在给定电压下接通和开断的预期电流值。在此电流值下接通和开断时，不应发生熔焊、飞弧和过分磨损等。在低压电器标准中，按接触器的用途分类，规定了它的接通和开断能力，可查阅相关手册获得。

（5）机械寿命和电寿命。机械寿命是指需要维修或更换零、部件前（允许正常维护包括更换触头）所能承受的无负载操作循环次数，一般为 200 万 ~ 1000 万次；电寿命是指在规定的正常工作条件下，不需修理或更换零、部件的有负载操作循环次数，一般情况下电寿命为机械寿命的 1/20 ~ 1/5。

（6）工作制。标准工作制有 8h 工作制、不间断工作制、断续周期工作制和短时工作制四种。

目前，煤矿常用的交流接触器有 CJ20、CJ24、CJ26 系列。额定工作电压 380V、660V、1140V，额定工作电流 10 ~ 630A，作为远距离接通或开断电路及频繁地启动、停止控制电动机，组合成一般户内、矿用、防爆型电磁启动器。

另外，直流接触器与交流接触器非常相似，直流接触器用于控制直流电动机的启动、停止和换向等。常用的直流接触器有 CZ0、CZ18 等系列，其中 CZ18 系列接触器为 20 世纪 80 年代开发的新产品，可取代 CZ0 系列。

CZ18 系列直流接触器的型号组成及含义如下：

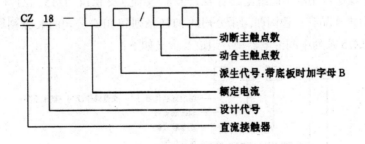

二、继电器

继电器是在某种输入量的作用下，得到某种输出量，实现信号的转换、传输、放大，以控制电路执行某种功能。其输入量可以是电流、电压、功率等电量，也可以是温度、时间、速度、压力等非电量，而输出则都为触点的动作。继电器在控制电路中起控制、放大和保护等作用。

继电器种类很多，广泛应用于电力系统、电力拖动系统以及电信遥控系统中。这里仅介绍用于电力拖动系统中实现控制过程自动化和提供某种保护的继电器。按继电器在电路中所起作用的不同，可分为两大类：一类是在电路中主要起控制、放大作用的控制继电器，另一类是在电路中主要起保护作用的保护继电器。

控制继电器主要有中间继电器、时间继电器和速度继电器等。保护继电器有过电流继电器、欠电流继电器、过电压继电器、欠电压继电器和热继电器等。

控制继电器的型号组成及含义如下：

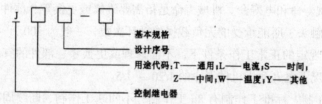

1. 中间继电器

中间继电器是在控制电路中传输或转换信号的一种电气元件，其作用主要是扩展控制触点数量或增加触点容量。中间继电器种类很多，除专门的中间继电器之外，额定电流较小（不大于 5A）的接触器也常被用做中间继电器，所以辅助接触器也叫接触式继电器，如 JZC 型系列辅助接触器也叫接触式继电器。

中间继电器属接触式继电器，其工作原理与接触器相同，一般仅用于控制电路中。

中间继电器的文字符号为 KA。

目前，煤矿常用的中间继电器有 JZ7、JZ8（交流）及 JZ14、JZ15、JZ17（交、直流）等系列。引进产品有：德国西门子公司的 3TH 系列和 BBC 公司的 K 系列等。

常用 JZ15 系列中间继电器型号组成及含义如下：

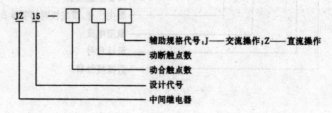

2. 时间继电器

时间继电器是一种定时元件，在电路中用来实现延时控制，即时间继电器接收到输入信号以后需经一段时间延时才能输出信号来控制电路。时间继电器的应用范围很广，特别是在煤矿电力拖动和各种控制系统中，要求各项操作之间有必要的时间间隔或按一定的时间顺序接通或开断机组。

时间继电器按其延时原理可分为电磁式、同步电动机式、空气阻尼式和电子式等时间继电器。

（1）电磁式时间继电器

电磁式时间继电器是利用电磁阻尼原理而产生延时的。其特点是延时时间短（例如 JT3 通用继电器只有 0.3 ~ 5.5s），延时精度差，稳定性不高，而且只能是直流供电，断电延时；但其结构简单，价格低廉，寿命长，继电器本身适应能力较强，输出容量往往较大，适用于要求不太高，工作条件又较恶劣的场所。在矿山电力拖动控制系统、起重设备控制系统中常用这种类型的时间继电器。

（2）同步电动机式时间继电器

同步电动机式时间继电器是利用微型同步电动机拖动减速齿轮以获得延时的。其特点是延时范围宽，可从几秒到几十小时，延时过程能通过指针直观地表示出来，延时误差仅受电源频率影响；但其机械结构复杂，体积较大，寿命短，价格较高，适用于自动或半自动化生产过程中的程序控制。目前，国内常用的同步电动机式时间继电器有：JS10、JS11 系列及引进德国西门子公司的 TPR 系列等。

（3）空气阻尼式时间继电器

空气阻尼式时间继电器是利用空气阻尼作用而达到延时目的的，它是应用较广泛的一种时间继电器。空气阻尼式时间继电器的工作原理如图 4-1 所示，有通电延时型和断电延时型两种。现以通电延时型为例介绍空气阻尼式时间继电器的工作原理。

如图 4-1（a）所示，当电磁铁线圈 1 通电后，衔铁 4 克服弹簧阻力与静铁芯 2 吸合，于是顶杆 6 与衔铁 4 之间有一段间隙。在弹簧 7 的作用下，顶杆向下运动，顶杆与活塞 12 相连，活塞下面固定橡皮膜 9。活塞向下运动时，橡皮膜上面形成空气稀薄的空间，与橡皮膜下面的空气形成压力差，对活塞的移动产生阻尼作用，使活塞移动速度减慢。在活塞顶部有一小的进气孔（图中未画出），逐渐向橡皮膜上面的空间进气，平衡上、下两空间的压力差。当活塞下降到一定位置时，杠杆 15 使延时触点 14 动作（动断触点断开，动合触点闭合）。延时时间即为自电磁铁线圈通电时刻起到触点动作时为止的这段时间，通过调节螺钉 10 调节进气量的多少来调节延时时间的长短。当电磁铁线圈 1 断电时，电磁吸力消失，衔铁 4 在弹簧 3 的作用下释放，并通过顶杆6将活塞12推向上端，这时橡皮膜上方气室内的空气通过橡皮膜9、弹簧8和活塞12的肩部所形成的单向阀迅速地从橡皮膜下方的空气室缝隙中排掉，因此杠杆15与微动开关13能迅速复位。

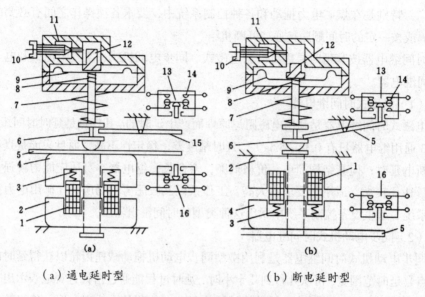

（a）通电延时型　　　　　　　　（b）断电延时型

图4-1　空气阻尼式时间继电器结构原理图

1—电磁铁线圈；2—静铁芯；3，7，8—弹簧；4—衔铁；5—推板；6—顶杆；9—橡皮膜；10—调节螺钉；11—进气孔；12—活塞；13，16 微动开关；14 延时触点；15—杠杆

在电磁铁线圈1通电和断电时，微动开关16在推板5的作用下都能迅速动作，即为时间继电器的瞬动触点。

图4-1（b）所示是断电延时型时间继电器的结构原理图，其延时原理与通电延时型时间继电器相同，请读者自己分析。

时间继电器的文字符号为KT。

空气阻尼时间继电器的优点是：延时范围大，且不受电压和频率波动的影响；可以做成通电延时型和断电延时型两种产品；结构较简单，寿命长，价格低廉。其缺点是：延时误差大（±10%～±20%），延时值易受周围环境的影响。在延时精度要求不是很高的场合，常采用这种时间继电器，所以也是矿山企业的首选产品。

目前，国内常用的空气阻尼式时间继电器有JS7、JS16JS23等系列，其中JS23系列时间继电器是国内近年来开发的换代产品。引进产品有法国丁E公司的JSK系列空气阻尼式时间继电器等。

JS23系列时间继电器的型号组成及含义如下：

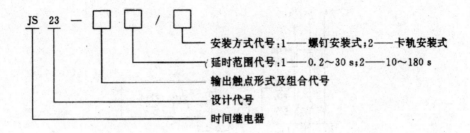

（4）电子式时间继电器

电子式时间继电器是利用电子线路来达到延时目的的，又称电子式延时器。一般电子式延时继电器除了执行继电器外，全部由电子元件及线路组成，与传统的电磁式、空气阻尼式、同步电动机式时间继电器相比，具有延时范围宽、延时精度高、工作可靠、寿命长、体积小、消耗功率小以及调节方便等优点。多用于电力传动、自动顺序控制及各种生产过程的控制系统中。从发展趋势看，电子式时间继电器必然会取代传统的时间继电器。

电子式时间继电器按其结构原理可分为两大类，即 R—C 式晶体管时间继电器和数字式时间继电器。

R—C 式晶体管时间继电器是利用 RC 电路充放电时，电容上的电压不能突变，而只能缓慢变化的特性作为延时基础的。因而改变充放电的时间常数 t（t=RC）一般改变电阻值，即可调节延时时间。

目前，国内常用的电子式时间继电器有 JS13、JS14、JS15、JS20 等系列。引进生产的电子式时间继电器有日本富士公司的 ST、HH、AR、RT 等系列。

三、磁力启动器

磁力启动器是供三相异步电动机全压启动、停止与改变转向，并具有过载和失压保护作用的电器。启动器可进行远距离直接启动和停止。

磁力启动器由交流接触器、热继电器和金属外壳组成，利用按钮来实现远距离控制，控制电路如图 4-2 所示。图中电源通过交流接触器的 3 个主触点和热继电器的热元件与电动机相连接的电路为主回路；按钮、接触器励磁线圈和热继电器动断触点所组成的回路为控制回路。

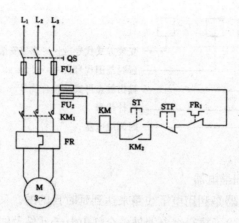

图 4-2　磁力启动器控制电路示意图

1. 热继电器

热继电器是利用电流热效应原理来工作的保护电器，它在电路中主要用于电动机的过载保护，所以也叫热过载继电器。电动机在实际运行中，如果长期超载、频繁启动、欠电压或断相运行等都可能使电动机的电流超过其额定值。如果超过值并不大，熔断器在这种情况下不会熔断，这样将引起电动机过热，损坏绕组的绝缘，缩短电动机的使用寿命，严重时甚至烧毁电动机。因此，必须对电动机采取有效的过载保护措施。

热继电器主要由热元件、双金属片和触点三部分组成。双金属片是热继电器的温度检测元件，它由两种不同线膨胀系数的金属片用机械碾压成一体。线膨胀系数大的称为主动层；线膨胀系数小的称为从动层。当双金属片受热后，由于两层金属的线膨胀系数不同，且两金属片又紧密贴合在一起，因此使得双金属片向从动层一侧弯曲。

图 4-3 所示是热继电器工作原理示意图。热元件串接在电动机定子绕组中，电动机绕组电流即为流过热元件的电流。一对动断辅助触点串接在电动机控制电路中，当电动机正常运行时，热元件中流过的电流小，产生的热量虽能使双金属片弯曲，但不足以使触点动作；当电动机过载时，热元件中流过电流增大，使双金属片向左弯曲，其下端推动绝缘导板 12，进而推动补偿双金属片 13 使其绕轴 14 沿顺时针方向转动，于是推杆 5 触及弹簧 1，在弹簧 2 和弓形弹簧片 3 的作用下，使弹簧 2 向左运动，触点 4 分断。这一触点是热继电器的动断触点，把它串联在磁力启动器的控制回路中，一旦断开，便可使电动机断电停转，起到电动机过载自动断路的保护作用。

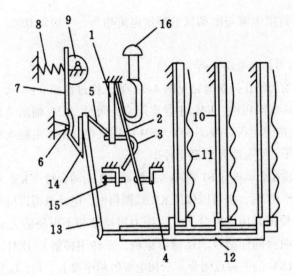

图 4-3 热继电器工作原理图

1，2—弹簧；3 弓形弹簧片；4—触点；5—推杆；6—轴；7—杠杆；8—压簧；

9—电流调节凸轮；10—双金属片；11—热元件；12—绝缘导板；

13—补偿双金属片；14—轴；15—复位调节螺钉；16—手动复位按钮

若电源电压过低或停电，接触器电磁吸力不足，则主触点断开，起到欠压保护的作用。

目前，国内常用的热继电器有 JRO、JR15、JR16、JR20 等系列，其中 JR20 系列热继电器为更新换代产品。引进产品有德国 BBC 公司的 T 系列、德国西门子公司的 3UA5 和 3UA6 系列、法国 TE 公司的 LR1—D 系列。

JR20 系列热继电器的型号组成及含义如下：

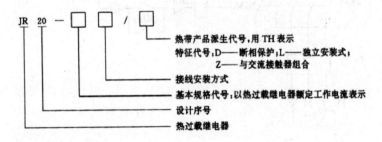

热继电器的主要技术数据：

（1）热继电器额定电流。热继电器中可以安装的热元件的最大整定电流值。

（2）热元件额定电流。热元件整定电流调节范围的最大值。

（3）整定电流。热元件能够长期通过而不致引起热继电器动作的最大电流值。

通常热继电器的整定电流与电动机的额定电流相当，一般取 0.95 ~ 1.05 倍的额定电流。

2. 磁力启动器控制电路分析

电动机的启动与停止控制电路见图 4-2，其工作过程如下：

按下 ST，KM 线圈得电，KM_1 主触点闭合，同时，KM_2 辅助动合触点闭合，使电动机 M 启动并持续运行。按下 STP，KM 线圈失电，KM_1 主触点断开，同时 KM_2 辅助动合触点断开，使电动机 M 断电停车。

图 4-2 中并联在启动按钮 ST 两端的接触器 KM 的动合触点 KM_2 称为自锁触点。其作用是：当松开 ST 后，仍可以保证 KM 线圈得电，电动机得以持续运行。

磁力启动器根据其用途可分为可逆磁力启动器和不可逆磁力启动器两种。可逆磁力启动器由两台同样型号的接触器组成，正转用接触器 1KM，反转用接触器 2KM。当接触器 1KM 的主触点闭合，三相电源的相序按 L_1、L_2、L_3 接入电动机，电动机正转；而当 2KM 的主触点闭合时，三相电源按 L_3、L_2、L_1 接入电动机，电动机反转。可逆磁力启动器的控制线路如图 4-4 所示。

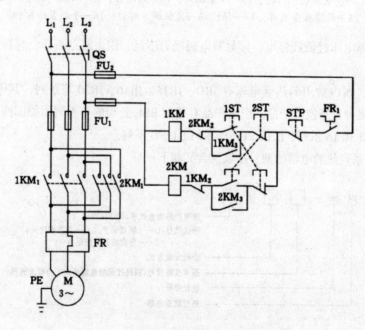

图 4-4　可逆磁力启动器控制线路示意图

第二节　低压手动控制电器

一、主令电器

主令电器是用来接通和分断控制线路，以发出命令或进行程序控制的电器，其常用类型有按钮、行程开关、万能转换开关等。

1. 按钮

按钮是一种用人力操作具有弹簧储能复位的主令电器，通常用来发出指令信号进行远距离操作接触器、继电器等。

按钮的型号组成及含义如下：

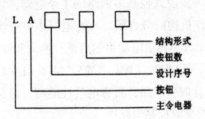

按钮的结构形式中字母的含义见表4-3。按钮数若用两位数时，则第一位为常开触头数，第二位为常闭触头数。

表4-3　按钮结构形式中字母的含义

字母	代表含义	字母	代表含义
K	开启式	J	紧急式
H	防护式	Y	钥钮式
S	防水式	X	旋钮式
F	防腐式	D	带指示灯式

例如，LA20—2H 表示钮数为 2 的防护式按钮。

又如，LA20—11DJ 表示各有 1 对常开、常闭触头，带灯紧急式按钮。一般都用红颜色的按钮。

我国自行设计制造的代表性产品有 LA18、LA19、LA20 等系列，LA18 系列为推广产品，新产品有 BHD2 系列。按钮的选择主要根据使用场合、触头的数目、种类进行。

2. 行程开关

行程开关是用以反映工作机械的行程，发出命令以控制其运行方向或行程大小的主令电器。在限位控制线路中，它能将机械信号转换为电信号，以实现对机械的电气控制。

行程开关主要由撞块、传动机构、弹簧、触头及外壳等组成。行程开关可装在机械的预定位置上，当机械的运动部件移动到该位置时，部件上的撞块即压下行程开关，将触头打开或闭合，达到控制的目的。

根据行程开关动作的传动装置不同，行程开关可分为杠杆式、旋转式、按钮式等。

行程开关的类组代号是 LX，目前国家推广产品有 LX10、LX21、LX22、LX23、LX29 等系列。

3. 万能转换开关

万能转换开关是一种多段式控制多回路的主令电器，它主要用于控制高压油断路器、空气断路器等操作机构的分合闸，在配电屏中进行线路换接和电压表、电流表的换相测量等，也可用做小容量电动机的启动、换向和调速。

目前万能转换开关有 LW2、LW4、LW5、LW6、LWX1 等系列，其中 LW5、LW6 系列是我国自行设计的新产品，具有电气性能高、寿命长、体积小、可控线路多等优点，适用于直流及交流控制电路中。

二、控制器

控制器主要用于电力传动的控制设备中，变换主回路或励磁回路的接法和电路中的电阻，用于控制中小型绕线式异步电动机的启动、停止、调速、换向和制动。

1. 控制器的结构

控制器按结构主要分为平面、鼓形和凸轮控制器三种。平面控制器很少用，凸轮控制器用得最多，并已代替了鼓形控制器，它是一种大型的手动控制器。

凸轮控制器主要由手士或手轮、定位机构、静触头、动触头、凸轮、转轴、灭弧罩及外壳等组成。其结构如图 4-5 所示。

凸轮控制器的动触头与凸轮固定在转轴上，在转轴上叠装不同形状的凸轮，每个凸轮控制着一个触头组。转动手柄时，凸轮随方轴转动，当凸轮处于圆弧半径较小处与滚子接触，触头在弹簧压力作用下闭合，当凸轮处于圆弧半径较大处时，顶起滚子，克服弹簧压力，使触头顺时针方向转动，则触头分断。当用手操作手柄旋转时，可以使若干个触头组按规定的顺序接通和分断。

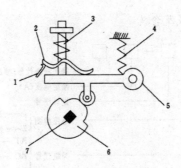

图 4-5　凸轮控制器结构

1—静触头；2—动触头；3—触头弹簧；4—弹簧；5—滚子；6—凸轮；7—绝缘方轴

图 4-6 所示为用凸轮控制器来控制起重机的平移或提升控制原理图。凸轮控制器左、右各有 5 个挡位，12 个触点。各触点的分合状态如图 4-6（b）所示。4 个常开触头 $SA_1 \sim SA_4$ 用于定子回路，控制电动机的启动和正反转；另有 5 个常开触头 $SA_5 \sim SA_9$ 用于转子电路逐段切除转子电阻，控制电动机的启动、调速；其余 3 个常闭触头接控制电路。图 4-6（a）中"0"位及向前"1 ~ 5"正转和向后"1 ~ 5"反转是表示手柄的位置，"X"表示触头闭合。通过手柄旋转以控制电动机的芷、反、停转及不同的转速。

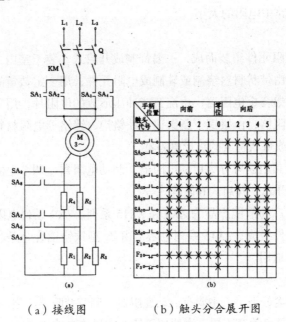

（a）接线图　　　　　（b）触头分合展开图

图 4-6　凸轮控制器控制原理图

SA_1，SA_2，SA_3，SA_4—带灭弧装置的触头；SA_5，SA_6，SA_7，SA_8，SA_9—切除电阻的触头；
F_1，F_2，F_3—辅助触头；Q—刀开关；KM——接触器；R_1，R_2，R_3，R_4，R_5—电阻

2. 控制器的型号组成及含义

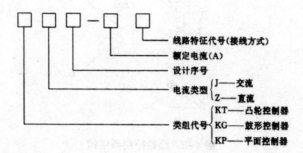

例如，KTJ1—80/2，表示交流凸轮控制器，额定电流80A，可同时控制两台三相绕线式异步电动机。

目前国内推广的交流节能产品有 KT10 和 KT14 等系列，直流有 KTZ2 等系列。

三、电阻器与变阻器

电阻器和变阻器的用途非常广泛，主要用于电动机的启动、制动及调速等。两者的区别在于电阻器没有换接装置，它往往与控制器或接触器配合使用，或受磁力站的控制，来换接接入电路中电阻的大小，而变阻器本身附装换接装置，可以利用它来改变接入电路中电阻的大小。

1. 电阻器

电阻器由电阻元件组装而成，一般都制成开启式，装于室内。电阻器可根据其结构特点分为：由带状材料绕制或轧制成电阻元件，用一定数量的电阻元件串联或并联组成的铁铬铝合金电阻器；由浇铸或冲压形成的电阻片，用一定数量的电阻片叠装成的铸铁电阻器；由康铜、新康铜或铁铬铝、镍铬等电阻材料在板形瓷质绝缘件上绕制成线状或带状构成的板形电阻器。

电阻器根据其用途可分为启动电阻器、制动电阻器、调节电阻器等。从外形防护结构可分为敞开式、开启式和防滴式等。

目前我国推广的节能产品为 ZX9 和 ZX15 系列。ZX9 系列电阻器由铁铬铝合金的波浪式电阻元件组成；ZX15 系列电阻器由 Zy 型铁铬铝合金条状电阻元件组成，它可与 ZX1 系列通用。

2. 变阻器

变阻器按用途分类，、主要有启动变阻器、调节变阻器、启动调节变阻器三种。煤矿应用较多的是启动变阻器，主要用于绕线式异步电动机启动。

电动机启动是指电动机通电后，从静止逐步加速到正常转速的过程。电动机启动时，短时的启动电流可达额定电流的 4 ~ 7 倍，但启动转矩却不大。启动电流过大会给电动机本身、供电线路及同一线路上的其他用电设备带来损害，为此必须采用一定的启动方法，在保证足够大启动转矩的前提下，尽量降低启动电流。绕线式异步电动机是通过在转子回路中串联电阻，以减小定子绕组中的启动电流。

绕线式异步电动机以前常用凸轮控制器和电阻器启动，但这些启动均属于有触点逐级启动，它对于电动机及其负载均有冲击作用，目前国家推广的节能产品——频敏变阻器已代替上述启动设备。用于绕线式异步电动机启动的频敏变阻器是一个带铁芯的三相电抗器，频敏变阻器（RF）的结构如图4-7所示。工作时将频敏变阻器绕组与绕线式异步电动机的转子电路串联，如图4-8所示。

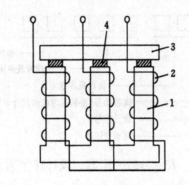

图 4-7　频敏变阻器的构造原理图
1—铁芯；2—绕组；3—铁轭；4—非磁性垫片

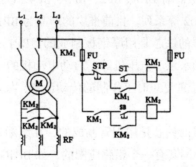

图 4-8　频敏变阻器接线图
KM_1，KM_2—交流接触器；ST，STP—启动、停止按钮；
SB—短接 RF 按钮；RF—频敏变阻器

工作原理：按下启动按钮 ST，电动机开始启动，转子电路的频率随着电动机转速的升高而降低，因电抗与频率成正比，故频敏变阻器的电抗也平滑地减少。又因频敏变阻器的铁芯是用厚钢板或整块钢制成的，因而有铁芯损耗。该铁芯损耗等效为转子绕组回路的电阻。当电机刚启动时，转子电路频率高，铁芯损耗大，故等效电阻也大，因此限制了启动电流。随着转速升高，铁芯损耗在减小，等效电阻也随之降低。在启动过程中，随着转速的变化，转子电路的等效电阻也在自动而平滑地改变着，从而使变阻器起到限制启动电流和保证启动转矩的作用。当电动机转速接近额定值时，启动完毕，此时按下停止按钮STP使KM₂带电动作，其接点将频敏变阻器短接。

频敏变阻器结构简单，价格低廉，使用寿命长，属无触点变阻器，它可以使电动机实现平滑启动。

常用的频敏变阻器的型号组成及含义如下：

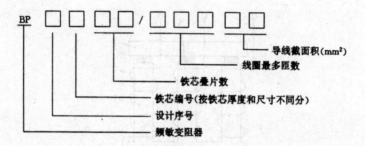

例如，BP1—204/16003，表示频敏变阻器，设计序号为1、2号铁芯，4片，线圈160匝，导线截面积3mm²。

频敏变阻器应按电动机的容量、负载情况和工作制等来选择。

我国生产的频敏变阻器有BP1、BP2、BP3、BP4（G）等系列，它可代替油浸转子启动变阻器BU1、BU2等系列。目前推广的产品为BP1、BP3和BP4系列。

BP1系列频敏变阻器的铁芯是用厚钢板制成的。BP1—200和BP1—300型用于偶尔启动的拖动设备，如水泵、空压机等，启动电动机的功率为22～240kW。BP1—400和BP1—500型用于重复短时工作制的传动设备，如辊道、乳钢机等，电动机功率为2.2～125kW。

BP4系列频敏变阻器的铁芯是用钢管制成的，在线圈外围不带铝感应圈的，作为轻载启动用；在线圈外围套有一个铝感应圈的，如BP4G系列，用于14～500kW重载短时工作制电动机启动，如球磨机、破碎机等。

四、减压启动器

电动机的启动方式分为全压启动和降压启动两种。全压启动即把电动机用刀开关或磁力启动器直接接到额定电压的电源上启动。降压启动则利用启动设备将加在电动机定子绕组上的端电压降低后进行启动。

对鼠笼式异步电动机降压启动时，常用的有两种减压启动器。

1. 星—三角启动器

星—三角启动器简称 Y—△ 启动器，它通过改变电动机定子绕组的接线方式来达到减小启动电流的目的。如图 4-9 所示，启动时，先把开关 QC 投向启动位置（Y），此时电动机定子绕组接成星形，再合上开关 QS₁ 使电动机与电源接通。这时施加在各相绕组上的电压由线电压变为相电压，使电压降低 58%，启动电流、启动转矩比直接启动时降低 1/3。电动机启动后，再把开关 QC 迅速投向运转位置（△），使绕组的接法恢复到三角形，电动机便可正常运行。这种降压启动方法只适用于正常运行时绕组是三角形连接的电动机，并且是无载或轻载启动的场合。

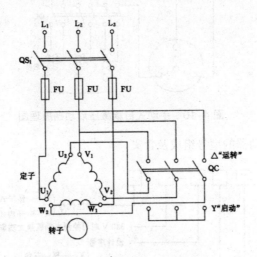

图 4-9　星—三角换接启动原理图

2. 自耦减压启动器

自耦减压启动器（又称启动补偿器）也是一种降压启动设备，它是利用自耦启动器将电源电压降到 40%、60%、80% 或 55%、64% 和 73%，以减小电动机的启动电流。这种启动器的电压挡数多，常被用于不频繁启动 300kW 及以下较大容量或不适于用 "Y—△" 启动的鼠笼式电动机。

自耦减压启动器有手动式和自动式两种。目前常用的手动式自耦减压器有 QJ3、QJ10 系列，它由自耦变压器、触头保护装置（包括失压脱扣器和热继电器）、操作构及油箱组成。其中 QJ10 系列是新产品，它与 QJ3 的不同之处是箱体内不充油，用空气灭弧，可代替 QJ3 系列。

（1）工作原理

手动式自耦减压启动器的启动接线如图 4-10 所示。电动机启动时，先合上开关 QS₁，再将开关 QC 手把推向启动侧，使自耦变压器的一部分输出电压接入电动机。

当电动机达到额定转速时,把开关QC合向工作侧,使自耦变压器从电路中全部切除,电动机启动完毕。

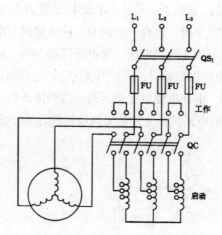

图 4-10　手动式自耦减压启动器原理图

（2）减压启动器的型号组成及含义

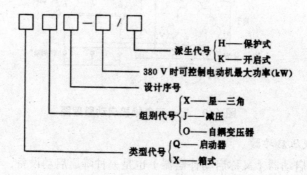

第三节　低压配电电器

一、刀开关和转换开关

1. 刀开关

刀开关为不频繁操作的非自动切换电器,主要用在成套配电装置中做隔离电源,也可用在低压电路中接通和分断电路。

刀开关的分类方法很多,按其转换方向分为单投和双投两种;按刀刃的极数分为单极、双极和三极三种；按结构分为带灭弧触头（灭弧室）和不带灭弧触头两种；按安装方式分为直手柄操作式、远距离杠杆操作式和电动操作式三种。

刀开关不能分断故障电流，但能承受故障电流所引起的电动力和热效应。

刀开关的型号组成及含义如下：

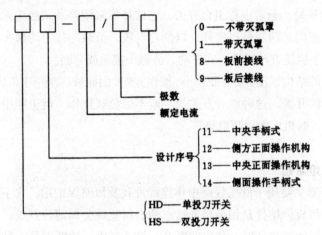

例如，HS12—100/208，表示双极侧方正面操作双投刀开关，额定电流为100A，不带灭弧装置，板前接线。

刀开关的主要技术参数有额定电压、额定电流、通断能力、热稳定电流、动稳定电流等。目前国家推广的节能产品为HD11、HD13、HD14及HS11、HS13系列。

在实际工作中，经常将刀开关和熔断器组合使用，这样不仅使其有一定的通接分断能力，还具有短路分断能力。这种组合电器分为熔断器式刀开关和负荷刀开关两种。

（1）熔断器式刀开关

亦称刀熔开关。它具有较高的分断能力，由填料熔断器作为触刀，并由两个灭弧室和杠杆操作机构组成。这种组合电器可以在更换熔断器后继续使用。熔断器式开关主要安装在各种开关板及动力配电箱上。

（2）负荷开关

又称铁壳开关。它是将刀开关和熔断器或熔件组合装于封闭的铁壳内，在侧面用手柄操作，壳盖与手柄间具有机械闭锁装置。它适用于有灰尘和潮湿的场所，用于接通和开断负荷电路及支路。

另外还有胶盖负荷开关。胶盖负荷开关由刀开关、熔件、接线座、胶盖及底板组成，在中央用手柄操作，它有二极和三极之分，为开启式开关。主要作照明电路电源开关或小容量感应电动机的控制及短路保护用。

在选用刀开关时，其刀开关的额定电压应等于或大于电路的额定电压，额定电流应等于或大于电路的工作电流。若用于控制电动机，应选用比电动机额定电流大一级的刀开关。此外刀开关的通断能力、动稳定及热稳定电流值均应符合电路的要求。

2. 转换开关

盒式转换开关，通常也称组合开关，它的外形采用叠装式触头元件，把静插座装在胶木触头座内，两端伸出盒外，以便与电源、负载连接。动触头与绝缘方轴连在一起，通过手柄使方轴转动，实现动、静触头接通或分断。

组合开关的结构紧凑，安装面积小，操作方便，因此被广泛用于机床和控制盘上，作为引入电源的开关。这种组合开关虽一般不带负载操作，但也能用来接通和分断小负荷的电流，如机床的照明电路等。

二、低压熔断器

低压熔断器主要用于低压线路中作连续过载及短路保护用，它主要由熔件、熔断管及插座等组成。熔件是用一种低熔点的金属丝或金属薄片制成，当通过熔体的电流过大时，熔体发热烧断，使电路断开，设备断电。熔断器是一种结构简单、维护使用方便、价格低廉的短路保护电器。

熔断器按其结构可分为开启式、半封闭式和封闭式三种；按其灭弧方式可分为有填料式和无填料式两种；按其动作时间可分为慢动作、快动作和快慢动作三种。慢动作熔断器在过载时动作时间长，适用于一般工业保护电动机；快动作熔断器在过载或短路时动作时间短，专门用于硅元件电路保护；快慢动作熔断器在过载时动作时间长，而在短路时动作时间短，它主要用于大功率吊车电动机及频繁操作等场合。

1. 常用的熔断器产品系列

（1）RC1A 型瓷插式熔断器

这种熔断器属于半封闭式熔断器，由瓷底座和瓷插头组成，主要用于交流分支线路，在民用和工业企业的照明电路中作过载和短路保护用。它的结构简单，只要将瓷插件拔下即可更换熔体。

如型号为 RC1A—10 的熔断器，是额定电流为 10A、设计序号为 1 的改进型瓷插式熔断器。

（2）RM10 和 RM7 系列无填料密（封）闭管式熔断器

这两种系列分别为全国统一和联合设计的产品，可取代老产品 RM1、RM2、RM3 等系列。RM10 系列利用管内壁固体产气物质在熔体熔断过程中自动熄弧。RM7 系列的结构与 RM10 系列相似，它们主要用于工业配电设备中作短路保护用，其结构如图 4-11 所示。

如型号为 RM10—60/380 的无填料密闭管式熔断器，其额定电流为 60A，额定电压为 380V。

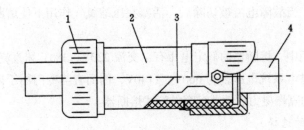

图 4-11　熔断器构造图
1—铜套；2—绝缘管；3—溶件；4—插刀

（3）RT0 系列有填料封闭管式熔断器

该系列熔断器的熔体放在全封闭的陶瓷熔管内，管体外形为长方体。管内装有特殊处理过的石英砂，用于降温灭弧。这种熔断器的特点是断流容量大，性能稳定，运行可靠，但更换熔体不方便，主要用在大电流线路内作过载及短路保护。

如型号为 RTO—600/400 的产品为有填料封闭管式熔断器，其额定电流为 600A，熔体的额定电流为 400A。

（4）RL1 系列有填料螺旋式熔断器

该系列熔断器由底座、熔芯和瓷帽三部分组成。在封闭的熔管中除熔件外，还充填石英砂，熔件熔断后有指示信号显示，更换熔件很方便，常被用于照明线路和中小型电动机保护。型号组成及含义与 R0 系列相同，型号中 L 表示螺旋式。

（5）RS 系列有填料封闭管式快速熔断器

该系列熔断器主要作为整流元件（可控硅半导体）及成套装置中的短路保护和某些不容许过电流的过载保护。其结构由指示器、瓷熔管、石英砂、熔体、绝缘垫、盖板及导电板组成。与一般熔断管相比，不同之处在于其熔体用纯铝或纯银制成。

如型号为 RSO—250/150 的产品为有填料封闭管式快速熔断器，设计序号为 0，额定电压为 250V，熔体的额定电流为 150A。

（6）自复熔断器

自复熔断器是一种新型限流元件，其本身不能分断电路，常与自动开关串联使用。

自复熔断器在使用时，两端先并联电阻，然后再与自动开关串联。正常工作时，电流从电流端子通过绝缘管细孔中的熔体（金属钠）到电流端子，形成通路，此时自复熔断器呈低阻状态，并联电阻中仅流过很小电流。在线路发生故障时，故障电流使钠急剧发热而汽化，很快形成高温、高压和高电阻的等离子状态，自复熔断器呈高阻性，限制故障电流的增加。同时并联电阻可吸收它所产生的过电压，并维持自动开关脱扣器所需要的动作电流，保证自动开关可靠动作。另外，活塞在高压作用下压缩氩气，当故障电流被切除后，活塞在压缩氩气作用下使熔断器迅速恢复到初始低阻状态。

在工业应用中，熔断器的额定电压有：交流 220V、380V 和直流 220V、440V。由于煤矿井下供电系统电压多为 660V、1140V，因而有与专门用于矿井控制回路的螺旋式熔断器和隔爆磁力启动器配套的管式熔断器。

2. 熔断器的选择

熔断器的选择首先要根据线路电压选择相应电压等级的熔断器，其类型主要根据负载情况和电路短路电流的大小来选择，如对于容量较小的照明线路或电机，可采用 RCIA 系列或 RM10 及 RM7 系列。熔断器的额定电流要稍大于线路的额定电流，如对于电动机保护，其额定电流应是电动机额定电流的 1.5 ~ 2.5 倍。对于短路电流相当大的线路或有易燃气体的场所，则应采用有填料的封闭式熔断器，如 RL1 系列或 RTO 系列，以保证其分断电流的能力不小于线路中可能出现的最大故障电流。用于硅整流及晶闸管保护的，应采用 RS 型快速熔断器。

熔体的选择，在被保护线路的负载电流比较平稳（没有电动机启动）时，其额定电流应等于或稍大于负载的额定电流。保护电动机用的熔断器，为了避免熔体在电动机启动过程中熔断，熔体额定电流应按以下情况选择：

（1）在不经常启动或启动时间不长（如机床上用的电动机等）的情况下，熔体的额定电流应按下式计算值选取：

$$I_{RN}=I_Q/（2.5 ~ 3）$$

式中 I_Q——电动机的启动电流。

（2）在经常启动或启动时间较长（如吊车上用的电动机等）的情况下，熔体的额定电流应按下式计算值选取：

$$I_{RN}=I_Q/（1.6 ~ 2）$$

三、自动空气开关

自动空气开关简称自动开关，它在供电系统中可在过载、短路、欠压时自动开断电路，保护电气设备。在正常工作状态下，可用来控制不频繁启动电动机线路的接通和开断。

1. 自动开关的种类

（1）按用途分：有保护配电线路、电动机、照明线路和漏电用的自动开关。

（2）按结构形式分：有框架式（万能式）和塑料外壳式（装置式）自动开关。

（3）按操作方式分：有直接手柄操作式、杠杆操作式、电磁铁操作式和电动机操作式自动开关。

另外还可按分断时间和极数来分类。

自动开关由接触部分（触头、灭弧罩）、脱扣器及脱扣机构等组成，其结构如图4-12所示。

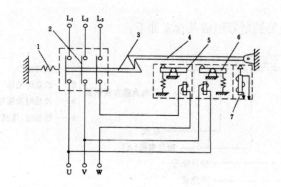

图 4-12　自动空气开关构造原理图
1—分断弹簧；2—主触头；3—传动杆；4—锁扣；
5—过电流脱扣器；6—欠压脱扣器；7—分励脱扣器

自动空气开关各组成部件及作用为：主触头2为常开触头，用于接通和分断主电路。在正常情况下，过电流脱扣器5的衔铁释放，脱扣器的弹簧拉动顶杆向下，因而锁扣4扣住传动杆3，使主触头2保持闭合位置。当主电路中的电流超过规定值时，衔铁吸动顶杆，使顶杆的左端向上运行，顶开传动杆，主触头在分断弹簧1的作用下迅速断开，将主线路切断。在正常电压下，欠压脱扣器6使顶杆左端向下运动，锁扣不脱扣；当电压降低时，由于衔铁吸合力减小，欠压脱扣器的弹簧迫使其顶杆左端向上运动顶开锁扣，使主触头在分断弹簧的作用下切断电路。

2. 常用自动开关

（1）框架式自动开关

框架式自动开关的结构特点是它有一个金属框架或塑料底架，所有部件都安装在框架或底架中，一般为敞开式。

目前常用的系列有国家推广的节能产品DW10和DW15系列，其额定电压交流为50Hz、380V，直流为440V。额定电流等级为200A、400A、600A、1000A、1500A、2500A、4000A。其中DW10系列的200～600A用塑料底板，1000～4000A用金属框架。DW10和DW15系列可取代DW0、DW1、DW2、DW7、DW8等产品，DW15 系列还可代替 DW5 系列产品。DW15 系列产品中额定电压还有 660V、1140V 等。

例如，型号为 DW10—100/3 的产品为万能式（框架式）自动开关，其设计序号为 10，额定电流为 100A，3 极。

（2）塑料外壳式自动开关

这种开关具有安全保护用的塑料外壳，由安装部件的底座和盖组成，盖上还设有塑料操作手柄。

框架式自动开关的型号组成及含义如下：

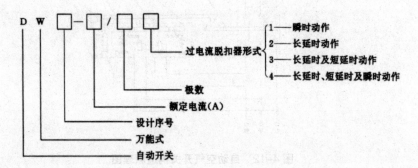

我国目前推广的节能产品为 DZ10 和 DZ15 系列，其额定电压交流为 380V 及以下，直流为 220V 及以下，额定电流为 100A、250A、600A，分断能力为 7 ~ 50kA，可代替 DZ1、DZ3、DZ4、DZ9、DZ14 系列产品。小电流塑料外壳式自动开关为 DZ5 系列，其额定电流等级为 10A、20A、25A、50A，其中 10A、25A 等级为单级，20A、50A 等级为 3 级。50A 等级产品为手扳操作，20A 等级产品用伸出壳外的绿色合闸按钮和红色分闸按钮来进行操作。

型号组成及含义：

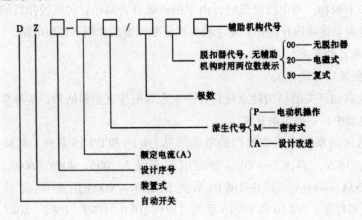

例如，型号为 DZ10—250/330 的产品为装置式自动开关，设计序号为 10，额定电流为 250A，3 极，复式脱扣。

（3）直流快速自动开关

该开关广泛应用于工业电力装置中，作为整流装置过载、短路和逆流保护。

辅助机构的名称及代号见表 4-4。

表 4-4　辅助机构的名称及代号

名称	代号	名称	代号
分励脱扣器	1	分励失压	5
辅助触头	2	二组辅助触头	6
失压	3	失压辅助触头	7
分励辅助触头	4		

目前推广的节能产品有 DS11、DS12 系列，可取代 DS1、DS2、DS4 及 DS10 系列。DS11 系列产品的额定电压为 750V，额定电流为 6000A.，分断能力为 55kA。

第四节　矿用隔爆自动馈电开关

馈电就是配送电能。自动馈电开关是带有自动跳闸机构的控制开关，它有过电流和漏电保护装置，当线路中发生过电流、短路或漏电时，能自动跳闸，切断电路。自动馈电开关适用于具有沼气和煤尘爆炸危险的煤矿井下，可用来控制和保护低压馈电线路。自动馈电开关一般为手动、自动控制合闸，跳闸有手动和自动跳闸两种方式。在正常工作时用手动合闸和分闸，当被保护线路发生故障时，开关能自动跳闸。

目前煤矿使用的防爆型自动馈电开关有：

DW80、DW81、DW15 系列的矿用防爆空气型自动馈电开关。该类型开关是由隔爆外壳、三相自动馈电开关和保护装置组成的防爆低压电器，主要用于煤矿井下的低压供电线路中，可作为采区变电所低压馈电开关或工作面配电点的低压总开关，有的也可与高压配电箱、干式变压器联合组成向综采工作面供电的移动变电站。DW80 型矿用防爆自动馈电开关技术数据见表 4-5。

表 4-5　DW80 型矿用防爆自动馈电开关技术数据

型号	额定电压 /V	额定电流 /A	极限分断电流 /kA	过电流继电器的整定电流 /A	电力电缆进出口数	控制电缆数目	电缆的最大外径 /mm	
							主回路	控制回路
DW80—200	380/660	200	15/7	200，300，600	3	1	50	22
DW80--350	380/660	350	15/7	400，600，1200	3	1	50	22

开关的外壳采用钢板焊接后装在滑橇支架上，在外壳的顶部装有电缆接线盒，外壳为方形结构或圆筒形转盖式结构。圆筒结构盖子盖上以后再旋转一定角度，盖子就被壳体内部的止口卡住，盖子和右侧的开关手把之间有机械闭锁装置，这样使盖子只有在切断电源时才能打开，以保证操作和维护人员的安全。

开关的主要电气部件有装在绝缘板上部的手动三相接触器，在接触器的触头上安装有消弧罩。在接触器下边的三相出线上装有过电流脱扣器，它是电磁式电流继电器，当电流超过整定值或发生短路时，电流继电器使三相接触器自动跳闸，切断电源；在中间一相上装有分励脱扣（跳闸）线圈，它的一端和中间一相连接，另一端引到出线盒的分励脱扣（跳闸）线圈端子上。通常分励脱扣线圈与漏电继电器联合使用，漏电继电器用来控制脱扣线圈作漏电保护用。

DZKD、BKZD—400、BZZK—400/1140（660）、BKD2—200、400/660Z、BKZ—200、400/1140（660）、BKD16、BKZ1、KBD9（智能型）真空型馈电开关。该类型真空馈电开关的防爆外壳为方形提拉门结构，采用半导体脱扣器，有过载、短路、欠压、漏电、真空管漏气闭锁等保护，主要用于井下采区千伏级供电系统做馈电总开关和分路开关。

第五节　矿用防爆磁力起动器

防爆磁力启动器是一种组合电器，它主要用来控制井下防爆鼠笼式异步电动机的启动和停止，并具有过载、短路及失压保护作用。

防爆型磁力启动器根据主接触器的形式可划分为空气磁力启动器和真空磁力启

动器；按防爆原理可分为一般隔爆型和隔爆兼安全火花型两种。我国生产的隔爆型磁力启动器有（QBZ—80（D）、120（D）、200（D）系列，DKZB系列，以及与移动变电站配用的DZKD型磁力启动器。当配电线路出现过载、短路或欠压时，磁力启动器能自动切断电路；当与漏电继电器配合使用时，还可对被控线路实现漏电保护。

矿用隔爆型磁力启动器是直接控制和保护电动机及用电设备的组合式开关电器。

对矿用隔爆型磁力启动器一般有如下要求：

（1）外壳必须满足矿用隔爆设备所规定的性能；

（2）主接触器不仅能接通、断开有载动力负荷，而且要求能切断10倍额定电流；还要有足够的机械寿命以适应频繁启动的要求；

（3）有较完善的保护装置，一般设有过载、短路、欠压、漏电等保护，有些还设有过电压、断相、漏电闭锁或具有选择性的漏电保护等保护；

（4）能实现就地控制、远距离控制、联锁控制和顺序控制等控制方式。

对控制电路除要求动作可靠、操作方便外，为了安全可靠，还要求尽可能采用安全火花型或安全电压型控制电路。

第五章　矿用成套配电装置

第一节　矿用高压开关柜

一、用途和分类

矿用高压开关柜在煤矿广泛应用于地面变电所及井下中央变电所、大型绞车房、通风机房、水泵房等场所，作受电和馈电或控制变压器、高压电动机用。

矿用高压开关柜可作如下分类：

按柜内装置的元件安装方式分为固定式和手车式。

按柜体结构形式分为开启式和封闭式。

按装置地点分为户内式和户外式。

按一次线路安装的主要电气元件和用途，分为真空断路器、母线分段柜、母线或进线电压互感器柜、母线避雷器柜、站用变压器柜、进出线负荷开关柜、高压静电电容器柜等。

二、几种常用的 6 ～ 10kV 矿用一般型高压成套开关设备

1. KYGG—2Z 矿用一般型固定式高压开关柜

（1）用途

KYGG—2Z 矿用一般型固定式高压开关柜，适用于交流 50Hz、额定电压 6kV、额定电流 630A 及以下电力系统中，在煤矿井下的井底车场和主要通风巷道机电硐室等场所，作为接受和分配电能、动力配电、照明等配电设备使用，亦可作为启动井下主排水泵电动机开关设备使用。

（2）结构特点简介

本开关柜采用薄钢板封闭式结构，电缆从柜底后侧进出，前面上、下门可转角度大于 90°，监视仪表、信号指示及操作开关均装在门上。门内侧为二次电路箱，所有继电器保护及二次接线均布置安装于箱内，箱体可转出门外，维修极为方便。仪表继电器室两侧装有接线端子排，供柜间小母线用。断路器位置正前方设有小门，

打开此门可以直接手动或电动操作断路器。

本开关柜设置有多重机械联锁保护装置。

隔离开关与门之间的联锁：隔离开关在合闸的同时，通过机械联锁挂钩，钩住大门使大门打不开，分闸时挂钩自动脱开，门处于可开状态。

断路器与隔离开关之间的联锁：断路器在合闸时机械联锁装置瞬间进入联锁状态，限制了隔离开关的分、合闸操作，具有强行阻止误操作之功能。

开门闭锁：机械和电气双联锁装置，防止万一有关联锁失灵，操作人员不慎开门，门打开分励电磁铁电源通过电气联锁接通断路器自动分闸，同时，通过机械联锁弹簧杆与隔离开关操作机构联锁，使其不能进行分、合闸操作。

整套联锁装置设计合理、小巧灵敏、安全可靠，用户在使用过程中应定期在各活动部位加注润滑油，以确保其灵活性。

作为高压电动机、变压器控制用的高压开关设备，设有短路、过负荷、欠电压、漏电、电气闭锁等保护及远距离控制装置。远距离控制装置中有控制芯线断线和短路保护，允许一点启动、多点停止并具有电气闭锁功能。

2. KYGC—Z 矿用一般型手车式高压开关柜

（1）用途

KYGC—Z 矿用一般型手车式高压开关柜，适用于交流 50Hz、额定电压 6（10）kV、额定电流 630A 及以下电力系统中，在煤矿井下的井底车场、主要通风巷道机电硐室等场所，作为接受和分配电能、动力配电、照明等配电设备使用，亦可作为启动井下主排水泵电动机设备使用。

（2）结构特点简介

本开关柜吸收了德国西门子公司 8SN2 型开关的优点，克服了国内同类产品的不足之处，具有结构新颖、保护功能齐全、操作可靠性高、体积小、重量轻等优点。

结构新颖：采用手车式机芯，隔离插锁式结构，全部电气元件装于手车上，落地式快开门自铺手车导轨，操作、安装、维修十分方便；有贯穿式母线导电排，结构简单可靠；开关柜的机械联锁机构亦简便可靠，确保使用安全。

保护功能齐全：开关柜具有过载反时限保护、短路速断保护、选择性漏电保护、欠电压保护和操作过电压保护等功能。

体积小、重量轻：开关柜的高度为国内同类产品的 65%，体积为国内同类产品的 1/3，运输时可立于矿车上，便于井下运输和安装。

本产品系列的另一显著特点是其主开关采用了国际首创的新产品，用高压真空 BC（PZN）开关取代了传统的真空断路器。BC（PZN）开关集断路器和接触器的主要功能于一体，正常工作时按接触器方式操作，具有结构简单、可靠性高、可频繁操作、机械寿命和电气寿命长等优点。遇到短路电流后，BC（PZN）开关自动转换为以断路器方式切断短路电流。BC（PZN）开关的应用使本产品成为同类产品中的最佳选择。

3. BAY2 矿用一般型手车式高压开关柜

（1）用途

BAY2 矿用一般型手车式高压开关柜，适用于交流 50Hz、额定电压 6（10）kV、额定电流 400A 及以下电力系统中，在煤矿井下井底车场、主要通风巷道机电硐室等场所，作为接受和分配电能、动力、配电、照明等的配电设备使用，亦可作为启动井下排水泵电动机的开关设备使用。

（2）结构特点简介

本开关柜由固定的壳体和装有断路器的移开部件（手车）两部分组成。

壳体用钢板或绝缘板分隔成手车室、母线室和仪表继电器室三个部分，制成金属封闭式开关设备。壳体的前上部是继电仪表室，前下部是手车室，后部是母线室。母线室底部是电缆引入装置。

手车底部装有滚轮，能沿导轨在水平方向移动，且装有定位和机械电气联锁装置。

三、高压开关柜的订货、验收和保管

订货：订货时须向生产厂家提出基本型号、额定电压、额定电流、一次线路方案编号或一次单线系统图、二次线路方案编号或二次原理展开图、高压开关柜排列顺序图、柜顶母线规格、设备清单，即一、二次回路全部电器的名称、型号、规格和数量。

高压开关柜的计量单位为"台"。

验收：根据图纸核对一、二次线路方案编号及开关柜内所装仪表设备是否相符；检查易损部件和绝缘瓷瓶等有无损伤。

保管：高压开关柜应存在库房内，要特别注意防潮、防震、防腐、防火。其他方面与断路器、互感器、避雷器的保管相同。电容器柜、放电柜保管期间不得直接安放在泥土地面上。

第二节　矿用低压成套配电装置

一、矿用低压成套配电装置的用途和分类

矿用低压成套配电装置是按给定的接线图，把低压电气元件有机地组合，装在一个特制的柜子里或绝缘板上，起接受与分配电能作用的一种装置，通常称为低压配电屏（箱或柜）或低压开关板，多用于 50Hz、500V 及以下的交流供电系统中。

矿用低压配电屏按用途可分为以下四类：

（1）低压配电柜：用于三相三线制或三相四线制供电系统，适用于发电厂、变电所交（直）流低压配电及工矿企业车间、变电所动力配电和照明。

（2）控制屏及保护屏：适用于发电厂及变电所集中或远方控制、保护、测量信号。

（3）动力配电箱：有动力控制箱及照明箱。动力控制箱主要用于工矿企业车间的动力配电及电动机控制，照明箱用于车间或城市大型建筑物照明配电。

（4）静电电容器柜：适用于矿井地面变电所或地面电压 380V、50Hz 的三相供电系统中，作改善功率因数用。

低压配电柜除按用途分类外，和高压开关柜一样，也可将其分为固定式和手车式（或抽屉式）、开启式和封闭式、户内式和户外式等。按操作维护、装置方式不同还可分为自立式、挂墙式、嵌入式三种。

二、矿用低压配电柜的结构及产品简介

矿用低压配电柜的骨架都是用角钢和钢板焊接而成的，主要有积木式和箱式两种结构。

矿用低压配电柜一次线路设备主要有闸刀开关、互感器、接触器、自动开关、转换开关、组合开关、低压熔断器等低压控制和配电电器。二次线路设备主要有测量仪表、信号设备、继电保护、控制电缆等。

下面几种常用的矿用低压配电柜。

1. KJJ 型矿用积木式低压配电柜

（1）用途

KJJ 型矿用积木式（单元组合）低压配电柜（以下简称配电柜）主要用于煤矿低瓦斯和高瓦斯矿井的井底车场、总进风巷、架线电机车通达场所的机电硐室内，以及冶金、交通、建筑等企业潮湿场所的 380V 和 660V 三相三线制中性点不接地供

电系统中，作为低压成套配电设备使用。

（2）结构特点简介

采用标准型钢，利用角连接器和其他金属标准构件通过螺栓连接成骨架。骨架与左右侧板、上顶盖、下底板利用螺栓连接成柜体。前、后门利用铰链与柜体连接，组成开关柜。整个开关柜无须焊接。

开关柜高度范围分母线室（占用高度为200mm）、功能单元安装室（占用高度为1600mm）、辅助电路接线端子室（占用高度为400mm）三部分，总高度为2200mm。

开关柜宽度范围分右侧垂直母线室（占用宽度为200mm）、功能单元安装室（占用宽度为600mm）两部分，总宽度为800mm。

开关柜深度范围分前侧短路保护电气元件安装室（占用深度为300mm）、后侧控制及保护电气元件安装室（占用深度为300mm）两部分，总深度为600mm。

功能单元安装室总高度1600mm，其间可安装功能单元的数量由各功能单元的占用高度组合确定，各组合功能单元占用高度总和不能超过1600mm，保持了抽屉式开关柜按功能单元组合供电系统的优点。

功能单元占用高度按电流等级划分，其中：100A功能单元占用高度200mm，200A功能单元占用高度400mm，400～630A功能单元占用高度600mm，630～1600A功能单元占用高度800～1600mm。进线、电容补偿、降压启动方案占用高度1600mm。

各功能单元用隔板分隔成各自独立的室，以防某一室发生故障时影响其他功能单元正常工作，克服了固定面板式开关柜在电器回路故障时影响面过大的缺点。

主电路、辅助电路接线均采用固定接线，克服了抽屉式开关柜因插接接线不良经常造成事故的缺点。

每一功能单元手动操作手柄均安装在功能单元面板外，方便用户开、合电路。同时，操作机构与功能单元开启门间设有机械闭锁，保证用电安全。

隔离电器的手动操作采用旋转操作手柄，操作手柄与开关装置间的连接采用插接方式，确保功能单元门可以自由开启。同时，操作手柄采用贮能式结构，使操作速度与开关开断速度无关。

功能单元面板上设有电路运行状态显示信号，便于用户观察电路运行状态。

各功能单元设有选择性漏电保护，电路发生漏电时，有选择地动作漏电回路，其他相邻回路仍能正常供电。

2. KYX—2矿用一般型低压配电箱

（1）用途

KYX-2 矿用一般型低压配电箱主要用于额定频率50Hz、额定电压380和660V、额定电流600A及以下的变压器中性点不接地供电系统中，作为矿井井底车场、总进风巷、主要进风巷机电硐室内变电所的进线、联络、馈电、电动机控制、照明、降压启动、无功补偿的配电设备使用。

（2）结构特点简介

该配电箱的结构属户内全封闭式，采用薄钢板与角钢焊接而成，电缆可从箱底进出。配电箱前后有门，门上有锁，以保安全。前门上装有控制、操作、测量和指示的开关按钮、仪表和指示灯，后门供安装维修用。箱内主母线置于箱顶下，用高强度绝缘子固定。电气元件装于箱内开有长腰孔的角钢上，并用螺钉紧固，可以左右上下任意调节，安装方便灵活。

配电箱内外采用橡胶嵌条进行门与箱体之间的密封。箱顶做成一定的斜度，具有防尘、防滴作用。配电箱可从箱前操作，箱前、箱后检修，也可单独使用或排列使用。

配电箱内所用电气元件均为干式无油设备。

配电箱装有联锁装置，隔离开关与主开关或接触器之间在接通或开断电源后都能可靠地进行联锁，以防止误操作。

配电箱具有电缆引入装置，能防止电缆扭转、拔脱和损伤。

配电箱采用国内配电设备中先进的塑料行线新颖布线工艺和冷挤压铜接头压接工艺，行线美观整齐，接线方便，接触可靠。

3. GKY—4 矿用一般型低压配电箱

（1）用途

GKY—4 矿用一般型低压配电箱主要用于额定频率50Hz、额定电压380V和660V、额定电流600A及以下的变压器中性点不接地供电系统中，作为矿井井底车场、总进风巷、主要进风巷机电硐室内变电所的进线、联络、馈电、电动机控制、照明、降压启动、无功补偿的配电设备使用。

（2）结构特点简介

该配电箱的基本结构属户内全封闭式，采用薄钢板与角钢焊接而成，电缆可从箱底电缆引入装置中进出。配电箱前后有门，门上有锁。前门上装有控制、操作、测量和指示的开关按钮、仪表和信号指示灯，后门供安装维修用。箱内主母线置于箱顶下，用高强度绝缘子固定。电气元件装于箱内开有长腰孔的角钢上，并用螺钉紧固，可以左右上下任意调节，安装方便灵活。

配电箱采用异形橡胶嵌条进行门与箱体之间的密封。箱顶做成一定的斜度，具有一定的防尘、防滴作用。配电箱可从箱前操作，箱前、箱后检修，也可以单独使用或排列使用。

闭锁装置包括:

1)前门闭锁装置。本装置由导套、连杆、转杆、支件、压缩弹簧等组成。本装置采用通过门与刀开关拉把横、纵向两根连杆而达到前门闭锁的目的。

2)开启前门时,刀开关拉把必须处于分闸位置上,总连杆手拉把分离前门锁扣。刀开关在合闸位置上由纵连杆将前门锁住。

关好前门后,由于焊接在前门上锁板的斜面将连杆顶向左行,连动纵、横杆使刀开关拉把能合闸操作,并将前门锁住;反之拉开刀闸,前门解锁。

3)后门闭锁装置。本装置由两极连杆、变向盘、锁扣、后锁板、导向筒、往复弹簧装置等组成。

配电箱内所选用电气元件均为干式无油设备。

当后门未关好时,由于自重挡板未顶住而使其挡住了横连杆插入锁扣,这样变向盘、纵连杆就顶住前门使其无法关闭,从而达到了只有关好后门方可关闭前门,再按操作顺序送电的安全可靠的防护效果。

当后门关闭后,前门正常关闭,压迫推动纵连杆、变向盘作圆周运动,同时推动横连杆插入锁扣及后门锁板,使后门闭锁。需要打开后门时,必须首先正常开启前门,这时往复弹簧将纵连杆复位,通过变向盘带动连杆抽出锁扣,这时后门便可开启。

箱体的刀开关拉把与前门之间设有机械联锁。

三、低压配电屏的订货、验收与保管

1. 订货

订购低压配电屏时须提出基本型号及数量,一次线路方案编号及配电屏排列布置图(指多屏排列时),二次线路原理展开图,一、二次线路内主要电气设备的名称、型号、规格和数量,主母线规格。无一次线路方案编号或非标准的低压配电屏,需提供一次线路系统图;订货时电流互感器不得超过方案中所示的数量。需要侧护板时,应在合同中注明,可随同供应。

订购动力配电箱时须提出动力配电箱的型号及台数;箱内各回路熔断器、熔件的额定电流,以及备用熔断器的数量。

订购照明配电箱时须提出其型号及台数,是悬挂式还是嵌入式,需采用熔断器的型号以及备用熔件的数量。

订购控制屏时须提出其型号及屏的排列图、屏面布置图及设备明细表、原理接线图及端子排列图。

订购静电电容器柜时,一般需要提出型号及每台柜内所需电容器的总容量。

有的还需提出电流互感器的变流比及柜顶母线规格等，并指明是联合使用还是单独使用。

低压配电屏的计量单位是"面"。

2. 入库验收

验收时要核对产品的名称、型号、规格及数量是否相符；随同产品的技术文件，如装箱清单、产品出厂合格证、使用说明书、各种附件清单、排列图、安装接线图是否齐全；板上所附装的仪器设备是否符合要求。各种开关应操作灵活，如有自动回位装置的应检查其弹力是否符合要求，全部零件均不得有受潮、锈蚀等缺陷。开关柜若是封闭式的，柜门应能严密关闭。

3. 保管保养

配电屏应存放在库房或料棚里。配电屏的组件、部件、附件在保管时应注意其成套性，库房内不得有腐蚀性气体及导电尘埃，附近不应有强力磁场存在。库房要保持干燥。

储存时间较长的配电屏，其仪表、继电器、精密组件等要拆下，保存于保温库内，并做好标记。

配电屏以出厂保险期为储存期限，但最长不宜超过一年半。

第三节　国产矿用隔爆型移动变电站

一、概述与主要技术特性

1. 概述

KBSGZY 型矿用隔爆型移动变电站是机械化采煤工作面的主要配电设备。该设备由 KBSG 矿用隔爆型干式变压器、BGP46—6 矿用隔爆型高压负荷开关、BXB1 或 BXB3 矿用隔爆型低压馈电开关组成，用紧固螺栓把三部分连接成一个整体。

矿用隔爆型移动变电站的另外几种形式为：由 KBSG 矿用隔爆型干式变压器、BFG—10（6）矿用隔爆型高压负荷开关、BKD1—500/1140（660）矿用隔爆型低压馈电开关组成；或由 BGP41—6 隔爆型高压真空配电装置、KBSG 矿用隔爆型干式变压器、BXB1 矿用隔爆型低压馈电开关组成。高压负荷开关包括 AGKB 矿用隔爆型电缆连接器，用紧固螺栓把三部分连接成一个整体。

国产矿用隔爆型移动变电站主要由长沙、通化、太原等地变压器厂与相配套的有关厂家生产，原统一设计组设计的 KBSGZY 型移动变电站分 315kV·A、500kV·A、

630kV·A 三个规格，近年来随着煤炭生产的发展又生产出 800kV·A、1000kV·A、1250kV·A、1600kV·A、2000kV·A、2500kV·A 的移动变电站。低压馈电开关也逐步由空气式断路器被真空断路器所代替，使得通断能力大大提高，维护使用非常方便。移动变电站输入电压为 6kV，输出电压为 1200V，其中 315kV·A、500kV·A 移动变电站可以通过改变低压绕组的接线方式，由 Y 接 1200V 改接为 △ 接 693V。

2. 适用条件

矿用隔爆型移动变电站适用于周围环境温度不高于 40℃、相对湿度不大于 95%（环境温度为 25℃时）、有瓦斯和煤尘爆炸危险的矿井。安装和使用时，它与垂直面的斜度不大于 15°，并且周围无强烈颠簸震动，可作为频率 50Hz、交流电压 6kV 的三相中性点不接地供电系统的变配电成套设备。

二、整体结构

移动变电站由干式变压器、高压负荷开关、低压馈电开关三个独立的隔爆腔通过隔爆接合面用螺栓相互连接成一个整体，其中高压负荷开关两侧各设置一个隔爆型电缆连接器。干式变压器高压侧与高压负荷开关、干式变压器低压侧与低压馈电开关分别用软胶线连接。

三、矿用隔爆型干式变压器

1. 干式变压器的结构

干式变压器是移动变电站的主要部件。它将 6kV 电压通过电磁感应变换为 1200V 和 693V 的低压，供给低压用电设备。其整体由高压开关、低压开关、隔爆变压器组成。

本节所述的 315kV·A、500kV·A、630kV·A 三种规格干式变压器的隔爆外壳均为两端开盖结构，分别设置有独立的高、低压接线盒，盒内分别安装有高、低压套管。两侧壳壁为瓦楞形结构，这种结构可增加干式变压器的散热面积和加强隔爆外壳的强度。壳顶部高压出线端设置有调压分接线盒，可根据实际系统电压的高低改接其分线接头，以保证输出电压符合要求。变压器由铁芯、高压线圈、低压线圈、绝缘材料、引线等组成。

2. 干式变压器的绝缘结构及绝缘材料

（1）干式变压器的绝缘结构

由于干式变压器在空气中的放电距离比油浸式变压器小，所以同一电压等级下主绝缘尺寸比油浸式变压器大。

（2）干式变压器的绝缘材料

由于矿用隔爆型干式变压器安放在采掘面这一特殊的环境中工作，所以必须采用耐高温的 H 级绝缘材料，用以制造体积小、质量轻的产品。我国生产的移动变电站主变压器采用的是硅有机类和亚氨类 H 级绝缘材料。一般使用于干式变压器中的绝缘材料见表 5-1。

表 5-1　变压器采用的绝缘材料

部件	材料名称	规格型号
电磁线	聚酰亚胺复合漆包线	QZY/QXYB
层间绝缘	硅有机玻璃漆布 / 聚酰胺薄膜	2450/CS
绝缘筒	聚胺—酰亚胺玻璃上胶布板	D291
端绝缘导线夹等	硅有机玻璃布板	3250
铁轭绝缘	聚胺—酰亚胺层亚玻璃布板	D321
撑条	聚胺—酰亚胺层亚玻璃布板	D321
铁轭垫块	电瓷	
浸渍漆	有机硅浸渍漆	1053
覆盖漆	有机硅瓷漆	1350（167）
耐电弧漆	醇酸灰瓷漆	1321

3. 干式变压器的主要部件

（1）变压器铁芯

铁芯是变压器磁路部分。干式变压器采用三相三柱心式铁芯，芯柱和铁轭为等截面。

（2）变压器绕组

200 ～ 2000kV·A 变压器绕组由 H 级聚酰亚胺复合漆包扁铜线（QZY/QZYB）绕制而成。高、低压绕组均采用圆筒式结构。低压绕组为内绕组，共分三层，中间有两个气道，以增加散热面。高压绕组为外绕组，其中 200kV·A 层间不采用气道，而 630kV·A、2000kV·A 层间采用一个气道。高、低压绕组之间有聚酰胺坯布卷制的绝缘筒。高压绕组为星形接法，并有 -4%、-8% 和 ±5% 额定电压的分接插头。由分接板可调节所需电压。变压器箱壳上面有一个小盖板，打开后即可方便地进行调节。当容量为 2000kV·A 时，低压绕组采用星形接法（额定电压为 1200V）。当容量为 200kV·A、630kV·A 时，低压绕组既可采用星形接法（额定电压为 1200V），也可采用三角形接法（额定电压为 693V）。

（3）高、低压出线套管

干式变压器两端高、低压出线盒内装有高、低压套管。套管中的瓷套为高强度电瓷。瓷套与铜套、瓷套与法兰盘用环氧树脂浇注成一体。导杆与铜套之间为隔爆面，而高、低压套管，接线座与出线法兰盘之间为螺纹隔爆结构，变压器的高、，低压绕组引线由套管引出。高、低压出线盒各安装有一个接线座，各有四个端子，其中高、低压电气联锁引线接端子，而低压侧接线座端子接变压器、温度继电器的引出线，接入低压开关中127V控制电源。当煤层压顶或其他原因影响变压器散热导至壳内温度升高到温度继电器动作值时，即接通127V电源，发出警报，通知值班人员排除故障。只有当内部温度降低而使继电器复原以后，才能正常工作。

（4）干式变压器电压调整方法

煤矿井下的电气设备和地面其他电气设备一样，对供电电压有一定的要求，而额定电压过低或过高都不能使设备正常工作，甚至影响电气设备的寿命。

在调整电压时，首先切断高压电源，然后打开高压分线盒，变换连接片的位置，即可调整电压。

四、矿用隔爆型高压电缆连接器

AGKB30—200/6000型矿用隔爆型高压电缆连接器，在工作面供电平巷里，为高压电缆插接之用。在后退式开采中，由于平巷逐渐缩短时，去掉一段电缆，断端的连接器插拔容易，能迅速恢复供电。

在移动变电站高压进线端，安装两个高压电缆连接器，以利接线。

1. 高压电缆连接器的结构

矿用隔爆型高压电缆连接器由隔爆外壳、进线、电缆分线腔、绝缘体、载流导体等部分组成。

隔爆外壳由六个腔体组成，各腔体之间的隔爆面靠螺栓连在一起组成隔爆外壳。它能保证在连接器内部瓦斯爆炸时不会使火焰引燃外部的瓦斯。

进线部分是隔爆壳体的一部分，它由压紧法兰盘、压板垫圈、封环和无缝钢管、外接地装置组成。它能把矿用电缆引入连接器，用封环密封电缆进口，同时用压板压紧电缆，防止在承受拉力时拉出连接器。

电缆分线腔也是隔爆外壳的一部分。电缆由进线部分引入隔爆外壳内以后，把芯线分开，再引入绝缘件内的导体插座部分。腔内有内接地螺栓和电缆的接地芯线。先接到内接地螺栓上，然后再接入绝缘件中接地芯线的导体上。这样就把电缆连接器外壳与井下接地网连接在一起。当电缆连接器的带电部分对壳体漏电时，漏电部分动作切断主电源，以保证安全供电。

　　绝缘体是高压电缆连接器的重要部分之一。它是按 6000V 级电压所要求的带电导体间的空气间隙和漏电距离来设计的。绝缘体要承受很高的相间电压，此外，还要承受载流导体的散热。因此，绝缘体必须具有较好的抗漏电性能和抗老化性能。

　　载流导体部分包括铜质插杆、插座。为了便于使用，要防止运行中插头碰插头、插座碰插座的可能性。所有连接处和插接处在安装时必须妥善处理，保证良好接触，以免使局部绝缘体老化，造成相间短路。

　　2. 高压电缆连接器在移动变电站的应用

　　移动变电站高压负荷开关箱两侧各安装一个 AGKB 型电缆连接器，但不是完整的连接器，它拆除了其部分接线腔并与高压负荷开关箱用螺栓连接为一体。

　　高压负荷开关箱的引出线接入连接器的一端，另一端按所给的尺寸切割 UGSP 型电缆。在切割护套及芯线时，要十分注意，勿使芯线绝缘损伤。

　　安装时，必须做好屏蔽层对屏蔽芯线的连接以及接地层对接地芯线的连接。在剥去外护套以后，露出的屏蔽层首先应按原来的结构把引线与屏蔽层连接好。引线应是多股软导线，其截面应与接地芯线截面相同。如果电缆屏蔽层有备用导线，则可在绑扎固定后用焊锡与原导线焊在一起。否则，就要把一段至少 10mm 的导线剥开绝缘平铺在屏蔽层上，用镀锡线牢牢绑扎 5 匝，并在与导线接触处搪锡。特别注意不要有松散线头在安装后向外或向内与接地层或接地部分接触，否则，会使监视回路动作。

　　UGSP 型电缆接地芯线分别包在三根主芯线外。在绑扎好屏蔽芯线以后，再把接地层外的绝缘剥去，露出三根带接地屏蔽的主芯，然后把一条纺织的接地层松开、并拢，与接地层焊牢。在任何情况下，必须注意接地芯线与主芯线裸露部分的空气间隙不应小于 60mm，并不应与屏蔽层有所接触。电缆接地芯线与连接器铜接线座接好以后，在适当部位剥去一段绝缘，通过内接地螺栓接地并压牢 UGSP 型电缆芯线。

第四节　矿用隔爆型照明信号变压器综合保护装置

一、用途

　　适用于煤矿井下 127V 照明及信号负载的电源控制，并具有短路保护、漏电闭锁、漏电动作及电缆绝缘危险指示等综合性保护。三合一结构形式，可以代替现有的 2.5kV·A 及 4.0kV·A 干式变压器及手动隔爆开关的多体控制方式，二合一结构形式可与现有的 2.5kV·A 及 4.0kV·A 干式变压器配套使用。

二、结构概述

综合装置的隔爆外壳为圆筒形，具有凸出的底和盖。壳盖与壳身采用转盖止口结构。外壳上部有一接线箱作为引入引出电缆用。外壳右侧装有操作隔离开关的手柄、启动及停止按钮和检验短路、漏电保护系统是否有效的试验按钮，并有可靠的机械联锁装置，保证当隔离开关闭合时，壳盖打不开；壳盖打开时，隔离开关不能闭合。壳盖上方有一透视镜，可以从外面观察状态指示灯。

主变压器与机壳的连接采用滑道结构，检修方便。

第五节　矿山空压机、主通风机用的大型同步电动机成套电控设备

一、同步电动机的控制线路

带励磁机的同步电动机拖动主通风机或空气压缩机时，一般采用图 5-1 所示的固接励磁线路。TP—7102 型高压同步电动机控制站即属这种系统，其原理如图 5-1 所示。同步电动机 MS 与励磁机 G 同轴，采用全压直接启动。

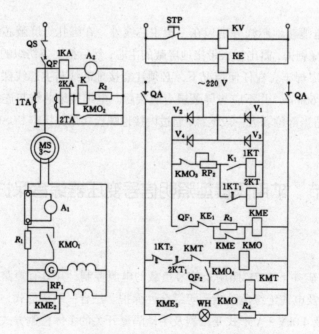

图 5-1　带励磁机的同步电动机控制线路原理图

1. 线路特点

控制回路电源用低压交流 220V 或 380V，以保证操作的安全。

励磁机 G 经放电电阻凡固接在转子励磁绕组上。启动时，励磁绕组被短接，防止产生过高的感应电压；停车时，励磁绕组的磁场能量迅速消耗在 R_1 中。一般 R_1 为励磁绕组阻值的 6 ~ 10 倍。

用定子电流控制电动机的启动，即用启动电流继电器 K 控制时间继电器 1KT 和励磁接触器 KMO 的动作，使电动机牵入同步。

有自动励磁环节。当高压电源电压降低到 75% ~ 80% 的额定电压时，强励磁继电器 KE 释放，使强励磁接触器 KME 动作，其动合接点 KME_2 闭合，短接励磁机的磁场电阻 RP_1，使励磁机输出电压升高，加强同步电动机转子励磁，以保持同步电动机的同步运转。当电源电压恢复到额定值的 88% ~ 94% 时，KE 吸合，KME 释放，停止强励。强励电流为额定值的 1.4% ~ 1.8%，强励时间最长允许为 30s。

励磁接触器为带锁扣的接触器，有合闸线圈 KMO 和跳闸线圈 KMT。当合闸线圈 KMO 通电合闸后，即使 KMO 断电，锁扣仍可保持接触器处于闭合状态。当接触器分断时，为保证锁扣机构易于脱开，在 KMT 通电的同时也给 KMO 短时通电，使励磁接触器衔铁回落。

2. 保护环节

同步电动机在运行过程中，当高压电源电压降低到 75% ~ 80% 的额定电压时，强励磁继电器 KE 释放，使 KME 动作，短接励磁机 G 的磁场电阻 R_2，加强励磁，以免同步电动机失步。同时，白灯 WH 亮。

电源电压过低或失步时，通过无压释放脱扣器 KV 直接作用于油断路器跳闸；短路故障则通过过流脱扣器 1KA、2KA 使油断路器跳闸。

同步电动机全压异步启动至接近同步速度时，定子电流减小，K 释放，1KT 延时释放，2KT 断电。经一定时限（约 5s）后，2KT 在 KMO 线圈回路中的动合接点 $2KT_1$ 打开，此时，如励磁接触器卡住而未吸合，则同步电动机不能牵入同步，失步保护应动作，发出警报信号并切除高压电源。

二、KLF—300/75 型同步电动机可控硅励磁装置

可控硅励磁装置代替励磁发电机，为同步电动机提供励磁电源。KLF—300/75 型是现已推广使用的电控系统，它主要用于轻载启动的同步电动机励磁，如果采用适当的措施，还可以用于重载启动的球磨机等负载的控制。

1. KLF 型电控装置的特点

（1）同步电动机额定电压有 380V 和 6000V 两种，可直接启动或降压启动。

（2）同步电动机励磁绕组采用固接励磁，并在异步启动时采取过电压保护，以保证同步电动机和励磁装置免受过电压损坏。

（3）同步电动机转速接近同步转速时，顺极性自动投入励磁，使其牵入同步运行。

（4）具有电压负反馈环节，能自动调节励磁，并在电压降低时可实现无极强励磁。

（5）同步电动机在启动和停电时能自动灭磁。

（6）整流前的交流电源必须与同步电动机定子绕组的电源同属于一段母线，以免失励运行；可以手动调节励磁电压，进行功率因数调整，使电流从需要值调到额定值。

2. 主要组成部分及各插件的作用

可控励磁装置主要由整流变压器、三相桥式可控硅整流电路、冷却风机、灭磁电路、插件等几部分组成。

（1）整流变压器把 380V 电压降到 220V，向整流电路供电。

（2）三相桥式可控硅整流电路把 220V 交流经整流变为可控的直流电压，供给同步电动机的励磁绕组励磁。

（3）冷却风机是专门给运行中的可控硅装置进行冷却的。

（4）灭磁电路。利用续流二极管、可控硅与放电电阻相互配合，把励磁绕组在启动过程中产生的磁场能转换为电能，但这个电能消耗在电阻上。

（5）插件。共有 7 个插件，它们的作用如下：

电源插件 I 有 4 组变压器，分别向其他插件提供各种电压等级的整流电源。

移相插件 II 的作用是调节励磁电压的大小，并使电压稳定。

投励插件 III 的作用是在同步电动机正常运行之前，保证电动机转速接近同步转速时，顺极性自动投励，使其牵入同步运行。

触发电路插件 IV、V、VI 的作用是产生触发脉冲的相位移动，使主回路可控硅的导通角改变，达到调节励磁电压的目的。

灭磁插件 VII 的作用是控制可控硅的导通状态，即启动时让可控硅导通，启动结束转入正常运行时让可控硅关断，以便投入励磁电压。

三、TLK—1 型同步机励磁智能控制装置

TLK—1 型同步机励磁智能控制装置采用微控器（MCU）及数字化控制技术，脉冲触发精确，保护功能完善，操作简便，性能稳定可靠，是用新技术改造传统设备的有效选择。

1. 型号组成及含义

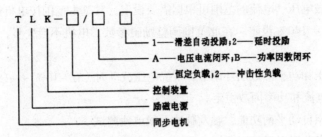

T L K－□/□□

1——滑差自动投励；2——延时投励
A——电压电流闭环；B——功率因数闭环
1——恒定负载；2——冲击性负载
控制装置
励磁电源
同步电机

2. TLK—1型同步机励磁智能控制装置的特点

本装置专为原励磁装置配套或改造而设计，保留原励磁装置的整流变压器、主回路桥式整流器和指示仪表。主回路桥式整流可选择半控或全控，采用新型灭磁回路实现灭磁。触发、调节及保护功能均由本装置完成。TLK—1型同步机励磁智能控制装置的原理框图如图5-2所示。

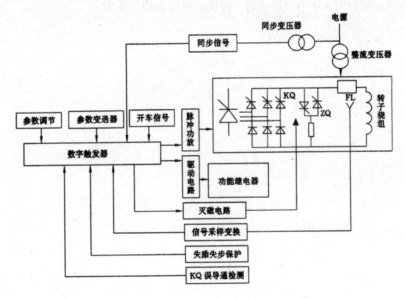

图5-2 TLK—1型同步机励磁智能控制装置的原理框图

该装置采用微控器及数字化控制技术，自动投励环节按照"准确、强励、整步"的设计原则，使电动机牵入同步的过程平滑、快速、可靠。

具有先进可靠的带励失步、失励失步保护功能，动作迅速准确。当采用不停机带载自动再整步方式时，其过程平滑迅速。当因外因造成再整步失败时，设有后备保护环节，作用于报警停机。其特点是都存在不衰减的交流波形。从分流器上测取毫伏信号，经放大、变换和光电隔离后，通过微控器对其进行智能分析、判断，若确已失步，则采取措施。

输出励磁电压、电流的范围可根据需要设定，其基本范围按电机额定励磁电压、电流的 30% ～ 140% 设定。在此范围调整励磁参数，电机不会失步，励磁装置不会失控。

具有电压和功率因数闭环调节，系统电压波动时（在 –10% ～ +15% 范围内），可保证励磁电流和功率因数恒定。

具有三相自动平衡功能，触发脉冲无须单独调试。

独立可靠的灭磁系统。通过合理选配灭磁电阻 RF，适当改变灭磁主回路接线，分级整定灭磁可控硅 KQ 的开通电压。当电动机在异步启动状态时，KQ 在较低电压下便导通，使电动机具有良好的异步启动特性，有效地消除了原励磁装置在异步启动暂态过程中所存在的脉振，满足了带载启动及再整步的要求。同步状态运行时 KQJ 吸合，KQ 只有在过电压情况下才能导通，既起到了保护器件的作用，又保证了在同步状态运行时 KQ 不会误导通，停机时可实现快速灭磁。

第六章　采煤机械与煤矿运输机械设备

第一节　滚筒采煤机的结构

一、截割部

MG300—W 型采煤机左、右截割部机械传动系统相同，图 6-1 所示为左截割部传动系统。电动机左端出轴通过齿轮联轴器 C（m=5，z=32）与液压传动箱中的通轴连接。通轴又通过齿轮联轴器 C_1（m=5，z=32）驱动左固定箱中的小锥齿轮 Z_1、大锥齿轮 Z_2，后又经过离合器 C_2（m=3，z=50）、过载保护器 S 将动力传递给齿轮 Z_3、Z_4。齿轮联轴器 C_3 是连接固定箱末轴与摇臂箱输入轴的。摇臂中齿轮 Z_5 经过四个惰轮 Z_6、Z_7、Z_8、Z_9 驱动 Z_{10} 和行星齿轮传动（Z_{11}、Z_{12}、Z_{13}、H），最后驱动滚筒 D。齿轮 Z_3、Z_4 为变换齿轮，共有四对。截割部传动系统总传动比分别为 58.87、49.61、39.89、32.27，相应有四种滚筒转速：25r/min、29.67r/min、36.9r/min 和 45.62r/min。

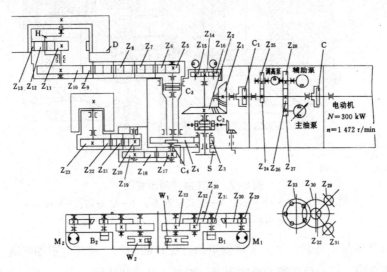

图 6-1　MG300—W 型采煤机机械传动系统

操纵齿轮离合器 C_2 可使滚筒脱开传动。

大锥齿轮轴上的齿轮 Z_{14} 分别经过齿轮 Z_{15}、Z_{16} 驱动的两个油泵是润滑泵。

图 6-2 所示为固定减速箱的结构，其整体铸造的箱体结构是上下对称的，因此在对减速箱进行组装时，箱体无左右之分，可以翻转 180° 使用。但已组装好的左、右固定的减速箱不能左、右互换。

固定减速箱内装有两级齿轮传动（共四个轴系组件）、齿轮离合器和两个润滑油泵。Ⅱ轴靠采空区侧的端部，通过齿轮离合器与Ⅲ轴连接。Ⅲ轴端部用花键与过载保护套 3 连接。保护套又通过安全销 4 与轴套 5（由两个滑动轴承 6 支承）连接。两轴套与齿轮 7 是通过花键连接的。这样，动力由齿轮离合器——Ⅲ轴——过载保护套——安全销——轴套齿轮 7——齿轮 8 传至 Ⅵ轴。当滚筒过载时，安全销被剪切断，电动机及传动件得到保护。过载保护装置位于采空区侧的箱体之外，其外面有保护罩，一旦安全销断裂，更换比较方便。

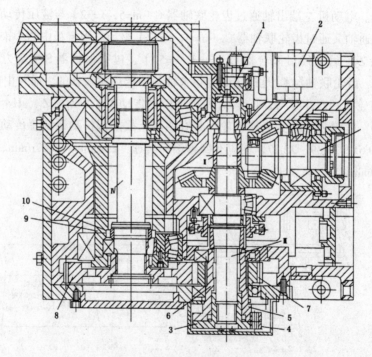

图 6-2 固定减速箱示意图

1—润滑油泵；2—冷却器；3—过载保护套；4—安全销；5—轴套；

6—滑动轴承；7、8—齿轮；9、10—密封圈

摇臂外形呈下弯状，加大了摇臂下面过煤口的面积，使煤流更加畅通。摇臂壳体为整体结构，靠采空区侧的外面焊有一水套，以冷却摇臂。

固定箱和摇臂箱的润滑系统如图6-3所示。固定箱里的齿轮、轴承等传动件靠齿轮旋转时带起的油进行飞溅润滑。油池8中的热油由润滑泵5送至冷却器7冷却，冷却后的油又回到固定箱油池。因固定箱油池与破碎装置固定箱油池内部相通，故破碎装置固定箱中的润滑油也得到冷却。固定箱与摇臂箱通过图6-2中的密封圈9（两个）和10彼此隔开。

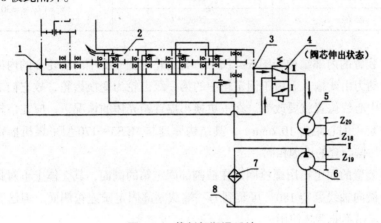

图6-3　截割部润滑系统

1，3—吸油口；2—摇臂；4—换向阀；5—润滑泵；
6—固定箱润滑油冷却泵；7—冷却器；8—油池

润滑泵5专供摇臂箱传动件的润滑。当摇臂上举时，机动换向阀4处于Ⅱ位，摇臂中的润滑油经摇臂下部吸油口3、换向阀4进入冷却器7，排出的油经管道送到摇臂中润滑齿轮和轴承。当摇臂下落到水平位置和下倾22°时，换向阀的阀芯被安装在摇臂上的一个凸轮打到Ⅰ位，这时油液经滚筒端的吸油口1、换向阀4进入油泵后，又送到摇臂箱靠固定箱端。这样就保证了摇臂在上举和下落工作时摇臂中传动件都能得到充分润滑。

二、破碎装置

破碎装置的传动系统见图6-1，动力由截割部固定减速箱的齿轮 Z_4 经离合器 C_4 输给破碎装置固定减速箱的齿轮 Z_{17}、Z_{18}、Z_{19} 后，再经小摇臂减速箱的齿轮 Z_{20}。、Z_{21}、Z_{22}、Z_{23} 驱动破碎滚筒旋转。齿轮 Z_{17}、Z_{19} 为变换齿轮，有两种不同齿数。该级传动与截割部固定箱中的变换齿轮 Z_3、Z_4 组配，可获得与滚筒转速相适应的四种破碎滚筒转速，见表6-1。破碎滚筒的转向与截割滚筒的转向相反。

表 6-1　与截割滚筒相适应的破碎滚筒转速

截割滚筒转速 /r·min⁻¹	破碎滚筒转速 /r·min⁻¹	Z_{17}、Z_{19} 齿数
25	462.72	$z_{17}=21$，$z_{19}=26$
29.67	193.08	
36.9	168.49	$z_{17}=17$，$z_{19}=30$
45.62	208.29	

　　破碎装置的内部结构如图 6-4 所示，其齿轮与图 6-2 中的齿轮 8 的内齿轮构成离合器，动力由此输入。由于固定箱中的第一级齿轮为变换齿轮，故它们之间的惰轮的回转中心线位置就要改变。在不更换小摇臂箱壳体的情况下，应在惰轮轴上套一个偏心套（偏心距为 10.2mm），其结构原理与 MLS3—170 型采煤机摇臂变换齿轮中间轮加偏心套的道理相同。

　　破碎装置的固定箱用螺栓固定在截割部固定箱的侧面，其壳体上下对称，换工作面时绕横向轴线翻转 180° 可装到另一端截割部固定减速箱侧面。但已装好的破碎装置固定箱不能翻转使用。

　　破碎滚筒如图 6-4 所示。它由筒体 3、大破碎齿 2、小破碎齿 1 等组成。大、小破碎齿呈盘状，交替地装在筒体上，并用键 5 连接。破碎齿表面堆焊一层耐磨材料，齿体材料为 30CrMnSi。

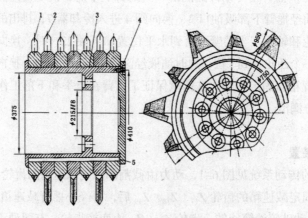

图 6-4　破碎滚筒
1—小破碎齿；2—大破碎齿；3—筒体；4—端盖；5—键

三、牵引部

　　MG300—W 型采煤机的牵引部包括液压传动箱、牵引传动箱和滚轮—齿条无链牵引机机构。液压传动箱中集中了牵引部除油马达外的所有液压元件（如主油泵、辅助泵、调高泵、各种控制阀、调速机构和辅件等）。牵引传动箱有两个，分别装在底托架两端的采空区侧，牵引传动箱中的摆线油马达分别通过二级齿轮减速后驱动滚轮，而滚轮又与固定在输送机采空区侧槽帮上的齿条啮合而使采煤机沿工作面全长移动。

1. 液压传动箱机械传动系统（图 6-1）

主泵转速为

$$n_{主} = n_n \frac{z_{26}}{z_{21}} = 1472 \times \frac{48}{32} = 2208(r/\min)$$

辅助泵转速为

$$n_{辅} = n_n \frac{z_{26}}{z_{28}} = 1472 \times \frac{48}{32} = 2208(r/\min)$$

调高泵转速为

$$n_{调} = n_n \frac{z_{24}}{z_{25}} = 1472 \times \frac{31}{46} = 992(r/\min)$$

2. 牵引传动部的机械传动系统（图 6-1）

两个牵引传动箱分别安装在底托架两端，每个牵引传动箱中有两个摆线马达。两马达由主泵的压力油驱动，分别经二级齿轮减速后驱动牵引滚轮，使它们与输送机上的齿条相啮合而实现牵引。这种传动方式不但具有较大的牵引力，而且滚轮与齿条间的接触应力小，提高了牵引机构的使用寿命。

这种四牵引机构中每个滚轮—齿条牵引机构的输出转矩 M_n、转速 nn 分别为

$$M_n = M_M \eta i_n$$
$$n_n = \frac{nM}{i_n}$$

式中 M_M——油马达的输出转矩，kN.m；

　　n_M——油马达的输出转速，r/min；

　　i_n——牵引传动箱传动比；

　　η——牵引传动箱机械传动效率。

牵引速度的计算式为

$$u_q = n_n tz$$

式中 t——滚轮节距，m/r；

　　 z——滚轮齿数。

每个牵引传动箱的最大牵引力为

$$P = \frac{4M_n}{D_n}$$

式中 D_n——滚轮节圆直径，m。

第二节　采煤机的使用

一、滚筒采煤机产品型号编制方法及含义

国内外滚筒采煤机产品的类型规格较多，国产滚筒采煤机的型号由两部分组成，表示方法如下：

横线左边的字母及数字是其名称和设计序号；横线右边的字母及数字表示机器电动机的功率和用途、结构特点等内容。

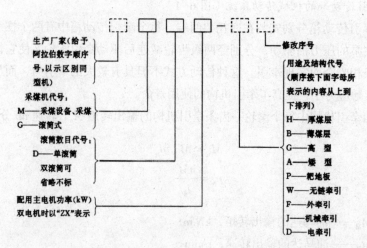

例如，MG2X300—AW 表示：无链牵引、双滚筒采煤机，双电机驱动，每台电动机功率为 300kW，矮型机身。

二、滚筒采煤机的选型

煤层赋存的地质条件对采煤机及其配套设备的选型有很大的影响。煤层地质条

件主要指煤层的厚度、倾角、顶底板岩石性质以及煤层的构造、硬度、含水性等。

1. 煤层厚度

煤层厚度一般分为 3 类，煤层厚度不同，采煤机的行走方式也不尽相同。行走方式与煤层厚度之间的关系见表 6-2。受煤层厚度影响的参数还有采煤机的机身高度、滚筒直径、调度范围、过机间隙、支护设备的高度和伸缩量大小等。

表 6-2　采煤机行走方式与煤层厚度

名称	煤层厚度 /m	采煤机行走方式
薄煤层	< 0.8	爬地板式
	0.8 ~ 1.3	骑溜式或爬地板式
中厚煤层	1.3 ~ 3.5	骑溜式
厚煤层	3.5 ~ 6.0	骑溜式

在煤层较厚、煤的块度较大时，在采煤机或转载机上需安设破碎装置。

2. 煤层倾角

根据开采技术，煤层按倾角可分为下列 3 类：

（1）缓倾斜煤层，0° ~ 25°；

（2）倾斜煤层，25° ~ 45°；

（3）急倾斜煤层，45° 以上。

通常把倾角小于 8° 的煤层称为近水平煤层。采煤机械最适用的倾角为 0° ~ 12°，现有的采煤工作面设备均可在这种条件下沿走向或沿倾斜顺利工作。随着煤层倾角的增大，防滑、防倒的设备选用要注意与采煤机、工作面的输送机及支架的配套问题。当倾角大于 16° 时，最好选用无链牵引的采煤机。

3. 煤层硬度

煤层硬度是影响采煤机功率的主要因素，是选择采煤机工作的依据。煤的硬度分为 3 种，见表 6-3。

表 6-3　煤的硬度系数

煤质	硬煤系数 f	截割阻力系数 A/MPa
软煤	f < 1.5	3 ~ 18
中硬煤	f=1.5 ~ 3.0	18 ~ 36
硬煤	f > 3.0	> 36

硬度系数 f 反映煤破碎的难易程度，截割阻力系数 A 表示切削单位厚度煤所需的截割力。其值为

$$A = \frac{z}{h}$$

式中 h——煤层厚度，m；

z——截割阻力。

A ≤ 18MPa 的软煤和中硬煤及脆性煤，适合使用刨煤机开采；A=18 ～ 24MPa 的中硬煤，适合使用采煤机或大功率刨煤机开采；A=24 ～ 36MPa 的中硬煤、硬煤和黏性煤，适合使用大功率的综采机组开采。

4. 煤层的含水性

煤层的含水性通常用"含水系数"表示，即每采一吨煤所涌出的地下水量（m³）。当底板为弱黏土而涌水量大于 3m³/t 时，这一采煤条件会给采煤设备的正常工作带来一定困难。

三、综合机械化成套设备的配套

为了高效、安全、可靠地进行机械化采煤，滚筒采煤机还应与刮板输送机、液压支架及转载设备，在性能参数、结构参数、工作面空间尺寸以及相应连接部分的尺寸、强度等方面相互适应和配套。

根据以上原则及煤矿实际使用中所积累的经验，综采工作面配套机组已成图册，用户可根据实际情况来选型组合或改装。

四、采煤机用油脂

1. 液压油

叶片泵用 N_{68} 抗磨液压油（原 40 号或 50 号抗磨液压油），轴向柱塞泵用 N_{100} 抗磨液压油（原 60 号液压油）。

2. 齿轮油

常用的齿轮油是 N_{220} 或 N_{320} 两种硫磷极压工业齿轮油（极压性是指在金属接触面的应力很高，油膜在容易破坏的极高压润滑条件下防止胶合、烧伤、熔焊等摩擦面损伤的能力。极压工业齿轮油之所以具有这样的极压性，是因为加了极压添加剂）。硫磷型极压工业齿轮油具有极好的抗磨性和极压性；良好的分水性，可及时排出进入油中的水分；抗氧化安定性好，能在 80℃以上的齿轮箱中较好地使用。这类齿轮油还适用于润滑受重载荷，反复冲击载荷的封闭式齿轮传动装置，尤其适合于润滑极易进水和温度很高的井下采煤机截割机构齿轮箱。因此，国内大功率采煤机均采用硫磷型极压工业齿轮油。

3. 润滑脂

润滑脂主要用来润滑各部分的滚动和滑动轴承。煤矿机械常用钙基脂、钠基脂、钙钠基脂及锂基脂。因锂基脂通用性很好，为减少润滑脂品种，在综采机械设备中最好使用锂基脂。

采煤机出厂时，除摇臂外各油腔都按规定注了油。采煤机械的油脂在储运和使用时要注意防火、防水、防尘、防氧化，防止其他油液混入与混用。

五、采煤机的操作

1. 工作面的检查

司机开车前须对工作面进行全面检查，如顶板状况、硫黄包、夹矸、断层等是否已提前处理完毕，工作面轨道是否平直，工作面信号装置是否畅通，停止输送机的按钮是否可靠等。

2. 操作前的检查

（1）各操作按钮、旋钮、手把应灵活可靠，并置于"零位"和"停止"位置。

（2）必须将截割部离合手把打到"断开"位置，并插上闭锁插销。

（3）滚筒截齿要齐全、锐利、牢固。

（4）各部连接螺栓要齐全、牢固。

（5）牵引链或链条无扭结现象、无裂纹，齿条连接销要牢固，紧链装置及其安全阀要可靠；电缆及电缆拖移装置应完好无损。

（6）水管完好无损，水冷却及喷雾防尘装置要齐全、完好，喷嘴畅通，水压和流量符合规定；各部分油量要适宜（符合润滑油规定）。

3. 启动采煤机顺序

（1）解除各紧急停止按钮。

（2）打开供采煤机冷却用水的截止阀。

（3）合上断路器控制手把至"接通"位置。

（4）旋转一下启动电动机旋柄（按钮），再旋到"停止"位置，待电动机即将停止转动时，合上截割部离合器及破碎机构离合手把。

（5）按规定的截割方向、采高和倾斜度旋动相应的手把（按钮），将挡煤板、滚筒与机身调到要求的位置。

（6）空转试车前，必须发出警告信号或喊话。当确认机组周围无人妨碍采煤机正常工作时，方可启动电动机。空转试车时，检查滚筒旋转方向是否正确，各部动作和声响是否正常。

（7）当初次开车或停车时间较长的采煤机再开车时，应在不给水的情况下（电动机不得断水）打开截割部离合器空转 10 ～ 15min，使油温升至40℃，并按要求排净混入液压系统的空气。

（8）正式开动时，先给输送机司机发出讯号，待输送机启动后，再打开给水截止阀。

（9）采煤机开动时，应先将滚筒转起来，再给牵引速度，牵引速度应由小逐渐加大到整定值。

4. 停止采煤机顺序

（1）按下反方向牵引方向按钮，使牵引速度至零值，按下"牵停"按钮。

（2）待截割滚筒将浮煤排净时，即可用电动机控制旋钮停止电动机。

（3）关闭喷雾截止阀。

（4）司机离机或需长时间停机时，须打开左、右截割部离合器；将隔离开关打到"零位"；关闭供水总截止阀。

5. 紧急情况停车

遇有下列情况之一者应紧急停车：采煤机在工作中负荷太大，电动机发生闷车现象时；附近严重片帮、冒顶时；采煤机内部发生特异声响时；电缆拖移装置卡住时；出现人身或其他重大事故时。

6. 操作注意事项

（1）采煤机禁止带负荷启动和频繁启动。

（2）一般情况下不允许用隔离开关或断路器断电停机（紧急情况除外）。

（3）无冷却水或冷却水的压力、流量达不到要求不准开机，无喷雾不准割煤。

（4）截割滚筒上的截齿应无缺损。

（5）严禁采煤机滚筒截割支架顶梁和输送机铲煤板等物体。

（6）采煤机运行时，随时注意电缆的拖移状况，防止损坏电缆。

（7）必须在电动机即将停止时操作截割部离合器。

（8）煤层倾角大于15°应设防滑装置，大于16°应设液压防滑安全绞车（无链牵引按有关产品说明书执行）。

第三节　矿车

一、矿车的类型

为满足煤矿井上、井下各种运输的需要，使用大量不同类型和结构的矿车，按用途分为：

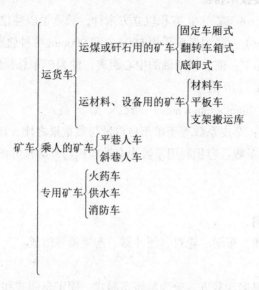

其中用得最多的是运煤和矸石用的矿车，尤以固定车厢式矿车和底卸式矿车用得最为广泛。

矿井使用矿车数量参见表 6-4。

表 6-4　矿车数置表

年产量 / 万 t	15	30	60 ~ 120	150	≥ 180
矿车 / 辆	200 ~ 300	300	700	900	≥ 1000

备用和修理的数量为表 6-4 所列使用数量的 20%；材料车不超过矿车总数的 10%；平板车一般不超过 10 辆，有综合机械化采煤的矿井多一些，但不超过 30 辆。

目前，一般根据矿井年产量决定矿车类型，矿井使用矿车类型参见表 6-5。

表 6-5　矿车类型

矿井年产量 / 万 t·a^{-1}	矿车类型	辅助矿车类型	轨距 /mm
≤ 60	1t 固定箱式	–	600
90 ~ 180	3t 底卸式	1.5t 固定式或 1t 固定式	600
> 240	5t 底卸式	1.5t 固定式	900

3t 底卸式矿车采用 600mm 轨距，其优越性是用 1t 或 5t 固定车厢式标准矿车做其辅助运输设备，使整个轨道运输设备的轨距一致。

二、矿车的主要技术特征

（1）矿车容量（m^3 或 t）：容积以立方米计，载重量以吨位计。

（2）轨距（mm）：我国煤矿采用 600mm 和 900mm 两种轨距。

（3）轴距（mm）：前、后两轴的中心距离，约为矿车总长的 1/3。井下轨道的曲率半径为轴距的 6 ~ 10 倍。

（4）外形尺寸（mm×mm×mm）：长 × 宽 × 高。

（5）车皮系数：车皮系数等于矿车自重量与载重量之比，该系数越小越好。

（6）容积利用系数：容积利用系数为有效容积与外廓尺寸的最大体积之比，该系数越大越好。

三、矿车的结构

矿车主要由车厢、车架、轮对、缓冲器、连接器等组成。

1. 车厢

用钢板制成，根据卸载方式分为翻转车厢式、固定车厢式和底卸式。

翻转车厢式矿车，其车厢多呈"V"形，两端有转轴，向一侧翻转卸载，故可在卸载线任一地点卸载，但容积效率低，容积小，一般为 $0.6m^3$，主要用于小型矿井人力运输。

固定车厢式矿车。厢底多呈"U"形，容积利用率高，坚固耐用，但必须用翻车机卸载，适用于中小型矿车。

底卸式矿车车厢与车底通过转轴铰接，利用车底开启卸载。车厢有普通车厢和搭接型车厢两种形式。搭接型矿车可减少装车时的撒煤量，但人员不易从车之间通过，接挂钩安全性差，所以现在一般采用普通车厢型。底卸式矿车的轮轴和卸载轮均安装在车底上，卸载轮比车轮略小，位于车厢的中心线上。

底卸式矿车取消翻车机环节，电机车直接牵引矿车组进入卸载站，矿车两侧翼板支承在两列托辊组上，车底由于失去支承被货载压开，车底中间卸载轮沿卸载曲轨运行，煤自行卸入煤仓里。卸载后，卸载轮在复位段曲轨的作用下车底复位，矿车复轨。

2. 轮轴对

每副轮轴对由一轴二轮组成，共两副。车轴不动，轮子轮毂内装滚动轴承，每辆矿车共需 8 套轴承。常用矿车的配套轴承见表 6-6。

3. 缓冲器

它装在车架的两端，承受彼此相碰时所产生的撞击力，保护矿车正常运行和延长矿车的使用寿命。缓冲器有刚性和弹性两种，刚性缓冲器用铸钢制成；弹性缓冲器用钢板制成，内加弹簧、橡皮或木材缓冲。缓冲器内的缓冲碰头易损（丢）。

表 6-6 矿车常用轴承

矿车型式	1t "u" 形	1. 5t "u" 形	2t "u" 形	3t "u" 形
轴承型号	7310 或 310	7311 或 311	7312 或 312	7313 或 313

4. 连接器

用以将矿车连成列车，并传递拉力。连接器分人工挂钩和自动挂钩两种。人工挂钩用于 1～3t 矿车，自动挂钩用于大型矿车。目前，很多矿车使用的是插销链环式连接器。

5. 车架

车厢、轮轴、缓冲器、连接器都固定在车架上，车架用斜腿槽钢焊成。

四、人车

人车是井下运送人员的专用车辆，有平巷人车和斜井人车。前者用电机车牵引，后者由绞车、钢丝绳牵引。对人车来说，最重要的是人身安全问题，因此头车和挂车都设有安全装置。安全装置包括开动机构、抓捕机构和缓冲器，当断绳跑车（斜井）或遇有紧急情况需手动刹车时，通过开动机构中各部件的动作，打开抓捕器抱住钢轨进行制动。

第四节 小型工矿电机车

一、矿用电机车的结构

矿用电机车的结构由机械部分和电气部分组成。现以 ZK10—7/250 型矿用架线电机车为例，简要介绍机械各部分的结构。

机械部分主要有车架、轮对、轴承箱、齿轮传动装置、弹簧托架、制动系统、撒砂系统及缓冲连接装置等。

1. 车架

车架是机车的主体，是由 20～35mm 厚钢板焊接而成的框架结构，如图 6-5 所示。车架通过弹簧托架 1 支承在轴承箱 5 上，电机车所有机械装置和电气设备均安装在车架上。图 6-5 中虚线圆为电机车的车轮，两块隔板 11 既增加了车架的强度，又把车架分隔成司机室、电动机室和电阻箱三部分。两块侧板 7 上各开有两个 T 形轴承箱侧孔 2，孔下部安放轴承箱 5，上部安放弹簧托架 1。

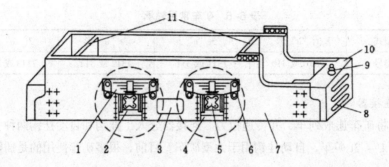

图6-5　车架示意图

1—弹簧托架；2—轴承箱侧孔；3—调整闸瓦侧孔；4—轴箱下限板；5—轴承箱；
6—连接板；7—侧板；8—连接器口；9—连接销；10—缓冲器；11—隔板

2. 制动系统

每台电机车都设有单向动作的手动闸瓦式制动装置，如图6-6所示。制动系统的作用是让电机车在运行过程中能够随时减速或停车。

司机室内的手轮1安在螺杆3上，螺杆的无螺纹部分通过车架只能在车架上转动，不能纵向移动。当顺时针旋转手轮时，螺母4和均衡杆5及拉杆6都沿螺杆的轴向向左移动，借助于制动杆7与8使前后闸瓦同时动作，即两制动杆的顶端与车架铰接，于是闸瓦便压向前后轮而使机车制动，旋转角度越大，制动力越大；反之，手轮逆时针旋转，则解除制动。正反扣调节螺丝11用于调整闸瓦与车轮之间的间隙。

除手动闸外，有的矿用电机车（黏重14t以上）还增设压气制动器、液压制动器或电磁制动器作为辅助制动器，用于提高电机车工作的可靠性和安全性。

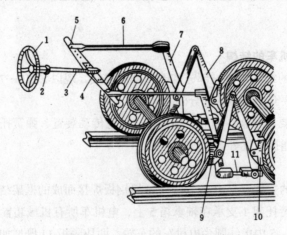

图6-6　矿用电机车手动制动装置

1—手轮；2—衬套；3—螺杆；4—螺母；5—均衡杆；6—拉杆；7，8—制动杆；
9，10—闸瓦；11—正反扣调节螺丝

3. 行走机构

电机车的行走机构由轮对、减速齿轮及电动机组成。轮对由两个车轮压装在车轴上组成，如图6-7所示。全车有两副轮对。

电动机的一端用轴承装在车轴上，另一端用机壳上的挂耳经弹簧吊挂在车架上，通过一对齿轮传动（单级开式齿轮传动）或通过两级齿轮传动（闭式齿轮箱）带动车轴1转动。车轴用优质钢锻压而成，其上有传动齿轮5和支持电机的轴瓦4，两端轴颈6安装在车架两侧轴承箱的轴承孔中。车轮一般是由轮芯2和轮箍3（轮圈）热压装配而成，轮芯采用铸铁或铸钢材料，轮圈用优质钢轧制而成，车轮磨损后，只更换轮圈即可。传动齿轮和轮圈是电机车中的易损件。

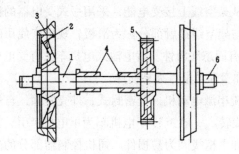

图6-7　轮对示意图
1—车轴；2—轮芯；3—轮箍；4—轴瓦；5—传动齿轮；6—轴颈

4. 弹簧托架与轴承箱

弹簧托架是一个组件，其作用是减振，并通过均衡梁将机车重量均衡地分配在各个车轮上。矿用电机上的均衡托架如图6-8所示。托架由扁簧叠起来，中间用箍套结而成，箍的底部支撑在轴承箱3上，最上面一块弹簧板的两端借助连接板4和车架铰连。轴承箱3是车架与车轮的连接点，它安装在车轴两端车轮外侧的轴颈上，内有两列锥形滚柱轴承。

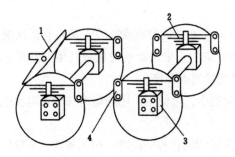

图6-8　矿用电机车的均衡托架
1—均衡梁；2—弹簧托架；3—轴承箱；4—连接板

5. 撒砂系统

撒砂的目的是为了增加车轮与钢轨之间的黏着系数，以获得较大的牵引或制动力。

6. 连接与缓冲装置连接器用来连接矿车，安装在车架端部。

连接器上有 1 ~ 4 个连接器口，以连接不同高度的矿车，在连接销孔中插入连接销即可。

缓冲器用来减缓冲击。架线电机车上采用铸铁刚性或弹性缓冲器；蓄电池机车均用带弹簧的弹性缓冲器。缓冲器的弹簧是易损件。

电机车的电气部分包括受电器、牵引电机、控制器、电阻及照明系统等。

受电器的作用是从架空线上接受电能，采用弓式受电器的称为受电弓，分单弓和双弓两种。受电弓与架空线接触部分称为滑板，现推广使用碳素滑板。这种滑板中有 15% 的石墨，具有固态润滑性。蓄电池式电机车没有受电弓，它通过插销连接器受电。受电器上的弹簧和导电弓为易损件。

牵引电动机为直流串激电动机，全密封式，外壳坚固，自然风冷，特点是启动转矩大，能正反方向旋转。一般 3t 以下电机车为单电机牵引，其余为双电机牵引。电机部分换向极线圈和电枢线圈为易损件。司机控制器部分的凸轮、接触片、主触头和垫圈等均为易损件。

二、矿用电机车的选型

1. 电机车类型的确定

（1）低瓦斯矿井进风（全风压通风）的主要运输巷道内，可使用架线电机车，但巷道必须使用不燃性材料支护。

（2）在高瓦斯矿井进风（全风压通风）的主要运输巷道内，应使用矿用防爆特殊型蓄电池电机车或矿用防爆内燃机车。如果使用架线电机车，则必须遵守下列规定：

沿煤层或穿过煤层的巷道必须砌碹或锚喷支护；有瓦斯涌出的掘进巷道的回风流，不得进入有架线的巷道中；采用碳素滑板或其他能减小火花的集电器；架线电机车必须装设便携式甲烷检测报警仪。

（3）掘进的岩石巷道中，可使用矿用防爆特殊型蓄电池电机车或矿用防爆内燃机车。

（4）瓦斯矿井的主要回风巷和采区进、回风巷内，应使用矿用防爆特殊型蓄电池电机车或矿用防爆内燃机车。

（5）煤（岩）与瓦斯突出矿井和瓦斯喷出区域中，如果在全风压通风的主要风巷内使用机车运输，必须使用矿用防爆特殊型蓄电池电机车或矿用防爆内燃机车。

2. 电机车黏重的确定

选择电机车黏重的主要因素是矿井年产量，选用时可参考表6-7。

表6-7 电机车黏重选择表

矿井年产量 A/万 t	架线式黏重 /t	蓄电池式黏重 /t	配套矿车 /t
A ≤ 60	< 7	< 8	1
60 < A ≤ 120	7 ~ 10	8	3
120 < A ≤ 180	14 ~ 20	8	3 ~ 5
A > 180	20	8 ~ 12	5

3. 确定一台电机车牵引列车中矿车个数

确定列车中的矿车个数应从三个方面考虑：启动不打滑；制动时不超过《煤矿安全规程》中规定的距离；电动机运行时其温升不过限。列车牵引的矿车数由主管运输的工程技术人员进行计算后确定。

三、架线电机车配套设备及材料

1. 整流设备

目前均采用三相桥式牵引用硅整流设备。

配用原则：

（1）地面变流所，可选用普通型整流设备，井下选矿用一般型。

（2）整流设备的直流输出额定电压应略大于电机车电机额定电压（电机额定电压为250V，选275V整流器；电机额定电压为550V，选600V整流器）。

2. 钢、铝复合接触线

煤矿使用的电车线大多是钢、铝复合接触线，常用的有两种：CGLN—100/215和CGLW—85/173。前者是内包梯形钢、铝复合接触线，总标称截面是215mm²，等效铜直流电阻截面为100mm²；后者是外露异形钢、铝复合接触线，总标称截面是173mm²，等效铜直流电阻截面为85mm²。型号中字母的含义，：C—接触线；G—钢；L—铝；N—内包型；W—外露型。

第五节　刮板输送机与胶带输送机

一、刮板输送机

刮板输送机是采煤工作面唯一的运输设备，还常用于采区巷道和掘进工作面。可以沿水平巷道运输，也可以沿倾斜巷道运输（在沿倾斜巷道运输时，运输倾角小于25°）。对于兼做采煤机轨道与机组配合工作的刮板输送机，适用的煤层倾角一般不超过16°。

现在国内生产的刮板输送机几乎都为可弯曲刮板输送机，以适应普通机械化与综合机械化采煤的需要。其牵引链有单链、中双链和边双链三种，采煤机械化运输所用的刮板输送机有十几个品种，其运量为150～900t/h，机身长度有120m、150m、160m、180m、200m等，电动机功率40～320kW。目前我国制造的最大刮板输送机运输能力为900t/h，装机总功率为320kW，一条牵引链的破断负荷为85t，沿水平的运输距离为150m，整机全部质量为204t。

随着机械化采煤的发展，刮板输送机的研制重点是大功率、大输送量、大倾角刮板输送机，适应36°以上的中厚煤层及大倾角采煤机配套的需要；极薄煤层外牵引输送机；发展双速电机，解决输送机的重载启动问题，并可取消液力耦合器。

刮板输送机的工作原理如图6-9所示。

电动机经液力耦合器、减速装置带动主链轮1，从而使无极闭合刮板链工作循环运转，将装在溜槽中的煤炭推运到机头卸载。上溜槽3是重载槽，下溜槽6为刮板链的回空槽。

机尾链轮4可以是主动轮（由电机驱动），也可以是导向轮。为保证刮板链与链轮正常啮合，必须用拉紧装置5将链拉紧。

与其他输送机相比，刮板输送机有以下特点：机身低，便于装载；结构强度高，运输能力大，能适应较恶劣的工作环境，并可作为采煤机的运行轨道；可弯曲，移置容易，机身伸缩方便，运输时不受块度和湿度的影响；铲煤板可自动清扫机道浮煤，挡煤板后面有安放电缆、水管的槽架，对电缆、水管起保护作用，推移输送机时，电缆、水管随同移动。不足之处是刮板输送机工作阻力大，耗电量多，溜槽磨损严重，运距受一定限制。

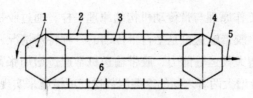

图 6-9 刮板输送机的工作原理

1—主链轮；2—刮板链；3—上溜槽；4—机尾链轮；5—拉紧装置；6—下溜槽

二、胶带输送机

1. 基础内容

胶带输送机是煤矿井下和地面广泛应用的一种连续动作式运输设备，矿上简称胶带机。它主要用于采煤工作面的平巷、运输平巷、上下山及煤楼或主斜井煤的运输。做倾斜布置运输时布置倾角受到限制。

胶带运输机的特点：

（1）投资小，运费少，在数千米距离内运输时，比汽车、火车等运输工具的经济效益好；

（2）运速高，运输能力大；

（3）相对而言，它比刮板输送机具有长度大、阻力小、节能的优点，所以煤矿中凡是能用胶带机的地方，都尽量选取用胶带机。

其缺点是机身高，不便装载，且不宜运有棱角的货物，无法弯曲敷设。

胶带输送机由胶带、主动滚筒、拉紧装置、托辊、机架以及传动（驱动）装置等部分组成，如图 6-10 所示。胶带 1 绕主动滚筒 2 和机尾部被拉紧的换向滚筒 3 形成一个无极环形带，上下胶带均支撑在托辊 4 上，拉紧装置 5 给胶带以正常工作所需的张紧力。工作时，主动滚筒与胶带间的摩擦力带动胶带运行，货物装在胶带上和胶带一起运行。

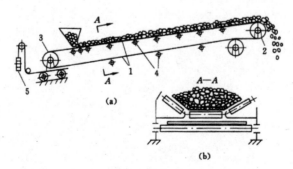

图 6-10 胶带输送机的构造及工作原理

1—胶带；2—主动滚筒；3—换向滚筒；4—托辊；5—拉紧装置

胶带输送机的工作原理与带传动机构的原理一样，通过胶带与滚筒间的摩擦力来驱动输送机运行。胶带输送机是平行带传动的一种特殊情况，胶带本身既是传动件又是承载件。为增大其运输能力，胶带输送机常通过增加张紧力、增大胶带在主动滚筒上的围抱角及增大两者之间的摩擦因数这三项措施来实现。

2. 胶带输送机的分类

（1）通用固定式（简称普通型）

它是煤矿最早使用的一种胶带输送机。其特点是托辊安装在固定的机架上，机架固定在地基上，由于它不能适应采煤工作面经常移动、输送机需经常拆装的要求，因此这种胶带运输机目前只用于矿井地面选煤厂及井下主要运输巷道等到长期固定位置的运输地点。

（2）可拆式

有两种可拆式的胶带输送机，一种是无螺栓连接机架的落地式；另一种是钢丝绳架吊挂式。后者的拆装和调节更为方便，且不受巷道底板状况的影响，故在采区得到广泛应用。它的主要特点是机身结构用两根纵向平行布置的钢丝绳为机架，机身吊挂在巷道支架上，机身高度可以调节。

（3）可伸缩式

由于综合机械化采煤的迅速发展，工作面的推进速度越来越快，因此出现了与综采配套的运输设备——可伸缩式胶带输送机。它的机身可以较为方便地伸缩变化，在结构上比普通胶带输送机多一个储带卷带装置，可以储存一卷胶带（50 ~ 100m），是供平巷运输的专用设备。

为适应长距离大运量运输的需要，胶带输送机又有两种新的发展趋势：一是降低胶带的张力，如采用多点驱动的胶带输送机；二是提高胶带的强度，采用高强度胶带，如钢丝绳芯胶带。

第七章　回采工作面的支护设备

第一节　单体液压支护设备

一、外注式单体液压支柱

1. 结构特点

DZ 型外注式单体液压支柱的结构如图 7-1 所示。它由顶盖 1、活柱 2、三用阀 3、复位弹簧 4、缸体 9、底座 16、卸载手柄 17 等零部件组成。

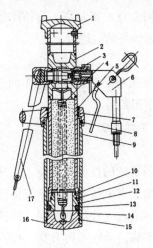

图 7-1　DZ 型外注式单体液压支柱

1—顶盖；2—活柱；3—三用阀；4—复位弹簧；5—防尘圈；6—注液枪；7—活柱导向环；
8，11，15—连接钢丝；9—缸体；10—O 形密封圈；12—活塞导向环；
13—Y 型密封圈；14—底座防挤圈与 O 形密封圈；16—底座；17—卸载手柄

（1）活柱

活柱是支柱上部的承载杆件，它由柱头、弹簧上挂钩、活柱筒等组成。

（2）缸体

油缸是支柱下部的承载杆件。

（3）三用阀

三用阀的结构，由单向阀、卸载阀和安全阀三部分组合成一体。

控制阀是支柱的心脏，安全阀的作用是保证支柱具有恒阻特性。支柱工作时顶板压力增大，当支柱腔内工作液压力升到一定值时，安全阀开启，向外喷液，支柱回缩，从而限定支柱的工作压力。所以单体液压支柱为恒阻特性支柱。

（4）复位弹簧

复位弹簧一头挂在柱头上，一头挂在底座上，并使它具有一定的预紧力。当柱撤回时，使活柱体迅速复位，缩短降柱时间。

（5）活塞

活塞上装有 Y 形密封圈、皮碗防挤圈、活塞导向环、O 形密封圈、防挤圈等。它通过活塞连接钢丝与活柱体相连接，活塞起活柱导向和油缸密封的作用。

（6）顶盖

顶盖是可更换件，它通过 3 个弹性圆柱销与活柱体（或接长柱筒）连接在一起。

（7）底座

底座体由底座、弹簧挂环、O 形密封圈、防挤圈等组成。它是支柱底部密封和承载的零件，通过底座连接钢丝与油缸连接。

（8）手把体

手把体内装有防尘圈、导向环。它通过手把体的连接钢丝与液压缸相连接，能绕液压缸自由转动，便于操作和搬运。

2. 外注式单体液压支柱工作原理

（1）注液升柱

如图 7-2 所示。将管路系统中的注液枪管插入三用阀注液端的阀体内，挂好注液枪上的锁紧套，操作注液枪。当泵站来的高压液体经注液枪将三用阀中球形单向阀打开时，高压液体经单向阀进入支柱活塞底部，使活柱升高，支柱顶盖和铰接顶梁配合支护顶板。支柱架设牢靠，活柱不再升高。松开注液枪手把，拔出注液枪，这时，支柱给顶板一定的初撑力，完成升柱过程。

（2）承载—溢流

随着支护时间的延长和顶板来压，作用在支柱上的载荷不断增加。当支柱所受的载荷超过额定工作阻力，即支柱内部液体压力超过安全阀的调定值时，支柱内腔的高压液体将三用阀中的安全阀打开，液体从三用阀非注液端外溢，压力降低，安全阀关闭，从而保持支柱内腔液体的压力为一定值。

支柱在支护过程中，上述现象反复出现，它对顶板的作用力基本保持不变。

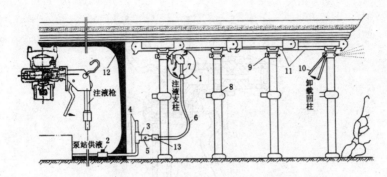

图7-2 单体液压支柱工作面管路系统及支柱回柱图

1—泵站系统；2—主管截止阀；3—主管三通；4—主回路；5—支管截止阀；6—注液腔胶管；
7—注液枪；8—液压支架；9—三用阀；10—卸载手把；11—顶梁；12—煤壁；13—过滤器

（3）回柱

回柱时将卸载手把插入三用阀的卸载孔中，拨动卸载手把，迫使安全阀向注液口轴向移动，打开安全阀，支柱内工作液经卸载喷到工作面采空区，活柱在自重和复位弹簧的作用下降落。

（4）工作液

DZ型外注式液压支柱使用1%～2%的M10号乳化油（或MDTO乳化油）和99%～98%的水配制而成，这是一种水包油型乳化液。乳化液浓度高了会造成浪费，低了会使支柱腔内部件锈蚀。在配制乳化液时应注意使用同一厂家、同一牌号的乳化油，否则，可能使乳化液失去或降低稳定性、防锈性。

（5）配套的工作面液压系统、支柱布置及工作情况

配套的工作面液压系统包括泵站和管路系统。乳化泵站将在以后介绍。管路系统指的是向回采面单体液压支柱供液的全套管路和附件。零部件主要有注液枪、高压软管、卡子、三通、过滤器及阀等。这里仅介绍注液枪。

注液枪是向支柱直接供液的附件，由注液管、锁紧套、手把、顶杆、隔离套、单向阀等构成，如图7-3所示。工作时将注液管2插入三用阀注油阀体内，挂好锁紧套3，防止供液时高压液体将注液枪推出，扳动手把4，迫使顶杆6轴向移动，推开钢球11，这时由泵站来的高压液体通过注液管注入支柱。当支柱上升接触到顶梁后，支柱停止上升，使支柱获得一定的初撑力，完成注液升柱工作。松开手把，钢球11在弹簧10的作用下复位，切断通路；与此同时，注液管中残存的高压液体在钢球的作用下，使顶杆6复位。一般工作面每隔9～10m装一个注液枪，支完一根支柱后，拔下注液枪再支设另一根支柱。注液枪不用时，用挂钩8将其挂在支柱手把上，或不从支柱上拔下来，以免弄脏。

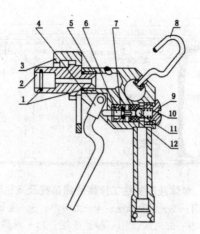

图7-3 注液枪

1——O形密封圈；2—注液管；3—锁紧套；4—手把；5—阀体组；6—顶杆；

7—隔离套；8—挂钩；9—压紧螺钉；10—弹簧；11—钢球；12—单向阀

二、内注式单体液压支柱

内注式单体液压支柱是我国单体液压支柱的另一类型，因它是用支柱内自带的手摇泵注液升柱的，所以称为内注式。目前生产的NDZ型单体液压支柱共有9种规格，其油缸直径为80mm和90mm，支撑高度为0.51～2.2m。

三、两类单体液压支柱的比较

1. 两类液压支柱的异同点

（1）相同点

内注式与外注式单体液压支柱的工作原理、工作特性、回柱方式、材料均相同，一些零部件亦可通用。

（2）不同点

两类单体液压支柱的不同之处见表7-1。

表7-1 内、外注式单体液压支柱的区别

种类	内注式单体液压支柱	外注单体液压支柱
工作介质	液压油	乳化液
工作液循环系统	回柱，形成闭路循环系统	回柱，乳化液排到工作面采空区，为开式系统
注液方式	柱内手摇泵单个供液	巷道泵站经高压胶管用注液枪供液
支柱初撑力	靠手摇泵获得	由泵站压力保证

续表

种类	内注式单体液压支柱	外注单体液压支柱
降柱力量	仅靠活柱重力	靠活柱自重和复位弹簧
排进气通孔装置	升降柱时需要进、排气	不需要通气装置
限位方法	支柱升到最大高度靠活柱内装油量	靠支柱升到最大高度、靠限位装置
阀组装置	安全、单向、卸载阀分装在不同位置，在井下无法更换	所有阀（三用阀）均装在一起，便于维修更换

2. 外注式单体液压支柱的优点

一般来讲，外注式单体液压支柱比内注式单体液压支柱具有较多的优点。

（1）结构简单。外注式除三用阀外，支柱内腔零部件很少，因此制造加工容易，便于维修换件，成本低。

（2）初撑力大而可靠。外注式支柱的初撑力由泵站压力来保证，故比内注式靠手摇泵的可靠性高。

（3）升柱快。由于外注式靠泵站供液，故升柱速度快，一般为 70 ~ 80mm/s，泵站压力越高升柱速度越快；内注式靠人工手摇泵，升柱行程每次只有 20 ~ 30mm。故两者升柱行程相同时，外注式比内注式要快 4 ~ 5 倍。

（4）工作范围大而重量轻。由于外注式支柱工作行程大，故它对煤层变化的适应能力强，应用范围较广。外注式结构简单，零部件少，支柱重量轻。如用同一支撑高度相比较，则外注式单体液压支柱要比内注式轻 3 ~ 5kg。

四、放顶支柱

YFD 型液压放顶支柱是一种新型的支护设备，用于解决直接顶中等稳定和基本顶周期来压强烈的工作面的顶板管理和安全回柱等。YFD 型液压放顶支柱不仅适用于煤层倾角小于 15°，直接顶中等稳定程度以上或基本顶为任何岩层（包括难以控制的岩层）的机采和炮采的采煤工作面，而且适用于因地质条件复杂以及经济上不合理而不能使用液压支架的工作面；在使用单体液压支柱或摩擦式金属支柱的工作面，配用放顶支柱后，可取消木垛、台棚、矸石带、密集支柱等特殊支护设备，降低坑木消耗，简化支护工艺，提高工作面支护强度，改善顶板状况，确保安全生产。同时可使切顶排支柱的支、回，以及输送机的推移全部实现机械化，从而减轻工人的劳动强度。该支柱还可与高效率采煤机、输送机配套使用，实现工作面的稳产、高产，其工作原理同外注式单体液压支柱。

五、单体液压支柱的使用技术

1. 类型的选择

由于内注式单体液压支柱的重量大、操作麻烦，因此在 2.2m 以上的中厚煤层，应选用外注式单体液压支柱；在 1.4m 以下的薄煤层，由于操作空间狭窄，外部设备过多，布置不便时，可考虑选用内注式单体液压支柱。具体选型主要是根据煤层开采高度及控顶区顶板下沉量等条件以及支柱供应情况、各矿实践经验等综合确定。对于底板岩面（特别是泥质页岩）遇水或乳化液膨胀变软的工作面，宜采用内注式单体液压支柱。因外注式单体液压支柱排出的乳化液流失在工作面底板上，故支柱容易插入底板。

2. 支柱规格的选择

支柱规格的选择，主要依据支柱在开采煤层使用时所要达到的最大高度和最小高度。支柱最大高度为

$$H_{max}=M_{max}-b+c$$

式中 M_{max}——工作面最大采高，m；

　　　　 b——顶梁厚度，m；

　　　　 c——工作时活柱富余行程，一般为 0.1m。

如果在直接顶与煤层中存在有随采随落的伪顶，最大高度还应考虑伪顶厚度，即在上式计算结果中再加上伪顶厚度。

支柱最小高度为

$$H_{min}=M_{min}-S-b-a$$

式中 M_{min}——工作面最小采高，m；

　　　　 S——顶板在最大控顶距处平均最大下沉量，m；

　　　　 a——支柱卸载高度（一般不小于 0.1m）。

顶板在最大控顶距处的平均下沉量应根据开采同一煤层的实测资料确定，也可用以下估算方法确定（供参考）。即

$$S= \eta MR$$

式中 η——0.04 ~ 0.05；

　　　 R——最大控顶距，m。

3. 使用支柱的注意事项

（1）不准用金属物体（如铁镐）敲击支柱各部分，尤其是镀层。

（2）在支护过程中，不能将支柱水平放置作推移千斤顶用，也不能用做推移千斤顶的支点。

（3）单体液压支柱不要与摩擦式金属支柱、木支柱混用。现场常遇到由于混用

支柱而造成事故。工作面混用特性不同的支柱，会导致顶板支承受力不均匀，使顶板状况恶化，当顶板来压时，单体液压支柱急速超载，易于损坏，甚至发生事故。使用一种规格支柱如果遇到工作面采高发生变化时，可换相同类型、相同工作阻力的其他规格的束柱。

（4）煤层倾角为25°时，必须采取挖掘柱窝或迎山支设措施，使支设的支柱大体上垂直于顶板。

（5）局部地质破坏。工作面遇到断层带或地质破坏严重地段，顶底板破碎，甚至还有淋水的情况下，支柱易穿顶、插底，严重影响支设效果。为此，必须在支柱顶上采用密封顶板，如加强顶梁和加密顶梁上的插板，并在支柱下铺设特别的柱垫，以扩大支柱底座支撑面积，减少局部地质破坏产生的影响。

（6）支柱支撑力是支柱和围岩（顶、底板）相互作用的结果。对于抗压强度低的顶、底板，防止支柱插入顶、底板的途径是加大支柱与顶底板的接触面积。

（7）工作液的影响。每种类型的单体液压支柱都规定了特定的工作介质，这对保证支柱性能是很重要的。

NDZ 型内注式液压支柱采用专用防诱低凝点 5 号液压油作为工作介质。

DZ 型外注式液压支柱采用 1% ~ 2% 乳化油配制的乳化液。

（8）据有关经验资料表明：一般单体液压支柱在井下使用 6 ~ 8 个月，如存放时间过长，都会出现失效问题，严重影响支护效果。因此必须加强检修和维护，需经校压试验合格才能使用，不然会造成顶板碎裂难于管理，甚至发生冒顶事故。

4. 支柱的备用量

单体液压支柱遇有损坏，必须及时更换；遇有采高变化时，必须用同类型不同规格的支柱替换。

一般正常的工作面，在下井开始使用的同时，要有一定的储备量，约占总使用量的15%。储备支柱应存储于地面仓库。

当采高有较大变化时，要相应增加储备量和支柱的规格。在工作面附近备用支柱的数量应占工作面使用量的5%左右，支柱须存放在安全、干燥的地点，并一律立放。

5. 支柱存储

凡存储的支柱应将活柱降到最小高度，卸载手柄应在关闭位置上。NDZ 型必须直立存放，并应存放在清洁、干燥的库房内，库房的温度应保持在20℃左右，因气温低于0℃时会损坏密封圈。长期备用和存储的支柱，要定期进行检验。

第二节　液压支架的分类及工作原理

一、分类

我国生产的液压支架根据支架与围岩相互作用的方式和功能结构特点的不同，分为支撑式液压支架、掩护式液压支架和支撑掩护式液压支架等三大基本类型。

1. 支撑式液压支架

支撑式液压支架是世界上发展最早的一种支架，它依靠液压支架与顶梁直接支撑顶板，即对顶、底板主要起支撑和切顶作用。这类支架结构简单，工作时支撑力高，主要适用于中硬以上的坚实顶板。支撑式液压支架按结构又分为垛式和节式两种。

2. 掩护式液压支架

掩护式液压支架主要依靠掩护梁使工作空间与采空区完全隔离，支架顶梁很短或完全没有顶梁，立柱一般为两根，因而支架的能力较小，工作空间较窄，适用于顶板软、易破碎的不稳定或中等稳定的采煤工作面。国产 BY、QY 和 ZYZ 等系列都是掩护式液压支架。这类支架掩护梁较长，在底板较软的条件下，为改善支架受力的稳定性，支架的底座较长，可插在工作面输送机的机身下面。插在输送机下面的液压支架又称插腿式液压支架。

3. 支撑掩护式液压支架

支撑掩护式液压支架是在支撑式和掩护式支架的基础上发展起来的，是以支撑为主，兼有掩护能力的液压支架。这种支架一般为四立柱式，顶梁较长，并使用了四连杆机构，因此，它的支撑能力大、切顶性强、掩护性和稳定性都较好，是一种用途广、发展前途大的架型。

但因支撑掩护式支架的顶梁反复支撑的次数多，所以除松散破碎顶板外，适用于其他各类顶板，这类支架国产型号较多。液压支架的类型及其特征参见表 7-2。

表 7-2　液压支架的类型及其特征

类型		特点	适用条件
支撑式支架	垛式支架	1. 支架顶梁支撑着整个采煤工作面顶板； 2. 支架靠着采空区一侧用挡矸装置防矸窜入； 3. 结构简单，重量轻，钢材用量少； 4. 支撑力较高，切顶性能好； 5. 液压系统简单，便于操作和维修；	适用于同期来压强烈的稳定和中等稳定的坚硬顶板

续表

类型		特点	适用条件
支撑式支架	垛式支架	6. 通风断面较大； 7. 移架时空顶面积大，防矸效果差； 8. 承受水平推力差，支架稳定性较差	适用于同期来压强烈的稳定和中等稳定的坚硬顶板
	节式支架	1. 整个支架轻便灵活，有较强的切顶能力； 2. 移架时支架分节交错前移，空间面积较小 3. 通风断面大，但支架防矸效果差； 4. 支架稳定性差，易发生倒架事故； 5. 支架结构较复杂，零部件容易损坏	适用于地质构造比较复杂、底板起伏不平、煤层厚度变化范围比较大、中等稳定顶板
掩护式支架		1. 支架以掩护采空区已冒落的矸石为主，以工作空间上方的顶板支撑为辅，挡矸效果良好； 2. 支架适应能力强，调高范围大，可以擦顶带压移架； 3. 支架的横向稳定性好，纵向稳定性较差； 4. 支架支撑能力小，通风断面大，工作空间小	适用于松软破碎或中等稳定的顶板
支撑掩护式支架		1. 支架以支撑为主，同时兼有掩护作用； 2. 支撑能力大，顶梁受力状态好，切顶性能好； 3. 具有掩护梁，能有效地挡住窜矸； 4. 支架横、纵向稳定性好，支撑可靠； 5. 工作空间大，通风断面大； 6. 结构较复杂，体重，造价较贵	适用于各类顶板，是现在应用最为广泛的一种架型

　　基于我国煤田地质的赋存条件，使用掩护式和支撑掩护式液压支架的约占 80% 以上，并且这两种架型已经发展成系列产品。

　　上述三种支架都是用于工作面用的典型的基本液压支架类型。

　　另外，为适应多种开采环境，在综采工艺中，还研发出了多种类型的特种支架。如，在中厚煤层综采工艺中，与之配套的放顶煤支架，如 FYD400—26/32 型、FZ300—1.5/3.0 型、FY450—16/26 型。在厚煤层开采工艺中，还有不少矿区使用铺网支架的分层开采方法，为之生产研制出多种铺网液压支架，如 BC7A400—17/35p 型、PY400—1.7/3.5 型、PWZ480—1.5/3.0 型等铺网支架。这些支架既可自动铺底网，又可以人工或自动联网，大大提高了劳动生产率。根据液压支架使用的地点不同，还有工作面端部支架，以解决工作面端头区顶板的支撑、工作人员和设备的安全，以及连接工作面和平巷的主要支护设备。目前国内使用的端头液压支架有 QZY35 型、PDZ 型、SDA 型、BT 型。

二、液压支架的工作原理

液压支架在工作过程中，不仅要可靠地支撑工作面顶板，而且还要随着工作面的推进能与工作面输送机交替移动，这就要求液压支架必须具备升柱、降柱、推移支架、推移输送机四个基本功能。这些功能动作是靠泵站供的高压液体，通过液压系统控制，利用几个性质不同的液压千斤顶来完成的。以支撑式支架（图7-4）为例简述液压支架的工作原理。

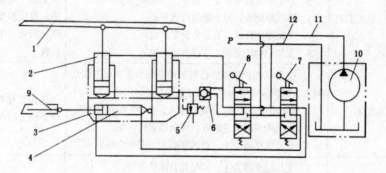

图7-4 液压支架的工作原理示意图

1—顶梁；2—立柱；3—底座；4—推移千斤顶；5—安全阀；6—液控单向阀；7，8—操纵阀；
9—输送机；10—乳化液泵站；11—主供液管；12—主回液管

1. 升降

升降是指液压支架升起支撑顶板到下降脱离顶板整个工作过程。这个工作过程包括初撑、承载、降架三个动作阶段。

（1）初撑阶段

将操纵阀8放到升架位置，由乳化液泵站来的高压液经主进液管、操纵阀8打开液控单向阀进入到立柱的活塞杆腔，活塞杆腔排液，于是立柱2带动顶梁1升起，支撑顶板。当顶梁接触顶板后，立柱活塞杆腔的液体被封闭，这一过程称为液压支架的初撑阶段。此时，立柱或支架对顶板产生的最大支撑力称为初撑力，按下式计算：

立柱初撑力
$$P_{zc} = \frac{\pi D^2}{4} \cdot P_b \times 10^{-3}$$

支架初撑力
$$P_{jc} = P_{zc} \cdot n \cdot \eta$$

式中：P_{zc}——立柱的初撑力，kN；

D——立柱缸体内径或活塞直径，mm；

P_b——泵站工作压力，MPa；

n——每架支架的立柱数；

P_{jc}——支架的初撑力，kN；

η——支护效率，架型不同效率不同，支护效率主要取决于立柱的倾斜程
　　度。当立柱直立时，支护效率 η＝1。

由此可见，支架的初撑力取决于泵站工作压力、立柱数目、立柱缸体内径以及
立柱布置的倾斜程度。若要提高支架的初撑力，则可以通过以下途径实现：

1）增加支架的立柱数目，即每架支架的立柱数越多，初撑力越大。但是增加立
柱数目会使支架尺寸变大，结构变复杂，所以一般不用此办法来实现初撑力的提高。

2）加大立柱缸体内径，即将立柱加粗，这种办法也不可取。

3）提高泵站工作压力，即泵站压力越高，初撑力越大。通过提高泵站工作压力
来实现支架初撑力的提高是目前发展的趋势。

（2）承载阶段

支架达到初撑力后，顶板要随着时间的推移缓慢下沉而使顶板作用于支架的压
力不断增大。随着压力的增大，封闭在立柱下腔的液体压力也相应增高，呈现增阻
状态，这一过程一直持续到立柱下腔压力达到安全阀动作压力为止，我们称之为增
阻阶段。在增阻阶段中，由于立柱下腔的液体受压，其体积将减小以及立柱缸体弹
性膨胀，支架要下降一段距离，我们把下降的距离称为支架的弹性可缩值，下降的
性质称为支架的弹性可缩性。

安全阀动作后，立柱下腔的少量液体将经安全阀溢出，压力随之减小。当压力
低于安全阀关闭压力时，安全阀重新关闭，停止溢流，支架恢复正常工作状态。在
这一过程中，支架由于安全阀卸载而引起下降，我们把这种性质称为支架的永久可
缩性（简称可缩性）。支架的可缩性保证了支架不会被顶板压坏。以后随着顶板下
沉的持续作用，上面的过程重复出现。由此可见，安全阀从第一次动作后，立柱下
腔的压力便只能围绕安全阀的动作压力而上下波动，支架对顶板的支撑力也只能在
一个很小的范围内波动，我们可近似地认为它是一个常数，所以称这一过程为恒阻
阶段，并把这时的最大支撑力叫做支架的工作阻力。工作阻力表示了支架在承载状
态下可以承受的最大载荷，按下式计算：

立柱的工作阻力：
$$P_{zz} = \frac{\pi D^2}{4} \cdot P_a \times 10^{-3}$$

支架的工作阻力：
$$P_{jz} = P_{zz} \cdot n \cdot \eta$$

式中 P_{zz}——立柱的工作阻力，kN；

P_a——安全阀动作压力，MPa；

D——立柱缸体内径或活塞直径，mm；

P_{jz}——支架工作阻力，kN。

同样，支架的工作阻力取决于安全阀的动作压力、立柱数目、立柱缸体内径以及立柱布置的倾斜程度。显然，工作阻力主要由安全阀的动作压力所决定。所以，安全阀动作压力的调整是否准确和动作是否可靠，对液压支架的性能有决定性的影响。

液压支架承载中达到工作阻力后能加以保持的性质叫做支架的恒阻性。恒阻性保证了支架在最大承载状态下正常工作，即常保持在安全阀动作压力范围内工作。由于这一性质是由安全阀的动作压力限定，而安全阀的动作伴随着立柱下腔少量液体溢出而导致支架下降，所以支架获得了可缩性。当工作面某些支架达到工作阻力而下降时（因顶板压力作用不均匀，工作面支架不会同时达到工作阻力），相邻的未达到工作阻力的支架便成为顶板压力作用的突出对象，即将压力分担在相邻支架上，我们把这种支架互相分担顶板压力的性质叫做支架的让压性。让压性可使支架均匀受力。

（3）降架阶段

降架是指支架顶梁脱离顶板而不再承受顶板压力。当采煤机截煤完毕需要移架时，首先应使支架卸载，顶梁脱离顶板。把操纵阀的手把扳到降架位置，由泵站来的高压液经主进液管、操纵阀进入立柱上腔；与此同时，高压液分路进入液控单向阀的液控室，将单向阀推开，为立柱下腔构成回液通路。立柱下腔液体经回液管、被打开的液控单向阀、操纵阀向主回液管回液。此时，活柱下降，支架卸载，直至顶梁脱离顶板为止。

综上所述，液压支架的升降过程可以用坐标图上的曲线表示，如图7-5所示。

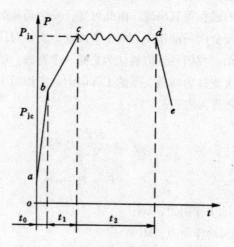

图7-5 液压支架的特性曲线示意图

该曲线为液压支架的特性曲线，表示液压支架的支撑力随时间的变化过程。图中的横坐标表示液压支架的动作时间，纵坐标表示液压支架的支撑力。支架升起，顶梁开始接触顶板至液控单向阀关闭时的这一阶段是初撑阶段 t_0。初撑阶段以线斜率决定了液压支架的性能，即 ab 线越陡，支架的支撑力增大到初撑力 P_{jc} 的速度越快。以后随着顶板下沉，支架的支撑力增大到工作阻力 P_{jz}，这就是增阻阶段 t_1。增阻阶段 bc 线的斜率决定于顶板下沉的性质，bc 线的长短决定顶板下沉量的大小，即 bc 线越短，顶板下沉量越小。在一定的顶板条件下，提高初撑力可缩短 bc 线的长度，减小增阻阶段弹性可缩值，从而有利于减小顶板下沉，这就是支架初撑力有不断提高趋势的原因。支架达到工作阻力后，安全阀便开始动作，支架进入恒阻阶段 t_2。由于安全阀的开启压力稍高于它的额定工作压力，而关闭压力则稍低于额定工作压力，所以正常工作时，恒阻线 cd 是一条近似平行于横坐标的波纹线。恒阻阶段直到支架卸载时结束。当顶板压力较小（工作面刚投入生产）或设计的支架工作阻力大于实际需要时，支架可能没有恒阻阶段。在卸载阶段支架下降，支撑力很快减小。

2. 推移

（1）移架

支架降架后，将操纵阀放到移架位置，从泵站来的高压液经主进液管、操纵阀 8 进入移动千斤顶活塞杆腔，此时活塞腔回液。千斤顶的活塞杆受输送机制约不能运动，所以千斤顶的缸体便带动支架向前移动，实现移架。当支架移到预定位置后，将操纵阀手把放回零位。

（2）推移输送机

移到新位置的支架重新支撑顶板后，将操纵阀放到推溜位置，推移千斤顶活塞腔进液，活塞杆腔回液，因缸体与支架连接不能运动，所以活塞杆在液压力的作用下伸出，推动输送机向煤壁移动。当输送机移到预定位置后，将操纵阀手把放回零位。

采煤机采煤过后，液压支架依照降架—移架—升架—推溜的次序动作，称为超前（立即）支护方式，它有利于对新裸露的顶板及时支护，但缺点是支架有较长的顶梁，要支撑较大面积的顶板，承受顶板压力大。与此不同，液压支架依照推溜—降架—移架—升架的次序动作，称为滞后支护方式，它不能及时支护新裸露的顶板，但顶梁长度可减小，承受顶板压力也相应减小。上述两种支护方式各有利弊。为了保留对新裸露顶板及时支护的优点，以及承受较小的顶板压力，减小顶梁的长度，可采用前伸梁临时支护的方式。动作次序为：当采煤机采煤过后，前伸梁立即伸出支护新裸露的顶板，然后依次推溜—降架—移架（同时缩回前伸梁）—升架。

第三节　液压支架的结构及使用维护

一、支撑式液压支架的结构

支撑式液压支架的主要部件及其作用如下。

1. 顶架和前探梁

垛式液压支架顶梁是支撑顶板的主要部分，它和顶板直接接触。前探梁俗称前梁，也是支撑顶板的部件，它在前梁千斤顶的作用下，可以上下摆动一定角度，提高对顶板的接触范围，及时支护新暴露出来的顶板。顶梁和前探梁共同组成对顶板的直接支撑，故要求它们有足够的刚度和强度。顶梁和前探梁的结构形式对顶板的适应能力及防止顶板冒落的能力具有重要意义。整体刚性顶梁和前探梁铰接。为防止支架后部冒落矸石砸坏挡矸帘，有的垛式支架在顶梁后部还加有尾部。顶梁都是箱盖形结构，由钢板焊接而成。

2. 底座

垛式支架的底座多做成箱形结构，称为底座箱。它的作用是通过立柱将压力均匀地传递给底板，以保证支架正常承载和前移。垛式液压支架的底座有两种形式，即整体结构的刚性底座和左、右两半的半刚性底座。整体刚性底座面积大，对底板的比压面积小，但对不平底板的适应性差，分为左右或前后两半的半刚性底座，对不平底板的适应性较好，但底座面积小，对底板的比压大，遇到松软底板，底座容易陷入底板内。

3. 推移装置

推移千斤顶是支架前移和推进工作面输送的部件，称为推移装置，垛式支架和输送机两者互为交点，交替向前移动。若推移千斤顶和输送机之间直接连接，不论千斤顶如何布置，对于非差动式液压缸，其移架力皆小于推溜力。若在千斤顶与输送机之间装一框架，推移千斤顶倒装，称为倒置推移机构，这种装置能满足移架力大于推溜力的要求。

4. 操纵阀

操纵阀的作用是把乳化液泵站通过管路送来的高压乳化液分配给需要动作的立柱和千斤顶，以完成支架的升柱、降柱、推移支架和输送机等任务。

液压支架的操纵阀是一种组合式片阀。在国产液压支架中使用最为普遍的是 ZC 型操纵阀。它由不同数量的片阀组合而成，其中一片为首片阀，一片为尾片阀，其余为中片阀。首片阀上有供、回液接头，每一片阀由两个二位三通阀组成，其作用相当于一个三位四通阀，ZC阀又分A型和B型两种，A型为长手柄，B型为短手柄，操作时可使用随机的加长手柄，主要是考虑到安置操纵阀的空间受限制。

5. 立柱

立柱是支架的重要承载部件，立柱的动作要求灵活可靠，而且要有足够的强度。垛式支架有4柱式、5柱式、6柱式，立柱和各种千斤顶一样都是液压缸，详细情况见支撑掩护式液压支架部分。

二、掩护式液压支架

掩护式液压支架结构类型繁杂，其特点是都由掩护梁挡住采空区矸石，立柱较少且倾斜支持，顶梁较短，架间密封。目前应用较广泛的掩护式液压支架是掩护梁用前连杆和后连杆与底座相连，构成四连杆机构。支架升降时，顶梁沿近似的双扭曲线轨迹运动，梁端距变化较小，且能承受侧向力，如图7-6所示。

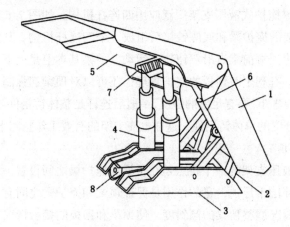

图7-6　四连杆掩护式液压支架

1—掩护梁及其侧护板；2—连杆；3—底座；4—立柱；5—顶梁及其侧护板；
6—平衡千斤顶；7—操纵阀；8—推移千斤顶

掩护式液压支架适用于顶板不稳定或中等稳定的采煤工作面。其缺点是底座前部的比压大，不适于软底板采煤工作面。由于梁后部的支撑力不足，切顶能力差，因此，也不适于顶板坚硬的采煤工作面。

掩护式液压支架的主要部件及其作用如下。

1. 掩护梁及其侧护板

掩护梁是支架的主要部件，它使支架的工作空间和采空区完全隔离，防止采空区冒落的碎矸窜入工作空间，以保证人身和设备的安全，同时掩护梁还是一个承载部件，承受冒落矸石的载荷和顶板通过顶梁传递的水平载荷引起的弯矩。掩护梁一般都采用由钢板焊接而成的箱形结构，为防止两架间露矸，在掩护梁的两边装有侧护板，支架工作时一侧的侧护板是固定的，另一侧是活动的。活动侧护板的控制方式有弹簧式、液压控制式和混合式三种。液压控制的侧护板是靠侧推千斤顶使侧护板既能伸出密闭架间的间隙，又能在必要时自动缩回，从而保证实现防矸、导向、防倒和调架等功能，使工作面构成一个钢铁长廊。但液压控制系统较复杂，现较多使用混合控制侧护板方式，即弹簧伸出机构用侧推千斤顶控制其缩回。

2. 顶梁及其侧护板

顶梁是由钢板焊成的箱盖形结构，它和顶板接触承受复杂的顶板载荷。间接撑顶掩护式液压支架的顶梁通常较短，一般都为等断面的整体顶梁；，直接撑顶掩护式支架的顶梁稍长，多为变断面的整体顶梁。顶梁两侧也有侧护板，其作用和控制方式同掩护梁的侧护板。

3. 四连杆机构

掩护式和支撑掩护式液压支架广泛应用四连杆机构，如图 7-6 所示。它由前连杆、后连杆、支架的掩护梁和底座铰接后组成一个四连杆机构。其作用是当液压支架立柱调高时，使顶端前梁点沿双钮轨迹运动，顶梁基本上是上下运动，避免支撑顶板的位置变化，有利于对顶板的支护管理；还可以对顶梁起强制导向作用，使支架能承受有载荷的弯矩，要有足够的强度，一般后连杆是整体铸钢件或分置的单体件，前连杆是左、右分置的单体铸钢件，这样也使支架的有效工作空间大些。

4. 平衡千斤顶

二柱掩护式液压支架的一个特点是在顶梁和掩护梁之间设置一个平衡千斤顶。平衡千斤顶也称补偿千斤顶，它的作用是保证顶梁和掩护梁之间有相对的刚性，并且可根据顶板的情况调整顶梁的倾斜度，使顶梁和顶板的接触情况得到改善，同时还可保证顶梁梁端具有一定的承载能力，以加强对破碎顶板的管理。

5. 底座

掩护式液压支架的底座多采用整块钢板的焊接结构，是整体刚性平底座。它与底板的接触面积大，对底板的接触比压小，有利于在较软底板条件下工作。

6. 立柱和液压操纵阀

为了改善对顶板的支护管理，掩护式液压支架常常设计成擦顶带压移架方式，它所需要的移架力要大。为此，掩护式支架的推移装置增加一个推移、框架，形成倒装式机构，以便利用推移千斤顶的较大推力移架。用于较厚煤层的掩护式支架，为了防止煤壁片帮以致顶板冒落，在支架上还要安装防片帮装置，同时加设护帮千斤顶加以控制。

三、支撑掩护式液压支架

支撑掩护式液压支架一些部件的作用及结构与前两种支架大致相同，这里仅对不同的部件加以介绍。

1. 立柱和液压千斤顶

在液压支架中，将用于承受顶板载荷和调节支护高度的液压缸称为立柱，它们是单伸缩或双伸缩的双作用单活塞杆式液压缸。除立柱外，支架中其余起辅助作用的液压缸均称为千斤顶，按其作用分为推移千斤顶、前梁千斤顶、侧护千斤顶、平衡千斤顶、护帮千斤顶等。

立柱由缸体活塞和活柱组成。缸体是液压缸承受液体压力的部件，一般采用合金无缝钢管或冷拔碳素钢管制成，缸体内表面是活塞的密封面，要求有较高的加工精度和表面光洁度。活塞是液压缸承受并传递液压作用力的部件，一般焊接在活柱或活塞杆上。活柱和活塞杆是液压缸传递机械力的部件，它承受拉、压、弯等复杂载荷的作用，也多是采用合金无缝钢管做成，千斤顶小直径活塞杆可采用圆钢制造。活柱工作时要经常伸出在外，直接接触矿井中的湿气、腐蚀性气体和粉尘，故要求其外表面既要耐磨又要耐腐蚀、不生锈，为此通常在支架立柱的活柱外表面镀有一层厚约几十微米的铜、青铜、镍、铬或锌等耐磨防腐金属。

2. 护帮机构

从图 7-7 可知，支架的护帮机构主要由护帮板和千斤顶组成。当采煤机割煤后，将护帮千斤顶伸出，使护帮板顶贴着煤壁，以免煤壁片帮垮落。采煤机走到支架正前方割煤时，将护帮千斤顶缩回，收回护帮板，并且用机械或液压闭锁使护帮板定位，防止其落下砸伤人员或损坏设备。

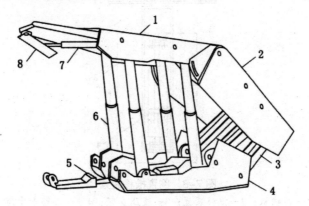

图 7-7 支撑掩护式液压支架

1—顶梁；2—掩护梁；3—连杆；4—底座；5—推移装置；6—立柱；7—护帮千斤顶；
8—护帮装置

3. 顶梁

支架顶梁直接和顶板接触，承受着顶板载荷和动载荷，因此要求它有足够的强度和刚度。为使支架达到保护工作面的安全环境，防止顶板矸石的窜漏，还要求顶梁有足够的面积。顶梁结构要能适应顶板起伏不平的变化，因此，一般是用 10 ~ 16mm 厚钢板焊接而成的箱盖形结构，在上、下盖板之间有加强筋板。有的液压支架在顶梁前端铰接有前探梁，以增大支撑顶板的接触能力，及时支护新暴露出来的顶板，保护采煤工作面的有效空间。支撑掩护式支架的顶梁较长，有 4m 左右，为改善顶梁与顶板的接触状况，增大顶梁梁端的支撑力，常采用分段组合式顶梁，其组合方式有刚性主顶梁铰接前梁、刚性主顶梁和伸缩前探梁，以及在铰接前梁内再加可伸缩的前探梁。

4. 推移机构

推移机构是液压支架行走和推移工作面输送机的装置。液压支架和工作面输送机两者之间形成相互依托、交替为支点的迈步移动方式。掩护式液压支架与支撑掩护式支架因自重较大，以及带压擦顶移架，要求有较大的移架力。为提高推移装置的移架力，往往把推移千斤顶倒置，倒置的推移装置如图 7-8 所示，它在推移千斤顶与输送机之间装一框架，框架的一端与输送机相连，另一端与千斤顶相连。当千斤顶活塞腔进液时，活塞杆被推出，支架以框架和输送机为支点向前移动；而千斤顶活塞杆收缩时，用比较小的力推移输送机。

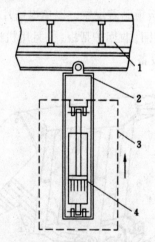

图 7-8　倒置推移装置

1—运输机；2—推移装置；3—液压支架；4——推移千斤顶

（五）液压阀组

阀是液压支架中重要的控制元件。根据阀在液压系统中的作用不同分为操纵阀、安全阀、液控单向阀、定压—减压阀及初撑力保持阀等。安全阀的作用是防止立柱或千斤顶过载，保证支架安全地工作。通过安全阀可以保证支架的可缩性和恒阻性，当立柱支承的顶板压力超过立柱的工作阻力时，安全阀就溢出乳化液，使立柱回缩并保持支架恒阻。目前，液压支架中使用的安全阀大部分是弹簧式溢流阀，型号有 YF_{1B}、YF_4、YF_{5A} 等。液控单向阀主要用来闭锁立柱或千斤顶。若另一腔进液，则同时给该阀的控制腔供液，将阀打开，使立柱或千斤顶工作腔中的液体回流。常用液控单向阀的型号有 KDF_{1B}、KDF_{1C}、KDF_2，另外，还有双液控单向阀 BD_2F_1 型。

支撑掩护式液压支架的底座、四连杆机构、掩护架及侧护板、操纵阀等与上面两种支架基本相同，各种支撑掩护式液压支架的结构形式如图 7-9 所示，图 7-9（a）中两排立柱均直立布置，一般每排 2 根，也有前、后共排 3 根的；图 7-9（b）中两排立柱各为 2 根，前排立柱前倾，呈倒八字形布置；图 7-9（c）中两排立柱各为 2 根，为倒八字形布置，顶梁后有尾梁；图 7-9（d）中两排立柱各为 2 根，呈前倾布置；图 7-9（e）中两排立柱各为 2 根或 3 根，呈 X 形布置；图 7-9（f）中支架的个别立柱支撑在掩护梁上；图 7-9（g）布置的特点是将四连杆机构反装，这样可以承受较大的侧向力，立柱不易损坏，反装后的四连杆机构连杆梁没有掩护作用。这种支架保留了垛式支架的基本结构和特点，用于坚硬顶板。

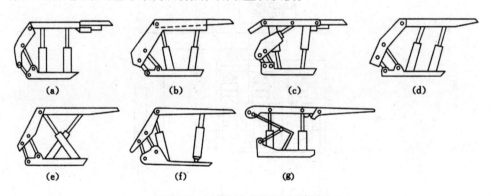

图 7-9　支撑掩护式支架的结构形式

四、液压支架的液压控制系统

液压支架的液压控制系统的主要作用是满足支架的各种动作要求，以保证支架安全可靠地工作。支架的控制系统原理并不复杂，都是油泵—液压缸系统。早期的控制系统以全流量阀为基础，当控制系统较复杂时，它的使用范围就受到了限制，因而发展了以先导阀为基础的先导式控制系统。

液压支架的控制方式有本架控制、单向邻架控制、双向邻架控制等手动控制方式，以及分组程序控制、先导式程序控制、遥控等自动化控制方式两大类。从本架控制到自动化控制，它的选取主要取决于操作安全、动作可靠、操作迅速和维修方便等因素。

从安全角度出发，当工作面条件和支架通道良好时，只要操作速度不是关键问题，采用手动本架控制是可行的。但是，当工作面条件不好、倾角较大、本架操作有困难时，为保证操作人员的安全，即可采用邻架控制方式。当自动化程度要求较高时，可采用半自动或遥控系统。

1. 本架控制

图 7-10 所示液压控制系统是较简单的本架手动控制系统。执行机构是立柱 3、推移千斤顶 4 和前梁千斤顶 7。其动作由回转式操纵阀 1 和三列卸载安全阀 2 控制。立柱和前梁千斤顶为单作用液压缸，可以通过回转式操纵阀控制其全降，也可以通过三列卸载安全阀控制前柱、后柱、前梁千斤顶分别单独降。升柱动作可由回转式操纵阀配合三列卸载安全阀控制全升或前柱、后柱、前梁千斤顶分别单独升。

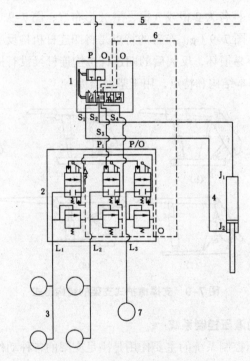

图 7-10 本架手动控制液压系统
1—操纵阀；2—三列卸载安全阀；3—立柱；4—推移千斤顶；
5—主进液管；6—主回液管；7—前梁千斤顶

例如，当回转式操纵阀 1 置于 S_4 位时，打开供液阀后，压力液供至卸载阀，再同时或分别操作卸载阀就可向立柱和前梁千斤顶活塞腔供液，使其升起。当操纵阀

置于 S_3 位时，打开供液阀后，压力液推动卸载阀阀芯移动，使立柱和前梁千斤顶活塞腔同时回液，立柱和前梁千斤顶在顶梁和前梁自重作用下降下。当回转式操纵阀不供液时，可通过操作卸载阀实现单独降柱。立柱升起后，三列卸载阀恢复关闭位置，由高压安全阀限制立柱活塞腔的最大工作压力。单向阀的作用是防止回液背压进入卸载阀液控腔，引起立柱误动作。节流阀的作用是减小卸载阀承受的液控力。

2. 单向邻架控制

它的操纵阀安装在相邻支架上，三列卸载安全阀安装在本架支架上，推移千斤顶由邻架操纵阀直接控制。此系统加设了隔离单向阀组，可直接通过操纵阀控制立柱全升、全降，也可以通过三列卸载安全阀单独控制立柱降柱或通过操纵阀配合卸载阀控制立柱升柱。

在倾斜煤层中，使用单向邻架控制方式是非常合理的，因为它能使支架操作工在被操纵支架上方（安全侧）操作，避免降架后发生顶板矸石落下造成伤人事故。

上述全流量控制系统也可改为先导控制系统。在先导控制系统中，控制信号可由一根多芯软管传输给邻架。这样可减少架间管路，使整个系统不显得杂乱。同时，由于先导控制流量很小，因此操纵阀上的通孔可以布置得很紧凑。

五、液压支架的使用及维护

1. 操作前的准备

操作液压支架前，应先检查管路系统和支架各部件的动作是否有阻碍，要清除顶、底板的障碍物。注意管件不要被矸石挤压或卡住，管接头不得漏液。

开始操作支架时，应提醒周围工作人员注意或让其离开，以免发生事故，并观察顶板情况，发现问题及时处理。

2. 液压支架的操作顺序

（1）操作

液压支架一般都具有升架、降架、移架和推溜四个基本动作以及调架、防倒、防滑等辅助动作。

1）升架。升架时先将组合操作阀打到升架阀位，使支架升起撑紧顶板。当支撑力达到支架初撑力时，再将组合操纵阀打回中位。升架时要确保立柱下腔液体压力达到泵站额定压力，才能将操纵阀打回中位。

2）降架。降架时先将组合操纵阀打到降架阀位，当支架降至所需高度时，即将操纵阀打回中位，以停止降架。降架时，要注意观察与邻架的关系，控制降架高度。正常情况下降架高度不超过 300mm。

3）移架。支架的前移是以输送机为支点、靠推移千斤顶的收缩来实现的。移架时将操纵阀打到移架阀位，当前移一个步距后，再将操纵阀打到中位，支架即处于新的工作位置上。

4）推溜。前推输送机是以支架为支点、靠推移千斤顶的伸出来实现的。推溜时，先将操纵阀打到推溜阀位，当前推一个步距后，再将操纵阀打回中位。

（2）液压支架完好标准

支架的零部件齐全、完好，连接可靠合理；立柱和各种千斤顶的活塞杆与缸体动作可靠，无损坏，无严重变形，密封良好；金属结构件无影响正常使用的严重变形，焊缝无影响支架安全使用的裂纹；软管与接头完好无损，无漏液；泵站供液压力符合要求，所用液体符合要求。

（3）液压支架五检内容

液压支架五检是指：班随检、日小检、周中检、月大检、总检。

第四节　乳化液泵站

一、乳化液泵

机械化采煤工艺中使用的乳化液泵一般为卧式三柱塞往复曲轴泵，它是将轴的转动经过连杆—滑块机构为柱塞的直线往复运动。工作原理如图 7-11 所示。

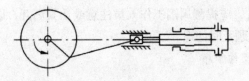

图 7-11　乳化液泵的工作原理示意图

当柱塞向左运动时，乳化液箱在柱塞右端缸体空间内形成真空，乳化液在大压力的作用下把进液阀推开，乳化液则进入缸体并充满其空间，此时，排液阀在排液管道内乳化液的压力作用下被关闭，从而完成吸液过程。当柱塞向右运动时，乳化液在柱塞的作用下关闭吸液阀而推开排液阀，将吸入的乳化液挤出缸体，从而完成排液过程。柱塞每往复一次，就吸、排液一次，完成输送高压乳化液的目的。这种利用缸体容积变化来完成吸液和排液过程的泵称为容积式泵。

二、乳化液箱

乳化液箱是用来储存、回收和过滤乳化液的容器，并有散热沉淀等作用。乳化液箱上配有较完善的液压控制系统，与乳化液箱附在一起的有卸载阀、蓄能器、吸液软管、压力表开关、断路及交替进液阀等。由钢板焊接而成的箱体既是乳化液的储存装置，又是多种元件的安装机架。液箱容量一般为 400 ~ 1000L。当前生产制造的乳化液泵有 RX—200/16A、RX—640（400）和 PRX—1000 等几种形式。例如 RX—200/16A 泵的技术参数是：公称流量为 200L/min，公称压力 31.5MPa，乳化液箱公称容积 1600L，乳化液储存室容积 100L，蓄能器容积 25L。

三、乳化液

1. 乳化液的类型

目前，国内广泛采用乳化液作为液压支架和单体液压支柱的工作介质。乳化液有两种类型：油分散在水中，油少水多，叫做水包油型乳化液；水分散在油中，水少油多，叫做油包水型乳化液。

液压支架和外注式单体液压支柱应用水包油型乳化液作为工作介质，液压支架的工作介质由 5% 的乳化油和 95% 的水配制而成。外注式单体液压支柱用 1% ~ 2% 的 M10 号乳化油（或 MPT 乳化油）和 99% ~ 98% 的水配成乳化液。

2. 水包油型乳化液的特征

（1）含水 95% 以上的乳化液具有不燃性，安全性能好。

（2）价格便宜，适合于消耗量大的支护设备使用。

（3）黏度小，黏温性能良好，适合于管路多而长的液压系统，减少输送过程的能量损失。

（4）具有较好的防锈性能和润滑性。

（5）稳定性好，不易产生泡沫，对密封材料的适应性好，并对人体无害。

第八章　掘进机械与卷扬设备

第一节　钻眼机械与装载机械

一、钻眼机械

1. 凿岩机

（1）冲击破岩原理

冲击破岩原理如图 8-1 所示。钻钎在冲击力作用下，钎斗的钎刃冲击岩石凿出一条破碎沟 1，然后钻钎转过一个角度，进行第二次冲击，又凿出一条破碎沟 2。此时，1 与 2 两沟之间的扇形面积由于剪切也被破碎。如此连续进行，就在岩石上凿出圆形孔。这种破岩方法原则上可用于任何硬度的岩石。

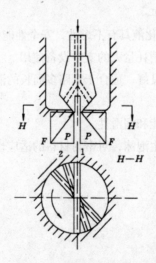

图 8-1　冲击破岩原理示意图

（2）风动凿岩机的工作原理

凿岩机有许多类型，根据动力源不同可分为风动、内燃、电动和液压凿岩机四种。煤矿主要使用风动凿岩机。

　　凿岩机在岩壁上钻孔必须完成锤击、转钎和排粉三种动作，图 8-2 所示是风动凿岩机工作原理示意图。

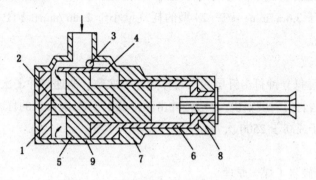

图 8-2　风动凿岩机工作原理示意图
1—棘轮；2—螺旋棒；3—球；4—配气机构；5—活塞；6—转动套筒；
7—气缸；8—转钎；9—排气孔

　　1）锤击

　　当球 3 堵住右方气路时，压气由左气路进入气缸 7 中活塞 5 的左侧，推动活塞右行，锤击转钎 8 的尾部。当活塞处于排气孔 9 的右侧时，气缸左侧通大气，压力下降，右侧压力大，把球压向左边堵住左气路，压气即由右侧气路进入活塞右侧，推动活塞左行，如此往复一次，即完成一次锤击钎尾的动作。

　　2）转钎

　　螺旋棒 2 一端有螺旋线，与镶在活塞（冲锤）上的螺母相配合；另一端装有棘爪，插在棘轮 1 的齿间，故它只允许螺旋棒向一个方向转动。冲锤的一端以花键插入转动套筒 6 中，冲锤右行时，螺旋棒在冲锤螺母的作用下转动一个角度；冲锤左行时，螺旋棒由于受棘轮约束不能反向转动，所以冲锤只能沿螺旋棒转动一个角度，于是转动套筒和安装在套筒内的转钎也跟着转过一个角度，这样冲锤锤击钎杆一次，回程时钎杆在无负荷情况下转过一个角度。

　　3）排粉

　　钎杆和钎斗有中心孔，压力水通过中心孔从钎斗流出，从而把岩浆冲洗出来。

　　各种风动凿岩机工作原理大都如此，只是配气机构形式不同，气路各有差异而已。

　　（3）主要技术参数

　　1）工作气压

　　风动工具工作气压一般为 0.4 ~ 0.6MPa，以 0.5MPa 为标准工作气压。凿岩机凿速与工作气压成正比，但工作中气压不宜过高或过低。气压过高，凿速增大，易发生断钎，且反坐力大，操作困难，零件损耗加剧；气压过低，凿速减小，工作效率低。

2）耗气量

耗气量是指凿岩机单位时间内耗用的压气数量，以 m^3/min 为单位。如 YT—23 型的耗气量小于 $3.6m^3/min$；YT—24 型的耗气量小于 $2.8m^3/min$；YTP—26 型的耗气量为 $3m^3/min$。

3）冲击次数

凿岩机冲锤每分钟打击钎尾的次数称为冲击次数。凿速与冲击次数成正比，因此近年来高频凿岩机发展很快。一般把冲击频率低于 2500 次 /min 的称为低频凿岩机，把冲击频率等于或高于 2500 次 /min 的称为高频凿岩机。

2. 煤电钻

（1）旋转破岩（煤）原理

煤电钻采用麻花钻头，利用钻刃破岩（煤），利用螺旋槽出岩（煤）。

（2）煤电钻的结构

1）电动机

煤电钻的电动机为三相交流 127V 异步鼠笼全封闭自扇冷却，线圈采用高强度聚酯漆包线，转子为纯铝浇铸鼠笼转子，功率为 1.2kW，二极，外壳为隔爆结构。风扇装在电动机轴尾端。

2）减速器

煤电钻减速器为二级外啮合圆柱齿轮，输入输出均不经联轴器，直联传动。采用减速比不同的齿轮对，可以得到性能不同的品种。强力煤电钻即采用了较大减速比的齿轮对，增大了扭矩，可以钻较硬的夹石或半煤岩。

湿式煤电钻在减速部位增加了供水装置和水封装置，具有一定压力的清水由供水阀门、壳体注水孔、密封水室、输出轴注水孔进入麻花钻杆中心孔及钻头出水孔流出，将煤屑润湿，达到降低煤尘的目的。

3）开关

采用专门用于煤电钻的防爆三相熔点式专用开关，型号为 7kk—1，绝对不容许用其他普通开关代替。

（3）煤电钻配套钻具

1）钻杆

煤电钻钻杆为麻花钻杆，一般以 T7 和 T8 矩形或菱形断面的钢材扭制而成。矩形断面扭成的钻杆，强度较低，但排粉能力大，适用于煤层钻眼；菱形断面扭成的钻杆，排粉能力较弱，但强度大，适用于硬煤、半煤岩及软岩钻眼。钻杆直径为 39mm，长度有 1.4m、1.6m、1.8m、2.0m、2.5m、2.8m 六种。

湿式打眼要用带中心孔的麻花钻杆。

2）钻头

煤电钻钻头有全钢和镶硬质合金刀片两种，分别用于软煤和硬煤或软岩。钻头用 ZG45 材料制成，镶 YG8（或 YG6）硬质合金刀片。

（4）煤矿常用煤电钻型号

煤电钻型号很多，目前生产和使用的有 MZ—12、MSZ—12、MZ2-12 等及其派生的湿式煤电钻。型号中字母含义为：M——煤；Z——钻；S——手提式；12 功率为 1.2kW。如为湿式，则在上述型号后再加 S。

（5）煤电钻易损配件

煤电钻易损配件包括：转子、齿轮、二联齿轮、心轴、轴套、外壳、端盖、手柄、开关、钻套等。

3. 岩石电钻

岩石电钻可以在硬岩上钻孔。与煤电钻相比，岩石电钻功率大，钻进时的轴推力大，故配有钻架和自动牵引装置。目前岩石电钻功率为 2kW，电压有 127V、380V、600V 三种，牵引装置有链条牵引和钢丝绳牵引两种。

二、装载机械

1. 铲斗装岩机

铲斗装岩机用于水平铺轨巷道（倾角小于 8°）的装岩，岩石块径可达 0.5m，但以岩石块径为 0.2～0.25m 时装岩效率最高。现在普遍使用的是后卸式电动铲斗装岩机，要求巷道高度大于装岩机工作时的最大高度。

（1）铲斗装岩机的工作过程铲斗装岩机的工作过程分为三个步骤：

1）铲斗在最低位置时，按行走按钮，装岩机前进，将铲斗插入岩石堆，装满铲斗；

2）按提升铲斗按钮，提起铲斗，向后翻转把岩石装入矿车；

3）装岩机后退，放下铲斗，准备再次装岩。

（2）铲斗装岩机的基本结构

铲斗装岩机由机械和电气两大部分组成。

1）机械部分

铲斗装岩机机械部分包括行走机构、回转机构、提升机构和铲斗。

①行走机构由减速器和车轮组成。控制电机正反转，即可使装岩机前进或后退。前、后车轮均为主动轮，牵引力较大。

②回转机构由回转座和铲斗自动返回中间位置机构组成。回转座装在行走机构上，可由司机左右转动各 30°，以便进行侧面装岩。铲斗在侧面装岩后，在提起过程中通过一套凸轮机构自动返回中间位置，以保证正确卸载。

③提升机构由卷筒、稳定钢丝绳、提升链等组成。提升链采用多层板式链，一端固定在卷筒上，另一端固定在斗柄的连接销上。卷筒由电机经减速器带动缠绕提升链，铲斗提升，铲斗靠自重下放。稳定钢丝绳保证铲斗在工作时斗柄相对回转座上导轨间的运动为纯滚动。

④铲斗用钢板焊成，其容积大小决定了装岩机的能力，为装岩机的主要参数。铲斗焊在左、右翻斗架之间。

2）电气部分

铲斗装岩机电气部分有 1 ~ 2 台三相隔爆电动机，其型号为 DZB 或 JBI，这种电动机具有高转差率、高启动转矩和高过载能力；在装岩机的左右操纵箱内装有控制变压器、交流接触器等元件，箱面装有若干防爆控制按钮；其他还有防爆照明灯以及橡套电缆等。

（3）铲斗装岩机的型号

铲斗装岩机用 Z 做类型代号，铲斗小类代号略，侧卸式以 C 表示，规格以斗容量表示，防爆型加注 B。

例如：型号 Z—20B 表示铲斗容量为 $0.2m^3$ 的防爆型铲斗装岩机；ZLC—60B 表示侧卸式履带行走装岩机，铲斗容量为 $0.6m^3$。

2. 耙斗装岩机

耙斗装岩机是目前我国煤矿广泛使用的一种装岩机，它利用绞车牵引耙斗将岩石装入矿车，适用于高度在 2m 以上、断面面积在 $5m^2$ 以上的平巷和斜巷，上山倾角要小于 30°、下山倾角可大于 30°。用于弯道时，曲率半径应大于 15m。装岩时岩石块径小于 300mm 最好，大于 700mm 者应预先加以破碎。

（1）耙斗装岩机的基本结构

耙斗装岩机由耙斗、绞车、台车、槽、滑轮及电气设备等主要部件组成。

1）耙斗

耙斗是耙斗装岩机的主要组成部分，由耙齿铆在耙斗体上而形成。耙斗的容量为耙斗装岩机的主要参数。耙齿有平齿和梳齿两种，梳齿由于齿间可能漏碎石且卡大石而很少采用。耙齿容易磨损，一般用 ZG13Mn 制造。

整个耙斗要有相当重量，否则工作时会发飘，如 $0.3m^3$ 耙斗质量为 300 ~ 500kg。同时，还要选择合适的耙角，耙角是耙斗在水平位置时，耙齿内侧与水平面所成的夹角。耙角过小，插入阻力大；耙角过大，会产生"叩头"现象。一般平巷装岩耙角应取 50° ~ 55°，斜巷装岩耙角应取 65° ~ 75°。

2）绞车

绞车是耙斗往复运动的动力源，一般都是双滚筒绞车。不同类型的耙斗装岩机其区别在于所用绞车的类型不同：P 系列装岩机为行星齿轮式绞车，已被列为定型产品；另外一种是摩擦式绞车。

3）台车

台车是耙斗装岩机的机架，上面安有操作机构、绞车、槽及其支柱、电气设备等。台车可以在轨道上行走。

4）槽

槽由簸箕口、中间槽、卸载槽及挡板等组成。槽要求耐磨，一般选 16Mn 为材料。

5）电气设备

耙斗装岩机的电气设备包括隔爆兼安全火花型控制箱、DZ3B 型隔爆电动机、KBT–125 型矿用隔爆透光灯、LA81—2 型隔爆按钮及连接电缆。

（2）耙斗装岩机的型号

耙斗装岩机以 P 作为类型代号，规格以斗容量表示，防爆型耙斗装岩机应加注 B。例如，型号 P—30B 表示耙斗容量为 $0.3m^3$ 的防爆型耙斗装岩机。

（3）耙斗装岩机易损配件

耙斗装岩机易损配件包括：减速机齿轮、轴承座、制动器及制动闸带、行星齿轮、行星轮架、中心齿轮、内齿轮、花键轴、尾轮、绳轮、耙齿等。

3. 蟹爪式装载机

蟹爪式装载机又称装煤机，它采取连续方式，用于煤巷及半煤岩巷，用来向矿车或其他运输工具中装煤或半煤岩，也可以用于地面储煤场装煤。

4. 钻装机

钻装机是在装载机上增设钻臂而成，既能装载又能钻眼。与凿岩台车相比，它能完成钻和装两道工序，不必倒车、错车，因而使掘进工作面设备布置简化，节省了辅助作业时间。

我国目前研制的钻装机都是在耙斗装岩机上增设 2～5 台凿岩机或岩石电钻钻臂，结构简单，使用方便。但由于尺寸较大，一般只能用于大断面巷道的掘进。

第二节 掘进机与喷锚机具

一、掘进机

1. 煤和半煤岩巷掘进机

在煤和半煤岩巷掘进机后接胶带输送机或刮板输送机运输的掘进方式称为综合

掘进，简称综掘。综掘和综采配套，使采煤机械化迈上一个新的台阶。

除从国外引进一些煤和半煤岩巷掘进机外，我国 20 世纪 70 年代已能生产煤和半煤岩巷掘进机，经过不断地研究和改进，目前我国生产的掘进机的主要性能指标，已达到国外同类产品水平。

掘进机包括截割部、装运部、转载部、行走部和液压系统、电气系统以及喷雾除尘和冷却系统等。

（1）截割部

截割部由截割头、伸缩套筒、减速机、减速电机组成。

截割头为圆台形状，原设计最大外径为 970mm，在其圆周上分布 42 把截齿，佳木斯煤机厂又设计了最大外径为 690mm 的小截割头，其圆周上分布 30 把截割头，可以互换，但用小截割头时要安装耐磨保护套，用户可根据需要任意选择。

在截割头和减速机中间，有伸缩套筒部分，致使截割头具有约 500mm 的行程。截割头在四个油缸作用下，能上下、左右移动，因此能够截割出任意形状的断面。

（2）铲板部

铲板部用液压马达驱动，经过减速机带动圆盘回转。

铲板是指安装在两个偏心盘上相互转动的耙爪。它把截割下来的截割物耙装到运输机内。铲板宽度有 2.8m、2.4m、2.05m 三种，由用户根据需要选择。铲板在油缸作用下，可向上抬起 350mm、向下卧 200mm。

（3）第一运输机

该运输机位于机体中央上部，是双链刮板运输机，该机用液压马达驱动，经过减速机带动驱动链轮工作。

（4）履带行走部

该行走部以液压马达驱动，通过行星减速机构实现行走。履带张紧装置由弹簧和油缸组成，弹簧可以缓冲和吸收其冲击力，油缸用来调整履带的张紧程度。

（5）液压系统

液压系统由油泵、换向阀、油缸、油马达、油箱及相互连接的配管所组成。它能实现机器的行走、截割斗的移动及伸缩、耙爪的转动、第一运输机的驱动、喷雾泵的驱动、铲板的升降、后支承器的升降、履带的张紧等几项功能。

（6）后支承器

后支承器是用来减少截割时机体的振动，以及防止机体的横向滑动。后支承器的两边分别装有升降支承器的油缸，其机架用螺栓与本体相连。

（7）水系统

水系统由三个分路组成：第一分路是外喷雾，是将外来水直接喷出；第二分路是冷却切割电机和油冷却器；第三分路是内喷雾，是通过柱塞式水泵增压后（3MPa）喷出，起到灭尘和冷却截齿的作用，内喷雾的动力源是液压马达。

（8）电气部分

电气部分由电机、控制装置等组成。电机为水冷却式，水流量为20L/min以上，水压力小于1.5MPa，电机壳体用原钢板制作，为隔爆构造，具有充分的耐久性。截割电动机为DEBD—100/60—4/8S型，油泵电动机为DZB—45型。

S100掘进机在操作时先闭合电源，确认无误后启动油泵电机，油泵电机回转方向正确后再启动截割电机，之后开动第二运输机、第一运输机、耙爪、截割斗。在操作液压手柄时要缓慢，要经过中间位置。

2. 岩巷掘进机

岩巷掘进机起初用于各类隧道工程，而后开始用于采矿业。由于受井下条件限制，岩巷掘进机目前在国内外的煤矿中使用都很有限。

岩巷掘进机多为滚压破岩的全断面掘进机，适用于数千米长的大断面水平巷道掘进。滚压破岩的工作原理是使盘状滚刀在滚动中受推进液压缸所给的推力P，如P大于岩石的抗压强度，则岩石被局部挤压破碎。分布在刀盘上的许多滚刀因刀盘旋转而在岩壁表面划出许多同心圆凹槽，随掘进机前进岩石破落下来。

二、锚喷机具

1. 锚杆支护机具

锚杆支护工艺的关键是打锚杆眼和安装锚杆。在没有专用机具的情况下，打锚杆眼和安装锚杆都可以用凿岩机完成；打锚杆眼与打炮眼相同，即退下钻杆，凿岩机对锚杆尾部冲击即可将锚杆送入锚杆眼内；也有单位用岩石电钻或煤电钻打锚杆眼，或用比较先进的凿岩台车，既打炮眼，又打锚杆眼。相比之下，专门锚杆支护机具的效率高得多。

2. 喷浆支护机具

喷浆支护以喷浆机为主，配套机具有搅拌机等。

（1）混凝土喷射机

混凝土喷射机简称喷浆机，分干式喷浆机、潮式喷浆机和湿式喷浆机三种。不论干喷、潮喷还是湿喷，都是以风压作为动力，将混凝土喷射到岩壁上。干喷预先不加水，用压风送干料在喷斗处加水喷射；潮喷与干喷的不同之处在于砂石预加水淘洗后（约含7%～8%的水分），与水泥干料混合后成为潮料，被压风送到喷斗再加水喷射；湿喷则把各种原料预加水搅拌成湿料喷射。

1）转子型干式混凝土喷射机

这是目前广泛使用的一种混凝土喷射机，有 ZP—Ⅱ、ZP—Ⅲ、ZP—Ⅳ、ZP—Ⅴ等型号。ZP—Ⅱ型混凝土喷射机的结构如图 8-3 所示。

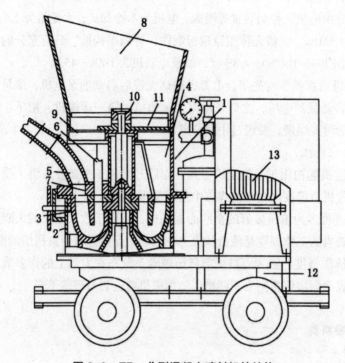

图 8-3　ZP—Ⅱ型混凝土喷射机的结构

1—上壳体；2—下壳体；3—旋转体；4—入料口；5—出料弯斗；6—进风管；7—密封胶板；
8—料斗；9—拨料板；10—搅拌器；11—定量板；12—减速器；13—电动机

工作时混合料经入料口 4 落入旋转体 3 的料腔内，旋转体由立式电动机 13 经减速器 12 带动旋转，当料腔转至主吹风管下口时，压风即将混合料压入出料弯斗 5。定量板 11 可以上下移动，通过调整喷射能力来控制混合料用量。

ZP—Ⅱ型喷射机工作稳定可靠，操作方便，适用于立井、斜井、平巷长距离喷射。

ZP—Ⅱ型喷射机的易损配件包括旋转衬板、结合板、水环、喷斗、弯斗、接斗、传动齿轮及平面轴承等。

2）ZP—ⅡA型潮式混凝土喷射机

该机是 ZP—Ⅱ型喷射机的派生产品，它对 ZP—Ⅱ型的若干部件进行了改进，主要改动有：

①将旋转体的 12 个进风孔加装劈风装置，使进风口改为锥形劈风、高速周边供风压料，克服潮喷时料腔黏料和堵塞现象

②进风口上加装橡胶副盖板，防止物料掉入减少供风面积；加装橡胶清扫板和弹簧清扫器等。

3）湿式混凝土喷射机

由于干式混凝土喷射机喷射粉尘大、回弹率高，潮式混凝土喷射机虽然稍好一些，但问题仍很严重，因此，国内外都大力研制湿式混凝土喷射机。我国各地研制了多种形式的湿式混凝土喷射机，这里介绍 PX—4B 型螺旋式湿式混凝土喷射机，其结构如图 8-4 所示。

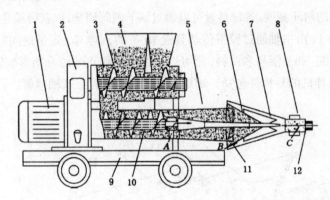

图 8-4　PX—4B 型螺旋式湿式混凝土喷射机的结构

1—电动机；2—减速器；3—搅拌螺旋；4—料斗；5—料柱密封腔；6—料气混合室；
7—拨料叉；8—旋流加速器；9—机架；10—推力螺旋；11—切料刀；12—输料管

喷射原料从料斗 4 中加入（一边是水泥，一边是砂石），同时从料斗上方向下喷洒水雾。在电动机 1、减速器 2 的带动下，搅拌螺旋 3 对物料进行加水混合搅拌，推力螺旋 10 则不断将物料推挤入料柱密封腔 5。密封腔由于出料端压风形成高压气垫作用，挤压物料形成料柱密封，防止压风向喂料机构泄漏。被挤实的料柱到达料气混合室 6，被随轴旋转的切料刀 11 和拨料叉 7 切割、粉碎，均匀地混合在气流中。

该机采用三路供风方式，如图 8-4 中箭头所示。B 处进风由众多斜切风槽构成旋流风环，多头旋流风射入混合室，加速料流和进行料气混合；4 处进风通过主轴中心直吹管道中心，加速启动过程；C 处通过旋流加速器倾斜孔进风，形成强烈的多头气旋。由于旋风中心压力低，造成混合料向管道中心集中。风料经输料管 12 到达喷头处加液体速凝剂后喷射出去。

该型喷射机不仅可以湿喷，也可以干喷、潮喷。干喷、潮喷时，料斗不喷水，改在喷斗处加水，速凝剂掺入混合料即可。

（2）混凝土搅拌机

有些混凝土喷射机本身带有搅拌机构，如 PX—4 型，砂石、水泥可以直接加入；

有些则要求加入搅拌好的混合料，如 ZP—Ⅱ、ZP—ⅡA、ZP—Ⅳ、PX—4A 型等。原料的搅拌可以人工完成，也可以用搅拌机完成。

混凝土搅拌机几乎都采用螺旋机构。图 8-5 所示为 JP—5 型单螺旋混凝土搅拌机。

JP—5 型配料搅拌机由装在同一主轴 1 上的水泥螺旋段 2、砂石螺旋段 3 的变距、变径连续螺旋叶片和搅拌螺旋段 6 的连续叶片及相应的壳筒 7 构成。用前、后两调节螺杆 4 和 22 支撑在车体 5 上，调节螺杆可以调节卸料口 20 的高度，以适应不同混凝土喷射机的料斗高度。各种料量可以通过调节闸阀调节，以获得最佳的配料比例。外加剂配给器 11 由主轴通过胶带传动装置 10 带动，均匀、定量地向混合料中加入速凝剂等外加剂。如需潮料和湿料，则可以通过水量调节阀 12 和喷雾装置 13 来实现。

混凝土搅拌机的易损件包括：螺旋及轴、传动齿轮、联轴器等。订货时应注明电压及轨距。

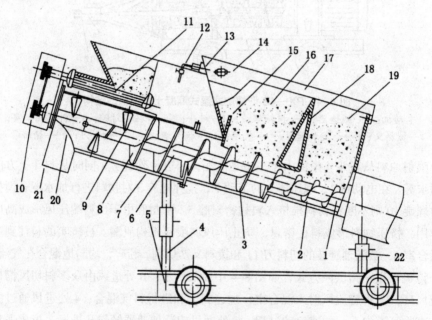

图 8-5　JP—5 型连续式混凝土配料搅拌机

1—主轴；2—水泥螺旋段；3—砂石螺旋段；4—前调节螺杆；5—车体；6—搅拌螺旋段；7—壳筒；
8—搅拌段连续叶片；9—搅拌桨叶；10—胶带传动装置；11—外加剂配给器；12—水量调节阀；
13—喷雾装置；14—气力振动器；15—总料量控制闸阀；16—沙石料斗；
17—弹性振动筛；18—水泥量控制闸阀；19—水泥料斗；
20—卸料口；21—防尘罩筒；22—后调节螺杆

第三节 提升辅助设备

一、箕斗装载设备

箕斗的装载设备安装在井底的装载硐室，它分定容装载设备和定量装载设备两大类。

目前我国立井箕斗一般采用定容装载设备，它实际上就是将箕斗装满为止。其结构虽然简单，但装煤时洒煤多，清理井底水窝洒煤的工作量大，特别是每次装载的重量受到煤的粒度和水分的影响较大。对于含水较多的粉煤，装载量将超过额定值，这给提升机的控制，特别是自动控制带来较大困难。

定量装载设备可以克服上述缺点，且已在国内普及推广。它的工作原理是在装载之前，先从煤仓中称出同箕斗提升量相等的煤，待空箕斗下放到装载水平时，再将预先称好的煤装到箕斗内。采用定量装载设备的优点是，实际提升量同规定值差额较小，有利于提升机的运行，特别是自动化提升，而且装载时洒煤量较小。当前国内外广泛使用的装载设备有定量斗箱式和定量输送机式两种。

二、防坠器

为防止提升钢丝绳或罐笼同钢丝绳的连接装置断裂，《煤矿安全规程》规定，对于升降人员或升降人员和物料的单绳提升罐笼，必须装设可靠的防坠器。防坠器在钢丝绳或连接装置断裂时，可将罐笼平稳地支承在罐道或制动绳上，而不致坠入井底造成严重事故。

防坠器一般由开动机构、传动机构、抓捕机构和缓冲机构等组成，其具体结构与罐道类型有关。防坠器分为木罐道防坠器、钢轨罐道防坠器和制动绳防坠器。

木罐道与钢轨罐道防坠器其罐道本身既是罐笼运行的导向装置，又是断绳时防坠器的支承元件，但二者的制动原理却完全不同，前者为切割式，后者为摩擦式。虽然它们均具有结构简单的优点，但其制动力很难达到设计要求，而且维护工作量大，故只在一些老矿井中使用。我国煤矿主要使用制动绳防坠器，它是在井筒中用专门设置的制动钢丝绳为支承元件的防坠器，这种防坠器既可用于刚性罐道，也可用于钢丝绳罐道。

图 8-6 所示为制动绳防坠器在井筒中的布置图。每个罐笼 9 配两条制动钢丝绳 7，其上端通过连接器 6 与缓冲钢丝绳 4 连接，缓冲钢丝绳穿过安装在井架天轮平台

上的缓冲器，再绕过井架上的圆木而悬垂着，绳端用合金浇铸成锥形杯绳头，防止缓冲绳从缓冲器中拔出。其下端穿过罐笼上部的防坠器直到井筒的下部，在井底水窝用拉紧装置固定。

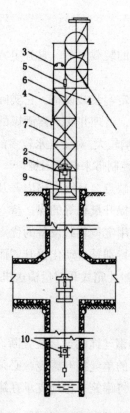

图 8-6　制动绳防坠器布置示意图

1—合金锥形杯绳头；2—天轮平台；3—圆木；4—缓冲钢丝绳；5—限位块；6—连接器；

7—制动钢丝绳；8—抓捕器；9—罐笼；10—拉紧装置

　　制动防坠器的结构有几种形式，这几种形式的差别在于其开动机构、传动机构和抓捕机构的结构各不相同。图 8-7 所示是 BF—152 型制动绳防坠器，它采用 4 条垂直布置的拉力弹簧做驱动机构，驱动滑楔。正常提升时，提升钢丝绳向上拉主拉杆，拉力弹簧受拉，滑楔处于最低位置。发生断绳时，在拉力弹簧作用下，插在抓捕器中的拔杆抬起滑楔，使滑楔与制动绳接触，把罐笼抓捕在制动绳上。这种防坠器简单可靠、动作灵活，且动作后易恢复。

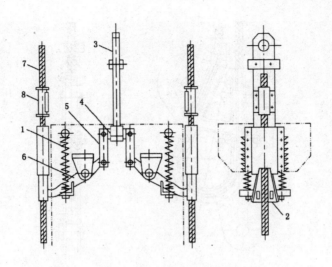

图 8-7　BF—152 型防坠器抓捕结构示意图

1- 弹簧；2- 滑楔；3- 主拉杆；4- 横梁；5- 连杆；6- 拔杆；7- 制动绳；8- 导向套

三、罐笼的承接装置

在井底、井口及中间水平，为了便于矿车进出罐轮，要使用罐笼承接装置。承接装置有三种形式：承接梁、罐座和摇台。

承接梁结构简单，只能用于井底车场，可使罐笼准确地停在车场水平，但因其易发生磕罐事故，目前除一些老矿井外已不再使用。罐座主要用于井口车场，亦可用于井底车场。罐座能使罐笼停车位置准确，便于矿车出入，推入矿车时所产生的冲击负荷可由罐座承受。但是，将位于井口罐座上的罐笼下放时，需先将井口罐笼稍稍上提，罐座才能收回，故使提升机操纵复杂。

摇台主要由能绕轴转动、装有轨道的两个钢臂组成。扳动手把依靠动力缸操纵钢臂抬起与放下；但动力缸发生故障时，可用手把和配重使钢臂抬起与放下。摇台的应用范围广，在井底、井口及中间水平都可以使用，特别是多绳摩擦提升必须使用摇台。由于摇台调节高度受摇臂长度的限制，因此，要求绞车司机投放罐笼的位置要比较准确。

四、连接装置

提升钢丝绳同提升容器的连接装置是提升容器的一个重要组成部分。我国煤矿单绳提升容器采用楔形连接装置，又称楔形绳环，如图 8-8 所示。

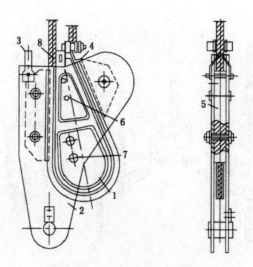

图 8-8　楔形连接装置示意图

1—楔块；2—侧板；3—吊环；4，5—梯形铁；6，7—调整孔；8—限位块

此种连接装置的夹紧力随着载荷量增大而增大，工作安全。多绳提升容器的连接装置除与提升钢丝绳数目相同的楔形连接装置外，还有钢丝绳张力的平衡装置，以减少各提升钢丝绳之间的张力差，使各提升钢丝绳受力基本平衡，从而提高钢丝绳的使用寿命。

多绳提升容器的平衡装置可分为以下四种：平衡杆式、角杆式、弹簧式和液压式。

第四节　单绳缠绕式提升机

一、单绳缠绕式提升机的类型

我国目前使用和生产的单绳缠绕式提升机主要是圆筒形滚筒提升机。单绳缠绕式提升机按滚筒数目不同，可分为双筒和单筒两种。双筒提升机在主轴上装有两个滚筒，单筒提升机只有一个滚筒。单绳缠绕式提升机在我国大体上经历了五个阶段：1958 年以前是引进苏联 BM 型；1958 年以后为仿苏的矿用绞车 KJ 型；1966 年以后改进部分部件，生产了矿用安全型绞车 JKA 型；1971 年以后又进一步改进，型号定为 XKT 型的新系列矿用提升机；1977 年以后又对 XKT 型作了改进，定型为 JK 型矿井用提升机。

二、JK 型提升机的结构特点

JK 型提升机的结构如图 8-9 所示，它主要由以下几部分组成：

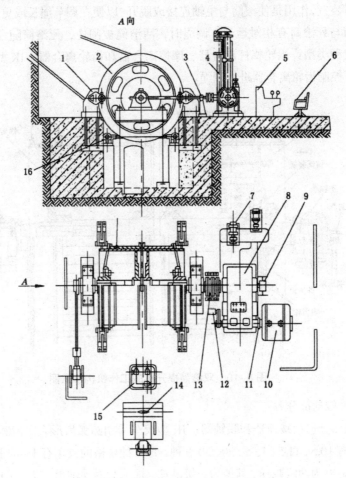

图 8-9 JK2—5 型矿井提升机的结构

1—盘形制动器；2—滚筒装置；3—深度指示器传动装置；4—牌坊式深度指示器；5—斜面操
纵台；6—司机座位；7—润滑油站；8—减速器；9—圆盘深度指示器传动装置；
10—电动机；11—弹簧联轴器；12—测速发电机装置；13—齿轮联轴器；
14—圆盘式深度指示器；15—液压站；16—锁紧器

（1）工作机构

JK 型提升机的工作机构如图 8-10 所示，它由滚筒、主轴、主轴承和调绳装置
等组成。滚筒装在主轴上，主轴安装在轴承上。直径 2m 和 2.5m 的有单滚筒和双滚
筒之分；直径为 3m、3.5m、4.0m、5.0m 的全部为双滚筒。除个别情况采用单滚筒绞
车单钩提升外，一般都是双滚筒绞车双钩提升。双滚筒中有一个滚筒用键固定在主

轴上，称为固定滚筒（死滚筒），另一滚筒滑装在主轴上，通过调绳离合器与主轴连接，称为游动滚筒（活滚筒）。单滚筒提升机的滚筒为固定滚筒。双滚筒提升机设有调绳装置，作用是使滚筒与主轴连接或脱开，以便在调节绳长或更换提升水平时，使活滚筒与死滚筒有相对运动。调绳时，活滚筒被闸住，死滚筒随主轴转动。调绳装置有三种类型：蜗轮蜗杆离合器、摩擦离合器和齿轮离合器。JK 型双滚筒提升机利用液压控制齿轮离合器进行调绳。

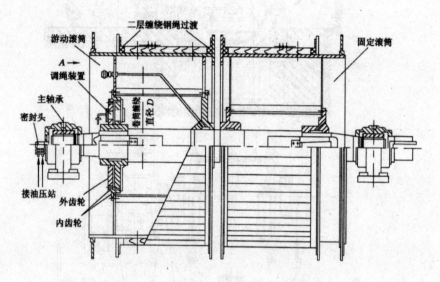

图 8-10　双滚筒提升机的工作机构示意图

（2）传动部分

传动部分包括减速器和联轴器。JK 型绞车采用圆弧齿形人字齿圆柱齿轮减速传动。速比有 10.5、11.5、15.5、20、30 五种，每一种规格的绞车有 1 ~ 3 种速比供选择。速比 20 和 30 为两级减速，其他为一级减速。轴承为滑动轴承，也有采用滚动轴承的。减速箱下部作为润滑油池，是主轴承润滑的油源。电机与减速高速轴的连接采用齿轮蛇形弹簧联轴器，减速器低速轴与主轴的连接采用齿轮联轴器。

（3）制动系统

制动系统是矿井提升机的重要组成部分，由制动器（执行机构也称闸）和传动机构组成。它直接作用在制动轮或制动盘上，从而产生制动力矩。制动器按结构不同分为盘式闸和块式闸。传动机构是控制并调节制动力的装置，按传动所用能源不同分为油压、压气或弹簧等。

1）JK 型绞车制动系统

JK 型绞车采用油压盘闸制动系统。制动器为盘形闸，靠弹簧力产生的制动力抱闸,靠油压松闸。盘形闸成对使用,称为一副,每台绞车可同时安装两副、四副或多副,如图 8-11 所示。传动机构为液压传动系统。液压系统主要由油泵、调压装置和各种控制阀组成,其作用是产生可调的工作油压,控制盘式制动器实现滚筒工作制动;紧急制动时迅速回油,实现安全制动;通过装在滚筒上的调绳离合器进行制动。

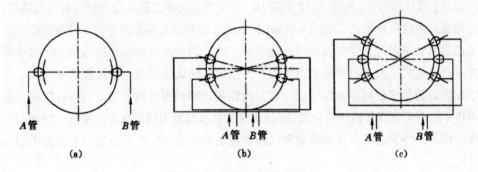

图 8-11　盘式制动器布置图

(a)制动盘安装一对制动器; (b)制动盘安装两对制动器; (c)制动盘安装三对制动器

2)其他形式制动系统简介

矿井提升机的制动系统除了油压盘闸制动系统外,还有块闸式制动器和油压或气压制动传动系统。块闸式制动器按结构分为角移式和平移式。在老式 KJ 型滚筒直径为 2 ~ 3m 的提升机上,就采用角移式制动器油压制动传动系统,依靠油压和重锤实现松闸、抱闸。在老式 KJ 型滚筒直径为 4 ~ 6m 的提升机上,采用平移式制动器压气制动传动系统,依靠压气和重锤实现松闸、抱闸。

(4)润滑系统

润滑系统是指主轴承和减速器的各轴承及啮合齿面的润滑系统。润滑系统采用稀油强制润滑,由润滑油泵供油,系统由油箱(减速器下壳)、齿轮油泵、油管、液压继电器、控制阀等组成。油泵有两台,一台工作,一台备用。出油口装有油压继电器,失压时提升机不能启动。

(5)深度指示器

矿井提升机配有圆盘式和牌坊式两种深度指示器,可根据需要选用一种或两种。

牌坊式深度指示器采用机械传动,如图 8-9 中的 3、4 和图 8-12 所示。提升机工作时,其主轴上的伞齿轮 3 转动,经过传动轴、联轴器等转动轴 1,正齿轮 2(两对)、伞齿轮 3(两对)带动两个直立的丝杆以相反方向旋转,利用支柱 6 分别限制装在丝杆上的两个梯形螺母 5 旋转,迫使梯形螺母只能作上下相反的移动,从而指示出井筒中两容器一个向上、另一个向下的位置。机械牌坊式深度指示器的优点是指示清楚,工作可靠,便于司机手动操纵提升机;缺点是体积比较大,指示精度不高,特别是不能实现提升机的远距离控制,因为深度指示器只能安装在提升机附近。机械牌坊式深度指示器目前在我国使用最多。

圆盘式深度指示器由两部分组成:一部分是与减速器被动轴相连的指示器传动装置(发送部分),同图 8-12 中的 9;另一部分是装在斜面操纵台上的圆盘式深度指示盘(接收部分),同图 8-12 中的 14。传动装置与深度指示盘之间没有机械联系,而是通过两台自整角机实现同步联系的,从而实现对提升容器在井筒中位置的指示。减速器从动轴经过传动轴及两级齿轮传动,将主轴的旋转运动传递给传动装置中的发送自整角机。发送自整角机再将信号发给位于深度指示盘上的接收自整角机,并以发送自整角机的同样速度转动,通过齿轮带动圆盘深度指示盘上的指针转动,从而指示提升容器在井筒中的位置。圆盘式深度指示器采用同步联系的原理,结构简单,使用可靠,特别适用于自动控制和远距离控制的提升机,不太适用于手动操纵的提升机。

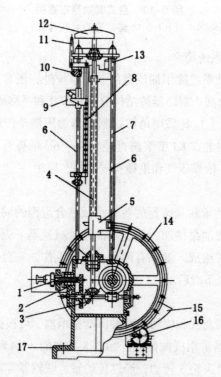

图 8-12 牌坊式深度指示器示意图

1—轴;2—正齿轮;3—伞齿轮;4—丝杠;5—梯形螺母;6—支柱;7—标尺;8—信号拉杆;
9—减速极限开关;10—铰接支架;11—撞杆;12—铃;13—过卷极限开关;14—圆盘;
15—限速板;16—限速自整机;17—底座

（6）电机

电机包括主电机及微机拖动系统。主电机一般采用交流三相绕线式异步电动机，转子回路串电阻调速。可以使用单电机拖动，也可采用双电机拖动（此时减速器高速轴必须双向伸出）。单机容量一般不超过 1000kW 时，必须采用双机拖动。

由于直流电机有非常好的调速性能，所以大型提升机拖动主电机可采用直流电动机，此时要有一套变流设备，如采用交流电动机—直流发电机组或可控硅整流器等提供直流电源。可控硅直流拖动是目前发展的方向，它采用低速直流电动机直接与主轴连接而取消减速器，且电机驱动悬臂，仅用两个轴承支承主轴与电机，大大简化了传动部分。

微机拖动是提升速度爬行阶段用一个小容量鼠笼型异步电机（容量一般只有主电机容量的 5% ~ 10%）拖动，用以获得稳定速度（约 0.6m/s），保证准确停车或检修电气设备、验绳、缠绳、换绳、调绳等工作。微机通过蜗杆蜗轮减速器，利用气囊离合器与主电机轴相连。微机工作时，主电机断电。

（7）电控

电控是提升机的重要配备设备，包括控制电机各种运行方式的全部电气产品。由于电机有高压 6kV 和低压 380V 之分，转子回路串电阻有 5 段和 8 段之分，制动方式有动力制动和无动力制动之分，故电控中所含设备和元件不尽相同，订货时必须详细说明。电控一般包括控制屏类，如电源屏、主屏、辅助屏、转动屏、动力制动屏；公用部分有测速发电机、主令控制器；散装元件有换向器、电阻箱、限位开关、硅整流器。在订购电控设备时，应附下列文件，即产品说明书、电阻接线图、合格证、控制屏原理接线图、分屏原理接线图等。

三、JK 型提升机的配件与储备

JK 型提升机是由许多部件组成的。其中提升机主轴、滚筒的左右支轮、减速器中的高速齿轮轴、中间轴装置和低速轴装置、蛇形弹簧联轴器（蛇形弹簧为易损件）、齿轮联轴器为部颁特储配件；主轴承的上下轴瓦、主轴的尼龙套为提升机的关键性部件，这些应根据提升机使用台数适当储备；盘形制动器上的闸瓦、O 形圈、螺钉、盘形弹簧、油缸、活塞、柱塞、液压系统的所有部件、调绳离合器上的活塞、密封头、O 形圈均为易损配件，要有一定的储备量。

第五节　多绳摩擦式提升机

一、多绳摩擦式提升机的工作原理

多绳摩擦式提升机的提升系统如图 8-13 所示，其提升钢丝绳 3 不是缠绕在卷筒上，而是搭放在主导轮 1 的摩擦衬垫上，提升容器悬挂在提升钢丝绳的两端，它的底部还悬挂有平衡钢丝绳。当提升机工作时，承受拉力的钢丝绳必然以一定的压力紧压在主导轮的摩擦衬垫上，当电机带动主导轮向某一方向转动时，主导轮上的摩擦衬垫对钢丝绳有很大的摩擦力，钢丝绳随主导轮一起转动，从而实现提升时容器的提升与下放运动。由此可知，多绳摩擦提升是基于挠性体摩擦传动原理而实现的。

为了防止提升钢丝绳在主导轮上打滑，根据摩擦传动原理可采取以下措施：

（1）增大围抱角。主绳在主导轮上自然形成 180° 围抱角。为了增大围抱角，增设导向轮，如图 8-13 中的 5 所示。经验证明，当围抱角大于 195° 时，钢丝绳磨损加剧，故一般只可将围抱角增大到 190° ～ 195°。

（2）增大摩擦因数。在主导轮上采用有较大摩擦因数的衬垫来增大绳与轮之间的摩擦力。当前主要采用热塑型聚氯乙烯塑料和聚氨酯橡胶等材料。另外，提升主绳不涂防锈油。

（3）增加轻载侧钢绳的张力。在提升容器下部设尾绳，如图 8-13 中的 6 所示，或加大容器自重，或另加配重。

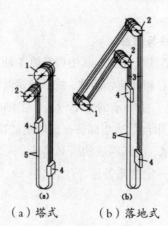

（a）塔式　　　（b）落地式

图 8-13　多绳摩擦提升系统示意图

1—主导轮；2—天轮；3—提升钢丝绳；4—容器；5—导向轮；6—尾绳

二、多绳摩擦提升机的结构特点

1. 主轴装置

图 8-14 所示为多绳摩擦提升机的主轴装置，它由主导轮、主轴和主轴承组成。主导轮为焊接结构，全部采用 16Mn 钢板，筒壳厚度为 20 ～ 30mm。制动盘与主导轮焊接在一起，制动系统为液压盘闸制动系统。在主导轮上安装摩擦衬圈，摩擦衬圈由若干段摩擦衬块组成，衬垫的圈数与提升钢丝绳数目对应。主轴承采用滚动轴承，用润滑脂润滑。

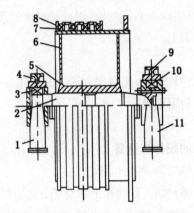

图 8-14 JKM 系列多绳摩擦提升机主轴装置

1，11—轴承座；2—主轴；3，10—轴承；4，9—轴承盖；5—轮毂；
6—主导轮；7—摩擦衬圈；8—固定衬圈

2. 传动部分

JKM 系列提升机的传动方式分为三种类型：第一种类型为弹簧基础减速器，其底座经弹簧装在地基上，减速器输入轴与输出轴都在减速器中心轴向上，因而被称为共轴式。电动机通过此减速器拖动主轴转动。第二种类型为电动机通过安装在刚性基础上的两极侧动式减速器拖动主轴转动（参考单绳缠绕式提升机）。第三种类型为直流电动机直接拖动主轴转动，这种传动方式甩掉了减速器，主要应用于大功率提升机。

3. 深度指示器

多绳摩擦式提升机与单绳缠绕式提升机相比多了一个自动调零机构。即它在每次运行后，自动消除由于钢丝绳滑动、蠕动和伸长等原因造成容器实际停车位置与深度指示器之间的偏差。另外，还有一种深度指示器，它不与主轴联系，直接与钢丝绳发生关系，即用"碰头"装置数"绳花"（绳的螺旋距）来指示深度的晶体管数字式深度指示器。

4. 主绳和尾绳

多绳摩擦式提升机的主提升钢丝绳根数为偶数，一半为左向捻，一半为右向捻，采用三角股或椭圆股绳的，为同向捻。如四绳提升机，两绳左向捻，两绳右向捻，且分别取自同一根绳为最好。如有一根损坏，必须全部更换。尾绳采用纺织调节绳或不旋转圆股绳。

5. 车槽装置

摩擦式提升机主导轮诸绳槽在工作中磨损不可能完全均衡，当绳槽磨损到一定程度时，要对其进行统一车削以求新的均衡，因此每台多绳摩擦提升机都有车槽装置，安装在主导轮下专用的刀架上。

6. 导向轮

2m 以上的多绳摩擦提升机可以带有导向轮，其作用是调整主导轮两侧钢丝绳的距离以及加大绳对主导轮的围抱角。

三、多绳摩擦提升机的配件与储备

多绳摩擦提升机的主轴为部颁特储配件。

提升机主导轮上的摩擦衬块，导向轮上的衬垫，盘形制动器上的闸瓦、O 形圈、螺钉、盘形弹簧、油缸、活塞、柱塞，液压系统的所有部件，均为易损件，要有一定的储备量。

弹簧基础减速器中高速级、低速级的齿轮、弹簧、弹簧轴、齿轮套也要有适当的储备。

四、塔式提升系统与落地式提升系统

多绳摩擦式提升机安装在井口井塔上的称为塔式提升系统。井塔往往高达数十米，拔地而起，蔚为壮观。它虽简化了工业广场的布置，钢丝绳也不受雨雪影响，但其造价高，占用井口的时间长，影响了建井周期。

落地式提升系统的多绳摩擦式提升机安装在地面，提升钢丝绳通过天轮转向而入井筒，它类似单绳缠绕式提升机系统。其造价较低，占用井口时间也短，但由于增加了提升钢丝绳的反向弯曲，使钢丝绳的寿命降低，工业广场无法简化。

一般认为，若一个井筒中只有一套提升系统，则落地式是经济的；若有两套提升系统，则塔式是经济的。

五、多绳摩擦式提升机的优缺点及使用范围

1. 优点

（1）在钢丝绳的安全系数、材料强度、总截面积相同的情况下，多绳摩擦提升每根钢丝绳直径较细，从而使主导轮直径、整个提升机的尺寸减小，重量减轻。

（2）由于是数根钢丝绳同时承受提升载荷，而所有绳全部同时断的概率几乎等于零，所以其安全性较高。使用这种提升机，不论在主井、副井，提升容器一概不用安装防坠器。

（3）由于其采用偶数根提升钢丝绳，而且钢丝绳的捻向是左、右捻各半，这就消除了提升容器在提升过程中的转动，减少了容器罐耳对罐道的摩擦阻力。

2. 缺点

多绳摩擦提升也有缺点，如绳多导致调整、检验、更换困难；当有一根钢丝绳需要更换时，必须更换全部提升钢丝绳。另外，采用双钩提升时，就不能用于多水平。

3. 使用范围

多绳摩擦提升目前在世界各国都获得了广泛使用，主要用在中等深度和较深的矿井中。同时一些国家的生产实践证明，在井深超过1700m时，由于尾绳重量的变化，在钢丝绳与容器的连接处应力波动较大，因此多绳摩擦提升不宜用于超深井。多绳摩擦提升既可用于罐笼提升，有可用于箕斗提升。

第九章　矿井排水与通风设备

第一节　离心式水泵的工作原理及性能参数

一、离心式水泵的工作原理

离心式水泵是矿井中应用最多的一类水泵，图 9-1 所示是单级离心式水泵简图。泵的主要工作部件是安装在主轴 3 上的叶轮 1，叶轮上面有一定数量的叶片 2，泵的外壳为一螺线形扩散室，泵的吸水口和吸水管连接，吸水管 5 的末端安装有滤水器底阀 6 并置于于吸水井中，排水口和排水管连接。

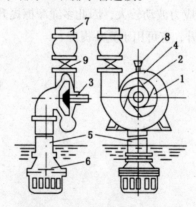

图 9-1　单级离心式水泵简图
1—叶轮；2——叶片；3——主轴；4—外壳；5—吸水管；6—滤水器底；
7—排水管；8—灌水漏斗；9—闸板阀

在水泵初次启动之前，用灌水漏斗向泵内注满引水，同时泵内的空气由放气栓放掉。泵启动后叶轮旋转，叶轮间的水在叶片的推动下获得一定的动能和压力能，以较高的速度自叶轮中心流向叶轮四周，并经扩散室流入排水管。叶轮内的水向外流动时，叶轮的中心就形成一定的真空。吸水井的水在大气压力作用下，经吸水管上升而流入叶轮。这样就使水连续不断地进入水泵，并在水泵中获得必要的能量，然后从排水口排出。

当水泵再次启动时，可通过旁路管由排水管向水泵灌水。

二、离心式水泵的性能参数

在水泵的铭牌或技术参数表上，有一些表征水泵性能的参数，如流量、扬程、功率和转速等，他们称为水泵的工作性能参数。

1. 流量（Q）

水泵在单位时间内排出液体的体积称为水泵的流量，单位为 m³/s，工程上常用 m³/h。

2. 扬程（H）

单位重量液体通过泵所获得的能量叫做扬程。泵的扬程包括吸程在内，近似为泵出口和入口的压力差。扬程用 H 表示，单位为米（m）。泵的压力用 p 表示，单位为 MPa（兆帕），H=p/p。若 p 为 1kg/cm²，则 H=（1kg/cm²）/（1000kg/m³）。

H=（p₂-p₁）/p [p₂ 为出口压力；P₁ 为进口压力；p 为泵输送液体的密度（kg/m³）]。

3. 功率（N）

水泵的功率分有效功率、轴功率和与水泵配套的电机功率，单位为 kW。

泵的功率通常指输入功率，即原动机传到泵轴上的功率，故又称轴功率，用 N 表示。有效功率即泵的扬程和质量流量及重力加速度的乘积：

$N_X=pgQH$

或

$$N_x = \frac{\gamma QH}{1000}$$

式中　γ——泵输送液体的比重，N/m³；

　　　　g——重力加速度，m/s²；

　　　　Q——水泵的流量，m³/s；

　　　　H——水泵的扬程，m。

质量流量为

$$Qm=pQ$$

4. 效率（η）

泵的效率指泵的有效功率和轴功率之比，即

$$\eta_X = \frac{N_X}{N}$$

5. 转速（n）

水泵轴每分钟的转数称为转速，单位为 r/min。

三、离心式水泵的性能曲线

通常把表示主要性能参数之间关系的曲线称为离心式水泵的性能曲线或特性曲线。实质上，离心式水泵的性能曲线是液体在泵内运动规律的外部表现形式，通过实测求得。特性曲线包括流量—扬程曲线（Q—H），流量—效率曲线（Q—η），流量—功率曲线（Q—N）等。性能曲线的作用是泵的任意流量点，都可以在曲线上找出一组与其相对的扬程、功率和效率量值，这一组参数称为工作状态，简称工况或工况点。离心泵最高效率点的工况称为最佳工况点，最佳工况点一般为设计工况点。水泵铭牌和产品样本给出的水泵流量、扬程、转速、功率及效率等主要技术参数，均指该型号水泵最高效率点的有关参数。水泵运行时流量可以通过闸阀进行调节，其扬程、效率、功率等也随之发生变化。每一种型号的水泵都有自己特定的变化规律，可以通过实验方法求出。

水泵在规定的转速下，以流量 Q 为横坐标，以扬程 H、轴功率 N 和效率 η 为纵坐标表示的关系曲线，称为水泵的性能曲线，如图 9-2 所示。

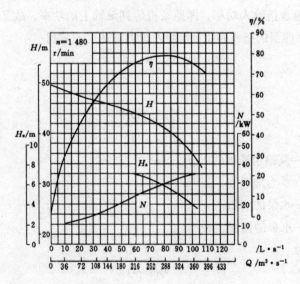

图 9-2　200D43 型水泵的性能曲线

1. 流量—扬程曲线

水泵扬程与流量之间的关系曲线称为流量—扬程曲线，即 Q—H 曲线。由图可以看出，此曲线较平稳，当流量为零时，扬程最大，随着流量的增加，扬程逐渐下降。

2. 流量—功率曲线

水泵的轴功率与流量之间的关系曲线称为流量—功率曲线，即 Q—N 曲线。由图可以看出，当流量为零时，轴功率最小，有利于减少启动负荷，随着流量的增加，轴功率逐渐增大。

3. 流量—效率曲线

水泵的效率与流量之间的关系曲线称为流量—效率曲线，即 Q—η 曲线。由图可以看出，当流量为零时，效率也等于零，随着流量的增加，效率到最大值后又逐渐下降。效率最大值称为最高效率点，水泵在最高效率点及其附近运行时最经济。

第二节　排水设备的检修、维护与管理

一、泵轴的检修

一般泵轴的制作材料为 35#、40#、45# 优质碳素钢。泵轴在下列情况之一时，应更换新轴：

（1）泵轴已产生裂纹；

（2）泵轴有严重的磨损，或有较大的足以影响其机械强度的沟痕。

泵轴在下列情况下，需进行修理：

（1）轴的调直。轴的弯曲度超过大密封环和水轮人口外径的间隙 1/4 时，应进行调直或更换。

（2）轴的修补。泵轴与轴承相接触的轴颈部分或与填料接触的部分磨出沟痕时，可用金属喷镀、电弧喷镀、电解镀铬等方法进行修补。磨损过大时，可用镶套方法进行修复。

（3）键槽的修理：键槽损坏较大时，可把旧键槽加工焊补好，另在别处开新键槽。但对于传递功率较大的泵轴不能这样做，必须更换新轴。

二、轴承的修理

应按规定要求对轴承进行检查，如不符合技术要求，则必须修理或更换新轴承。

三、水轮的修理

1. 水轮的更换

水轮有下列情况之一时，应进行更换：

（1）水轮表面出现裂纹；

（2）水轮表面因腐蚀而形成较多的深度超过 3mm 的麻窝或穿孔；

（3）因腐蚀而使轮壁变薄（剩余厚度小于 2mm），以致影响机械强度；

（4）水轮入口处发生严重的偏磨现象。

2. 水轮的修理

水轮腐蚀不严重或砂眼不多时，可用补焊方法来修复。

四、平衡盘的修理

（1）平衡盘与平衡环磨损凸凹不平时，可用研磨方法处理；

（2）为增加平衡盘的使用寿命，在其盘面上用沉头螺钉固定一个摩擦环，磨损后可更换新的；

（3）平衡环、平衡盘和平衡套磨损严重时，必须更换新的。

五、填料装置的修理

（1）检修水泵时，填料应更换新的；

（2）填料装置的轴套磨损较大或出现沟痕时，应更换新的。

（3）填料环、压盖、挡套磨损严重时，应更换新的。

六、水泵的订货、验收、保管

1. 订货

订货要明确水泵名称、型号、介质、流量、扬程、吸程、转速，配套电动机的形式、功率、电压、配套阀门等其他特殊要求。

2. 验收

（1）按订货要求、水泵成套范围及装箱单验收。

（2）机器外观无损伤，表面漆层无剥落，铸件无缺陷。

（3）加工表面及主轴等无摔伤、裂纹。

（4）各传动部分运转正常、平稳，各性能指标符合技术要求。

（5）出水端填料处每分钟渗水应在 10 ~ 20 滴之内。

（6）电动机无发霉现象。

3. 保管

（1）机器应存在库房或料棚，电动机则必须放入库房。

（2）泵进、出水口应用木塞堵住。

（3）进、出口法兰面、裸露面、螺纹及加工表面应涂油脂；电动机及电气开关应注意防潮。

第三节　离心式与轴流式通风机

一、离心式通风机

1. 工作原理

离心式通风机由叶轮、机壳、前导器、轴等部件组成，如图9-3所示。叶轮由前盘、后盘和固定在两盘之间的叶片组成，叶轮和轴固定在一起，组成风机转子。当风机叶轮被电动机拖动旋转时，叶片之间的气体质点受到叶片推动获得一定能量，在离心力的作用下，从叶轮中心流向叶轮外缘，汇集在螺壳形机壳中，然后由扩散器出口排出。同时，由于叶轮中气体外流，因而在叶轮入口处形成低于大气压力的负压，外部空气在大气压作用下，经风机入口进入叶轮，然后又连续不断地沿叶轮径向排出，形成连续风流。风由轴向进，径向出，故称之为离心式。

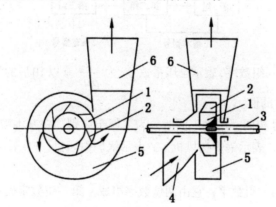

图9-3　离心式通风机简图

1—叶轮；2—机轴；3—进风口；4—螺线形机壳；5—前导器；6—锥形扩散器

通风机的作用是把原动机的机械能传递给气体，使气体获得在网络（空气流经的巷道）中运动所需的能量。风机中的叶轮是传递能量的执行部件。

2. 离心式通风机的种类

（1）按用途分

矿井用离心式通风机；一般用离心式通风机；锅炉用鼓风机和引风机；排尘用离心式通风机。

（2）按压力分

低压离心通风机，风压不超过1000Pa；中压离心通风机，风压为1000～3000Pa；高压离心通风机，风压为3000～15000Pa。

（3）按进风口数目分

单侧吸入式通风机；双侧吸入式通风机。

3. **离心式通风机的型号编制**

离心式通风机的型号规格包括名称、型号、机号、传动方式、旋转方向和出风口位置等六部分。

（1）名称

名称包括用途、作用原理和在管网中的作用三部分，多数产品第三部分不作表示，在型号前冠以用途代号，如锅炉离心风机G、锅炉离心引风机Y、冷冻用风机LD、空调用风机KT等。

（2）型号

由基本型号和补充型号组成，其形式如下：

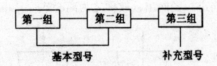

基本型号：第一组数字，表示全压系数$\overline{p}$，为$\dfrac{p}{p\mu^2}$乘以10后的整数。第二组数字，表示比转数化整后的值。

如果基本型号相同，用途不同时，为了便于区别，在基本型号前加上G、Y、LD、KT等符号，G表示锅炉送风机，Y表示锅炉引风机，LD表示冷冻用风机，KT表示空调用风机。

补充型号：第三组数字，它由两位数字组成。第一位数字表示风机进口吸入形式的代号，以0、1和2数字表示：0表示双吸风机；1表示单吸风机；2表示两级串联风机。第二位数字表示设计的顺序号。

（3）机号

一般用叶轮外径的分米（dm）数表示，其前面冠以No，在机号数字后加上小写汉语拼音字母a或b表示变型。

a——代表变型后叶轮外径为原来的0.95倍。

b——代表变型后叶轮外径为原来的1.05倍。

（4）传动方式

风机的传动方式有六种，分别以大写字母A、B、C、D、E、F等表示，见表

9-1及图9-4。

表9-1　离心风机传动方式及结构特点

传动方式	A	B	C	D	E	F
结构特点	单吸，单支架，无轴承，与电动机直联	单吸，单支架，悬臂支承，胶带轮在两轴承之间	单吸，单支架，悬臂支承，胶带轮在两轴承外侧	单吸，单支架，悬臂支承，联轴器传动	单吸，双支架，胶带轮在轴承外侧	单吸，双支架，联轴器传动

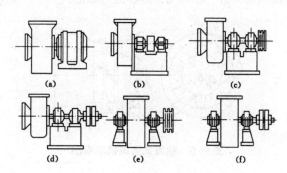

图9-4　离心式风机的传动方式

（5）旋转方向

离心风机旋转方向有两种。右转风机以"右"字表示，左转风机以"左"字表示。左右之分是以从风机安装电动机的一端正视，叶轮作顺时针方向旋转称为右，作逆时针方向旋转称为左。以右转方向作为风机的基本旋转方向。

（6）出风口位置

风机的出风口位置基本定为八个，如图9-5所示。以角度0°、45°、90°、135°、180°、225°、270°、315°等表示。对于右转风机的出风口是以水平向左方规定为0°位置；左转风机的出风口则是以水平向右方规定为0°位置。

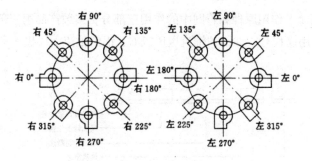

图9-5　出风口位置

二、轴流式通风机

1. 工作原理

轴流式通风机由叶轮、叶片、转子、传动部分等部件组成，如图9-6所示。叶片通常为机翼形，并以一定角度安装在叶轮轮毂上。

当叶轮被电动机拖动旋转时，由于叶片与叶轮旋转平面间有一定的角度，叶片将推动空气向前运动，这时在叶轮的出口侧气体形成具有一定流速和压力的高压区，而外部空气在大气压的作用下，经集流器、流线体、叶轮、整流器和扩散器排出，形成连续风流。风流由轴向进、轴向出，故称之为轴流式。

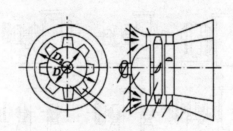

图9-6　轴流式通风机示意图

2. 轴流式通风机的种类

（1）按用途分

矿井用轴流式通风机；一般通风换气用轴流式通风机。

（2）按压力分

低压轴流式通风机，风压不超过1000Pa；中压轴流式通风机，风压为1000~3000Pa。

3. 轴流式通风机的型号规格

轴流式通风机的型号规格包括名称、型号、机号、传动方式、气流方向及风口位置等六部分。

（1）名称

名称包括用途、作用原理和管网中的作用三部分，多数产品第三部分不作表示，常在型号前冠以用途代号，如锅炉轴流送风机G、锅炉轴流引风机Y等。

（2）型号

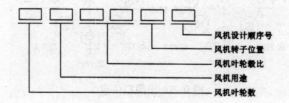

说明：

1）用途代号和离心式风机相同。

2）叶轮代号：单叶轮不表示，双叶轮用 2 表示。

3）叶轮轮毂比转数为叶轮底径与外径之比，取两位整数。

4）转子位置代号，卧式用 A、立式甩 B 表示，同系列产品转子无位置变化的则不表示。

5）若产品的形式中有重复代号或派生时，则在轮毂比转数后加注罗马数字 I、II、…表示。

6）设计序号用阿拉伯数字 1、2、…表示；若性能参数、外形尺寸、地脚尺寸、易损部件都没有变化，则不采用设计顺序号。

（3）机号

一般用叶轮外径的分米（dm）数表示。其前面冠以 No，在机号数字后加上小写汉语拼音字母 a 或 b 表示变型。

（4）传动方式

轴流式通风机的传动方式如表 9-2 所列。

表 9-2 轴流式通风机的传动方式

传动方式	A	B	C	D	E	F
结构特点	无轴承，电动机直联传动	悬臂支承，胶带轮在两轴承之间	悬臂支承，胶带轮在两轴承外侧	悬臂支承，联轴器传动（有风筒）	悬臂支承，联轴器传动（无风筒）	齿轮筒，直联传动

（5）气流方向

用以区别吸气和出气方向，分别以入和出表示；选用时一般不表示。

（6）风口位置

分进风口和出风口两种，用入、出若干角度表示；基本风口位置有 4 个，即 0°、90°、180°、270°。

下面以两种通风机为例，说明其型号代表的含义。

1）70B2—11No18 通风机

70——叶轮直径与轮毂直径之比为 0.7；

B——机翼形不扭曲叶片；

2——表示叶型为第二次设计；

1（第一个）——叶轮级数；

1（第二个）——风机结构为第一次设计；

Nq18——通风机机号，即叶轮直径为 1800mm。

2）62A14—11No24 通风机

62——风机轮毂比 0.625 乘 100 后的整数；

A——叶片为扭曲机翼形；

14——表示叶型为第 14 次设计；

1（第一个）——叶轮级数；

1（第二个）——风机结构为第一次设计；

24——叶轮直径为 2400mm。

第四节　通风机配套设备的选用及维护

一、通风机配套设备及选用

通风机由叶轮、传动轴、机壳等零部件组成。风机的叶轮、传动轴和联轴器为准单储备件。由于煤矿中主通风机都是一台工作、另一台备用，风机的配套设备有电动机、电控设备、联轴器和胶带传动装置。

1. 电动机的选择

离心式风机一般选异步电动机，其中容量小的风机用鼠笼型电动机，容量较大的风机用绕线式电动机，容量大的则选用同步电动机。轴流式风机一般选绕线式电动机，容量大的选用同步电动机。为提高矿井的用电功率因数，矿井尽量选用同步电动机拖动主通风机。

电动机电压：电动机功率小于 200kW 者一般选用低电压机（380kV）；功率大于或等于 200kW 者，一般选用高电压机（6kV）。

电动机功率：由设计部门按风压、风量选配。

2. 启动点控设备的选择

矿井大型通风机电控有六种方案：异步电动机高压直接启动；异步电动机高压降压启动；同步电动机高压直接启动；同步电动机高压降压启动；异步电动机低压直接启动；异步电动机低压降压启动。用户可根据需要任选一种。

二、通风机的维护

（1）除定期检查与修理外，平时应进行运转时的外部检查，注意机体各部有无漏风和剧烈震动。

（2）机壳内部及工作站上的尘土在每次倒换风机前清扫一次，以防锈蚀。

（3）检修通风机时应注意不能有掉入或遗留在机壳内的工具及其他东西。

（4）滑动轴承温度不得超过 70℃，滚动轴承温度不得超过 80℃。

（5）每隔 10～20min 检查一次电动机和通风轴承的温度及 U 形差压计、电流表等的读数，并做记录。

（6）按规定时间检查风门及其传动装置是否灵活；备用通风机和电动机必须处于良好的情况下，保证在 10min 内迅速启动。

第十章　煤矿安全基础建设

第一节　煤矿安全生产标准化管理体系建设

一、强化培训提升素质

（1）严格落实企业、部门、班组三级培训管理机制，把安全生产标准化学习列入全员培训内容，实现全员参与、全员培训、全员考试，保证安全生产标准化培训工作"纵到底、横到边"。

（2）专人负责安全生产标准化的学习推进工作，积极开展学标准、找差距活动。

（3）利用各科、室、区、队日常班前会、班后会进行标准条款学习，根据员工文化层次和岗位要求，有针对性地进行安全生产标准化培训；部门每月进行考试，成绩与工资奖金挂钩。

（4）抓好班组安全生产标准化知识培训，班组长定期组织本班员工根据岗位要求对标学习，相互交流、相互促进；通过班组学中干、干中学循序渐进方法，达到"上标准岗、干标准活"目的，最终实现岗位达标。

二、完善管理制度

（2）制定系列考核管理办法、制度，做到各级人员标准清楚，责任明确，措施得力和责权利统一，细化覆盖各部门安全生产标准化所有工种、岗位的工作标准、质量标准，完善部门工程质量验收制度、奖罚制度，把安全生产标准化工作与各单位工资挂钩，明确谁施工、谁验收、谁负责的安全生产标准化责任追究制度。

（2）安全生产标准化软件资料管理与现场管理工作同步进行，对照标准条款，结合精细化管理要求，针对不规范、不清晰、不真实的软件资料进行重新规范，确保软件资料充分有效，适宜可追溯。

三、夯实标准化基础设施

围绕现代化矿井建设目标，积极引进先进成熟的安全装备和技术，对安全监测监控系统、防尘系统、瓦斯抽放系统、运输系统、采掘系统、供电系统、地面设施等方面进行完善。实现了地面设施、井下巷道、硐室及采、掘面的美化、亮化，推动安全生产标准化工作从注重形象达标向开展基础工作的转变，为安全生产标准化上台阶打下坚实的基础。

四、加大专业标准化建设力度

（1）安全风险分级管控。完善安全风险分级管控体系工作制度，修订年度辨识报告，明确安全风险的辨识范围、方法以及辨识、评估、管控工作流程，采用"1+4"模式开展1次年度辨识评估和4项专项辨识评估，重点对瓦斯、水、火、煤尘、顶板、机电、供电及提升运输系统等容易导致群死群伤事故的危险因素开展安全风险辨识。通过作业条件危险性评价法对辨识出的安全风险进行逐项评估，实行安全风险分级管控、分类建档，定期对重大安全风险管控措施落实情况进行检查分析，持续改进完善管控措施。

（2）事故隐患排查治理。推动"排查、登记、治理、督办、验收、销号"程序的流程化实施，创建事故隐患分级管理、分级治理、分级督办、分级验收的全时段、全区域、全岗位、全过程的跟踪管理模式，从单一的主抓隐患整改结果，转变为自主排查、措施制定、现场整改、监督落实等全方位、全过程的管控，提高事故隐患整改的速度和整治力度。

（3）通风管理。严格按照通风标准，确保矿井风量满足需要。制定瓦斯治理综合防治措施，加强采、掘工作面瓦斯治理工作。主要是：①成立专业领导小组，探索瓦斯涌出规律，创新瓦斯治理办法；②充分发挥瓦斯抽放系统的作用，加大综采工作面高位穿层钻孔和本煤层钻孔的施工力度；③掘进面坚持使用大口径风筒、大功率局扇，防止瓦斯超限；④制定专门措施，确保通风设施完好，各用风地点风流稳定、可靠；⑤优化通风系统，综采工作面采用U型通风系统；⑥进行注浆、注氮、CO监测，配备防灭火分析化验装备，运用综合预防措施提高矿井煤层自燃的预测预报能力。

（4）地质灾害防治与测量管理。①制定下发矿井年度采掘计划、年度矿井灾害预防和处理计划、矿井防治水工作计划、探放水"一面一策、一矿一策"的安全技术措施，完善水害预测预报制度、超前探测管理制度、地测资料技术报告等一系列管理制度；②深入开展煤矿防治水"三区划分"管理工作，充分利用物探、化探、钻探等手段，做好相邻采空区积水、上层积水及隐蔽致灾隐患的探查工作；③对照标准要求，规范井上下各种控制测量工作，及时下发停掘、停采、贯通、挂线通知单，按时填绘图纸。

（5）采煤管理。采煤工作面安全生产标准化包括：①加强回采工作面液压支架及单体支柱等设备的班检修，确保各类支护用品及设备的性能良好；②抓好回采工作面上下端头出口及两顺槽超前 20m 范围内的顶板管理，保证安全出口畅通；③加强工作面煤帮、顶板的管理，确保支架初撑力达到支护标准要求；④加强区队作业人员岗位安全生产责任制、规程措施的培训学习，始终强化作业前安全确认和管理人员走动式管理；⑤加强工作面初装、初采、初放、回撤过程中的顶板管理，制定专项措施，管理人员轮流跟班、现场指导。

（6）掘进管理。严格掘进工作面管理，主要有：①确保支护材料质量合格，满足设计要求；②提升临时支护强度，由原单一的悬挂式前探梁变更为前探梁＋液压单体支柱；③增加锚索直径和长度，提升锚索支护强度；④加强掘进面锚杆、锚索支护质量抽检管理，不达标严格整改；⑤对巷道顶、帮管理进行位移数据监测，并挂牌管理；⑥对地质构造地段、破碎带、高冒区地段严格制定顶板支护安全措施，采取加密支护和架设钢棚的方法对顶板进行复合支护。

（7）机电管理。①完善、细化各类机电设备图纸，规范机电设备购置、选用、安装、维护、检修等管理程序，完善设备台账、技术图纸等资料；②加强设备管理，严格执行点检制度、日周月检制度；③严格对机电设备进行保养，建立设备档案，实行动态跟踪管理；④抓好供电系统保护、保险装置检查、完善、整改工作；⑤规范机电技术管理，合理选用供电设计、供电设备。

（8）运输管理。①完善、细化机构设置，规范运输管理制度，建立管理台账；②狠抓基础管理，开展井下运输线路安全生产标准化建设，提高矿井运输效率；③加强运输线路的安全防护设施巡检；④严格执行运输设备设施定期检测、检验制度，规范运输设备维护保养制度，确保设备的使用安全。

（9）职业卫生管理。制定出台职业病危害防治年度计划和实施方案，主要有：①完善职业病危害组织机构、管理机构，增加区队兼职职防干部、兼职职防员，并明确其岗位责任制；②在各作业场所设置相应职业病危害警示标识牌，加强职业病危害因素的检测监控；③按照规定及时发放个人防护用品，严格执行从业人员职业健康检查，并进行归档管理。

（10）安全培训和应急管理。①安全培训：健全、完善、落实安全培训管理制度，建立相关安全培训记录档案，实行一人一档管理。②应急管理：严格落实应急管理主体责任制度，成立应急救援指挥部，明确矿长是应急管理的第一责任人；明确安全生产应急管理的分管负责人及主管部门；严格按照规划和计划组织应急预案演练；补充完善授权带班人员、班组长、瓦斯检查工、调度员遇险处置权和紧急避险权险情预兆的具体内容。

（11）调度和地面设施管理。①调度管理：完善调度工作管理制度和岗位责任制,按规定配备调度值班人员,并对其进行培训,取得资格证,出现险情或发生事故时,能够及时按照程序启动事故应急预案。②地面设施管理:工业区与生活区分开设置。停车场规划合理,画线分区,车辆按规定进行停放;地面办公场所安全设施及用品齐全、环境整洁,职工的"两堂一舍"设施完备、满足需求,保证地面设施达到美化、亮化、标准化。

四、推进亮点工程覆盖

深挖安全生产标准化内涵,全面推行按规范设计、按设计施工、按标准验收的安全生产标准化管理工作,做到关口前移、重心下移、深入现场、靠前监督;坚持日检、月检相结合,正规检查和抽样检查相结合的办法,做到检查问题在现场,落实问题在现场。规范检查行为,做到现场检查必须用数据说话,检查验收必须上尺、上线、上仪器,做到公正、公平、公开。对检查出的问题,必须现场填写整改通知单、现场签字,做到限期整改,形成整改处置、考核兑现、信息反馈、复查落实到"谁检查、谁签字、谁负责、谁落实"由始而终的闭合系统。

第二节 "四化"建设与"一优三减"

"自去年四季度取消采面夜班生产以来,不但安全上更有保证,而且采煤队的职工获得感、满意度不断增强,产量、效益也实现了稳步提升。"1月7日,中国平煤神马集团十矿副矿长李广涛告诉记者,上个月,该矿在确保安全的前提下,实现原煤产量22.5万吨,销售收入再创历史新高。

近年来,中国平煤神马集团大力实施煤炭结构性改革,持续推进"一优三减",即优化矿井生产布局,减水平、减采区、减头面,大力实施矿井机械化、自动化、信息化和智能化"四化"建设,加快煤矿工业化、信息化融合及智能煤矿建设步伐,从而推动煤炭产业安全、高效、绿色发展。

作为老矿井,近两年,十矿通过优化生产布局,先后关闭了资源几近枯竭的两个采区和一个水平,为矿井"瘦身",通过持续推进装备升级、不断优化生产系统、合理调整劳动组织,减少劳动强度,提高生产效能,推动生产过程少人化、无人化。

2019年7月,该矿在全省建成了首个智能化综采工作面和安全生产信息共享平台,采面远程一键启停、全程视频监控,让机械化换人、自动化减人、智能化少人成为了现实。据了解,该智能化采面单班只需9名职工便可作业,与同等条件的非智能化综采工作面相比，单班减少16人。

去年10月，该矿以戊组采面为试点，推行取消夜班生产。11月，又相继在己组采面取消夜班生产。至目前，该矿共3个采面均取消了夜班生产，彻底告别煤矿井下员工"一天三班倒、24小时连轴转"的传统作业模式。

"设备先进了，系统优化了，所带来的就是生产环节更顺畅，设备故障率明显降低，不用再担心上夜班'人困马乏'、容易发生安全事故，也不用再配置那么多人去检修，更用不着'见缝插针'地去争抢生产时间。"李广涛说，我们现在推行八点班、四点班集中生产，职工作息规律回归自然，矿井安全保障、人均工效、职工幸福感均得到提升。

"参加工作这么多年，没想到现在能用上智能化综采设备，更没想到竟然能够不再上夜班。"今年46岁的该矿负责智能化综采工作面的综采三队班长郭付宽说，虽然生产时间减少了，但是产量没有减少，职工收入没有降低，还降低了成本支出。

据了解，自去年11月全面取消采面夜班生产以来，该矿原煤发产量、原煤销售收入持续攀升。尤其是11月份和12月份，该矿单月销售收入分别为1. 71亿元和1. 86亿元，较全面取消夜班生产以前的两个月增加收入3100万元，创出建矿以来单月销售历史新高。

取消夜班精神好，爱岗敬业干劲足，安全生产有保障，幸福生活倍儿棒……如今十矿职工之间流传着这样的顺口溜。

第三节　从业人员素质提升

人员素质是企业的软实力，在煤矿安全生产中发挥着重要作用。近年来，各级煤矿安全培训主管部门、煤矿安全监管监察部门和广大煤矿企业，始终把人员素质提升作为一项重要基础工作来抓，取得了积极进展。

（1）培训管理新机制初步形成

《煤矿安全培训规定》出合后，各地区初步建立了"企业自主培训、部门强化考核、执法与服务并重"的安全培训管理新机制，实现了由政府主导培训向企业自主培训转变，由注重知识考核向注重能力考核转变，由培训资质管理向培训执法转变。山西省煤炭厅出合了《煤矿安全培训监督管理办法》，调整了煤矿企业、行业管理部门、培训机构的职责，规范了培训、考核和监管工作。枣矿集团树立"培训是回报率最大的投资"理念，不断加大基础投入，丰富培训内容，创新培训模式，企业自主培训积极性充分发挥。淮北矿业集团实行党管培训，煤矿党委书记是培训工作第一责任人，党委宣传部全面负责培训工作，加强对培训工作的组织领导和机制建设

（2）人员素质不断提升

2012年—2017年，全国共培训煤矿企业主要负责人7.6万人次、安全生产管理人员97.8万人次，特种作业人员257.5万人次；煤矿从业人员中，具有大专及以上文化程度的由11%上升至15%，初中及以下文化程度的由60%下降到50.9%。山东能源淄矿集团坚持"培训培养相结合，素质技能双提升"，区队长全部具有大专及以上学历，80%的班组长具有中专及以上学历，从业人员中具有中专以上学历、中级职称和技师以上人员分别达到50.1%、73.9%和8.5%，连续7年实现"零死亡"。山西煤矿安监局加大对煤矿关键岗位管理人员安全培训力度，今年组织素质提升班8期，培训1800多人。内蒙古煤炭工业局、云南煤矿安监局加快实操考点建设，推动特种作业实操培训考核工作，人员安全技能不断提高。潞安集团建成20个行业级以上技能大师工作室，淮北矿业集团建成3个国家级技能大师工作室、3个省级技能大师工作室、8个煤炭行业技能大师工作室等，还有山东等省国有煤矿都建立了大师工作室。

（3）培训执法力度不断加大

2017年全国查处安全培训违法违规行为675起，停产整顿矿井13处、暂扣安全生产许可证35处，通报考核不合格矿长56名、特种作业人员未持证上岗煤矿151处。吉林煤矿安监局建立"逢查必考"制度，现场考试33场、689人次，责令离岗68人。黑龙江煤矿安监局、黑龙江省煤炭局联合查处安全培训工作存在问题92条，给予煤矿企业行政处罚69万元，3个培训机构停止培训，起到了很大的震慑作用。

尽管各地区各煤矿企业在提升人员素质方面做了大量工作，但存在的问题不容忽视，一是从业人员素质不高，老化问题和"招工难"问题突出，40岁以上的占56%，人才流失严重。二是部分企业对安全培训工作不重视，培训责任落实不到位、培训方法单一，培训质量差。三是安全培训资质取消后，培训事中事后监管跟不上，违法违规培训问题突出，不持证上岗、不培训、假培训、乱培训等乱象丛生。

下一步要重点做好以下工作：

（1）深入开展"六查六改"。要严格按照国家煤矿安监局《关于开展煤矿安全培训整治推进煤矿从业人员素质提升的通知》要求，扎实开展培训整治工作。煤矿企业要严格对标自查，立查立改、应改尽改，防止走形式、走过场，严防培训滑坡。培训主管部门要公开通报一批在人员准入上把关不严的企业和监督检查不力的单位，调整一批考核不合格、知识和能力不适应的矿长，退出一批培训质量差、不具备条

件的培训机构，停产一批培训存在严重问题的企业。安全监管监察部门要做到查煤矿安全生产必须查安全培训，"逢查必考"，把不具备人员素质条件的煤矿停下来。安全监察部门要加大培训监察力度，制定监察计划，开展专项监察，对违反培训方面法律法规的企业，要从重查处，严厉问责追责。

（2）严格职业准入。煤矿企业要严格落实国办发〔2013〕99号文件和原安监总局92号局长令要求，必须按要求配齐五职矿长；矿长、副矿长、总工程师、副总工程师应当具备煤矿相关专业大专及以上学历，具有3年以上煤矿相关工作经历。新上岗的特种作业人员应当具备高中及以上文化程度，其他从业人员应当具备初中及以上文化程度。这些要求并不高，与其他行业相比，我们已经落后，我们要不断努力，确保高素质员工来从事高危行业，不断提高安全保障能力。

（3）强化安全培训。煤矿企业要严格落实安全培训主体责任，把保证培训质量放在首位，决不能走过场；要完善培训机构，配齐培训管理人员，加强师资队伍建设，配足培训训器材和设备。各地、各企业要本着"适用"、"管用"的原则，结合实际编制培训教材和考试题库，增强培训实用性、针对性；要创新培训方式方法，充分利用互联网技术、信息化手段、虚拟现实技术，建立网络直播课堂、手机微课堂、视频课堂，增强培训的趣味性、员工参与的积极性。

（4）提升综合素质。煤矿企业要建立激励约束机制，加大人力资源投入，提高从业人员政治待遇、经济待遇，增强职业荣誉感、企业归属感，把人才引进来、留下来，稳定职工队伍。要广泛开展技能训练和技能比武，大力推进安全技术创新和小型技术革新活动，不断提升煤矿从业人员素质。根据实际状况和需求因地制宜引进一批高素质人才、招录一批高技能职工、培育一批大专采煤班组、建设一批技能大师工作室、打造一批工匠团队。

第十一章 矿井瓦斯

第一节 瓦斯的生成

古植物在成煤的泥炭化阶段和煤化作用阶段，被分解产生大量瓦斯（甲烷、二氧化碳）。据计算，每形成 1t 中等变质程度的煤大约有 1200m³ 以上的瓦斯伴生，由长烟煤到无烟煤，每吨大约有 240m³ 瓦斯伴生。但经过漫长的地质年代，这些瓦斯大部分被释放到空气中，仅有极少量残存于煤体和围岩中，且随着采掘工作而释放出来，构成对矿井安全的威胁。据统计，在煤矿较大以上事故中，瓦斯事故起数和死亡人数在各类事故中占第一位。不把瓦斯事故控制住，就不能实现全国煤矿安全状况的根本好转，也无法保障煤炭工业的健康发展。

除上述在成煤过程中生成的瓦斯外，还有少量生物化学来源的瓦斯、空气来源的瓦斯、放射性分解的瓦斯和岩石变质瓦斯等。据统计，我国埋深 1500m 以浅的煤层气地质储量为 $10.87 \times 1012m^3$，埋深 2000m 以浅的煤层气地质储量为 $36.81 \times 1012m^3$，超过了天然气的储量。

第二节 瓦斯的性质与赋存

一、瓦斯性质

瓦斯是无色、无味、无臭气体，标准状况下的密度是空气的 0.552 倍，难溶于水，易扩散（扩散性是空气的 1.6 倍），无毒，不助呼吸，其浓度升高时会使氧气浓度相对下降而使人窒息。因此，贸然进入通风不良巷道或巷道高冒处有缺氧窒息的危险。

瓦斯在空气中体积比达 5% ~ 16%，遇明火或 650 ~ 750℃的高温热源可爆炸，爆源温度可达 1850 ~ 2650℃，爆炸冲击波可达每秒数百米，造成生命和财产损失。

二、瓦斯的存在状态

瓦斯在煤层与围岩中的存在状态有游离状态和吸附状态两种。

瓦斯以自由气体形式存在于煤体与围岩的裂隙、孔隙中的状态称为游离状态，又叫自由状态。特点是瓦斯能自由运动，并呈现压力。此状态下瓦斯量的大小取决于自由空间的大小、瓦斯的压力和温度等。

煤是固态胶体，具有很大的吸附性。同时，煤有很大的空隙内表面积，其吸附能力相当大。瓦斯分子被紧密凝集在固体孔隙表面的现象称为吸着状态，瓦斯进入到煤的胶粒结构内部时称为吸收状态。

吸着与吸收状态称为吸附状态，是瓦斯分子与碳原子相互吸引的结果，属物理吸附。吸附量的大小取决于煤的变质程度、煤孔隙结构特点和瓦斯压力大小以及温度高低等。

自由态瓦斯被吸附时称吸附，吸附态瓦斯转化为自由态时称解吸。二者在一定条件下可相互转化。在煤矿生产中，当煤岩破坏、压力降低时，大量吸附态的瓦斯不断解吸为自由态涌向采掘空间，这是瓦斯涌出的基本形式。

三、瓦斯含量及影响因素

单位体积（或质量）的煤（围岩）中，在一定温度和压力下所含瓦斯的多少称瓦斯含量，单位为 m^3/m^3 或 m^3/t。煤、岩层瓦斯含量越高，开采时瓦斯涌出量就越大，对安全生产的威胁也越大。影响瓦斯含量的主要因素有瓦斯生成量、瓦斯保存和放散条件。

1. 瓦斯生成量

在相同条件下，成煤有机质多，含杂质少，瓦斯生成量大；煤的炭化程度越高，固定碳越多，瓦斯生成量越大；古老煤田成煤早，瓦斯生成量大。

2. 瓦斯保存和放散条件

瓦斯保存和放散条件是影响瓦斯含量的决定因素，主要有煤的变质程度、煤的赋存条件、岩石性质、地质构造、水文地质条件等（见表 11-1）。

表 11-1　瓦斯保存和放散条件

项目	内容
煤的赋存条件	由于岩石透气性差，瓦斯沿煤层流动要比穿层流动容易得多。因此，瓦斯含量随煤层埋藏深度增加而增加。相同条件下，煤层倾角越小，瓦斯含量越大
煤的变质程度	煤的变质程度直接影响瓦斯的生成量和孔隙率。碳含量为 89% 时，煤的孔隙率最小，吸附能力最小

续表

项目	内容
地质构造	地质构造地区瓦斯变化大。许多矿井开采中都存在程度不同的瓦斯涌出异常区，多数都与地质构造有关。一般地，张应力地区煤岩层透气性好，瓦斯易放散，瓦斯含量小，而压应力地区则相反
岩石性质	顶底板致密、完整且较厚时，瓦斯不易放散，瓦斯含量高；否则相反。如大同煤田变质程度高于抚顺煤田，由于大同煤田顶板为孔隙发育的砂质页岩，瓦斯含量很小。而抚顺煤田顶板为厚而致密的油页岩，透气性差，瓦斯含量大，是世界著名的高瓦斯煤田
水文地质条件	压力为101325Pa、温度为20℃时，100体积的水可溶解3.5体积的瓦斯。地下有流动的水时，经过漫长的地质年代可带走大量的瓦斯

　　此外，煤层瓦斯压力、煤层地质年代对瓦斯含量也有一定程度的影响。

第三节　矿井瓦斯涌出量与等级划分

一、矿井瓦斯涌出形式

根据瓦斯涌出时在空间上和时间上的变化可分普通涌出和特殊涌出。

1. 普通涌出

瓦斯由煤、岩中缓慢地、均匀地、持久地涌出的形式叫普通涌出。涌出时，首先是自由态瓦斯，然后是吸附态瓦斯解吸涌出，这种涌出决定了矿井（采区）瓦斯的平衡。

普通涌出是瓦斯涌出的主要形式，占涌出量的绝大部分。当瓦斯压力很高时，可听到涌出时的"嘶嘶"响声，手放在煤壁上可感觉到凉，可见水中冒气泡等。

2. 特殊涌出

特殊涌出又称异常涌出，指从煤体或岩体裂隙、空洞、钻孔或炮眼中大量涌出瓦斯（二氧化碳）的现象。可分为瓦斯喷出和煤（岩）与瓦斯（二氧化碳）突出。瓦斯特殊涌出给安全生产带来很大威胁，是煤矿安全重点防控的灾害之一。

二、瓦斯涌出量及影响因素

1. 瓦斯涌出量及表示方法

以普通涌出形式涌出的瓦斯总量叫瓦斯涌出量。按范围可分为矿井瓦斯涌出量、采区瓦斯涌出量、工作面瓦斯涌出量等。瓦斯涌出量的表示方法有绝对瓦斯涌出量和相对瓦斯涌出量。

（1）绝对瓦斯涌出量

单位时间内涌出瓦斯的多少称为绝对瓦斯涌出量，用Q_{CH_4}表示，单位为 m^3/min 或 m^3/d。绝对瓦斯涌出量的计算公式为

$$Q_{CH_4} = Q_总 C$$

$$或 Q_{CH_4} = 60 \times 24 Q_总 C = 1440 Q_总 C$$

式中：$Q_总$——矿井（采区、工作面）总回风量，m^3/min；

　　　　C——回风流中瓦斯浓度，%。

由于矿井生产能力和开采规模不同，Q_{CH_4} 的大小不能完全真正反映出瓦斯涌出的严重程度。因此，瓦斯涌出的严重程度可用相对瓦斯涌出量来衡量。

（2）相对瓦斯涌出量

平均日产 1t 煤涌出瓦斯的多少，称为相对瓦斯涌出量，用 q_{CH_4} 表示，单位为 m^3/t。相对涌出量的计算式为

$$q_{CH_4} = \frac{Q_{CH_4}}{T}$$

式中：T——瓦斯涌出计算时间（日、月）内的产量，t。

（3）瓦斯涌出不均衡系数

任何矿井都存在瓦斯涌出的不均匀性，若这种不均匀性过大，势必影响矿井安全生产，必须采取措施加以解决。瓦斯涌出不均衡系数是指某区域内最高瓦斯涌出量与区域内平均瓦斯涌出量的比值。采煤工作面或掘进工作面瓦斯涌出不均衡系数一般为 1.2 ~ 1.5，矿井或采区的瓦斯涌出不均衡系数一般为 1.1 ~ 1.3。

2. 瓦斯涌出量影响因素

（1）自然因素

瓦斯涌出量与煤层和围岩瓦斯含量成正比，与地面气压变化成反比。一个矿井一年内气压的变化可达 6000Pa 以上，一日内可达 2000Pa 以上，若矿井瓦斯主要来源于采空区时，要特别注意地面气压的变化和矿井主要通风机风压的变化。尤其是矿井突然停电时，由于井下风压的变化，往往造成采空区、火区中的有毒有害气体涌出。

（2）开采技术因素

开采技术因素的主要内容，见表 11-2。

表 11-2　开采技术的主要因素

因素	具体内容
开采规模	矿井开采范围越大、开采深度越深、生产能力越大，瓦斯涌出量越大
开采顺序与开采方法	先采煤层瓦斯涌出量大；工作面周期来压时较正常时间瓦斯涌出量大；全部垮落法控制顶板较充填法瓦斯涌出量大；工作面后退式开采较前进式开采瓦斯涌出量小；采区采出率低，失煤多，瓦斯涌出量大等
生产工艺过程	炮采工作面生产工艺分为破、装、运、支、处五道工序，往往落煤时瓦斯涌出量最大。因此，高瓦斯采煤工作面机械化采煤时滚筒截深要适当减小；炮采时要分小段爆破，以防落煤时出现瓦斯超限现象
风压、风量的变化	风压变化对瓦斯涌出量的影响近似于地面气压的变化，抽出式通风时成正比，压入式通风时成反比。由于瓦斯易扩散，矿井风量增加时，风速加快，瓦斯涌出量增加
采空区密闭质量	采空区密闭质量差，漏风严重，不但瓦斯涌出量增加，而且也不利于自然发火的控制和矿井通风管理
通风系统	有利于控制采空区瓦斯涌出的通风系统可降低瓦斯涌出量，如倒退式回采 U 型通风系统较 Y 型、Z 型通风系统瓦斯涌出量小

三、矿井瓦斯等级划分

1. 矿井瓦斯等级划分

《煤矿安全规程》规定，一个矿井只要有一个煤（岩）层发现过瓦斯，该矿井即为瓦斯矿井，并按瓦斯矿井管理。瓦斯矿井按瓦斯相对涌出量、绝对涌出量和涌出形式划分为瓦斯矿井、高瓦斯矿井和煤（岩）与瓦斯（二氧化碳）突出矿井。

（1）煤（岩）与瓦斯（二氧化碳）突出矿井

具备下列情形之一的矿井为煤（岩）与瓦斯（二氧化碳）突出矿井：发生过煤（岩）与瓦斯（二氧化碳）突出的；经鉴定具有煤（岩）与瓦斯（二氧化碳）突出煤（岩）层的；依照有关规定有按照突出管理的煤层，但在规定期限内未完成突出危险性鉴定的。

（2）高瓦斯矿井

具备下列情形乏一的矿井为高瓦斯矿井：矿井相对瓦斯涌出量大于 $10m^3/t$；矿井绝对瓦斯涌出量大于 $40m^3/min$；矿井任一掘进工作面绝对瓦斯涌出量大于 $3m^3/min$；矿井任一采煤工作面绝对瓦斯涌出量大于 $5m^3/min$。

（3）瓦斯矿井

同时满足下列条件的矿井为瓦斯矿井：矿井相对瓦斯涌出量小于或等于 $10m^3/t$；矿井绝对瓦斯涌出量小于或等于 $40m^3/min$；矿井各掘进工作面绝对瓦斯涌出量均小于或等于 $3m^3/min$；矿井各采煤工作面绝对瓦斯涌出量均小于或等于 $5m^3/min$。

（2）矿井瓦斯等级划分的目的意义

1）确定矿井开拓开采与通风系统的依据。如煤与瓦斯突出矿的运输和轨道大巷、主要风巷、采区上山和下山（盘区大巷）等主要巷道必须布置在岩层或非突出煤层中；高瓦斯矿、煤与瓦斯突出矿以及煤层易自燃和有热害的矿，应采用对角式通风或分区式通风；高瓦斯矿、煤与瓦斯突出以及煤层易自燃矿的采区，必须布置至少 1 条专用回风道；煤与瓦斯突出矿井严禁任何两个工作面串联通风，采煤工作面严禁下行通风；突出煤层的任何采掘工作面以及到突出煤层最小法向距离小于 10m 的采掘工作面之间或与其他采掘工作面严禁进行串联通风等。

2）确定矿井风量的依据。如没有瓦斯或低瓦斯矿井，可按井下同时工作的最多人数和吨煤供风标准计算矿井风量，高瓦斯矿井必须考虑井下同时工作的最多人数和总回风流中瓦斯不超限计算矿井风量。

3）爆破与炸药选择的依据。如低瓦斯矿岩石掘进工作面可使用安全等级不低于一级的煤矿安全许用炸药；低瓦斯矿煤层采掘工作面、半煤岩掘进工作面必须使用安全等级不低于二级的煤矿安全许用炸药；高瓦斯矿必须使用安全等级不低于三级的煤矿安全许用炸药；有煤（岩）与瓦斯突出危险的工作面，必须使用安全等级不低于三级的煤矿许用含水炸药。

4）掘进安全装备系列化标准不同。如高瓦斯矿掘进工作面必须采用双风机、双电源、自动换向分风器和"三专两闭锁"的供风方式等，突出矿还必须采取"四位一体"的综合防突措施等。

5）通风与安全监测监控要求不同。如低瓦斯矿必须在采掘工作面风流中设置瓦斯传感器，高瓦斯矿必须在采掘工作面风流和回风流中设置瓦斯传感器，而瓦斯突出矿除在采掘工作面风流和回风流中设置瓦斯传感器外，还必须在进风流中设置瓦斯传感器。

6）机电设备选型的依据。如低瓦斯矿的井底车场、总进风巷和主要进风巷中可使用矿用一般型电气设备和架线式电机车，高瓦斯矿在上述巷道中必须使用矿用防爆型设备和使用防爆特殊型蓄电池电机车等。

此外，由于瓦斯等级不同，矿井安全条件也不同，有些地方对不同瓦斯等级的矿井的生产能力作了规定。

第四节 瓦斯爆炸与预防

一、瓦斯爆炸条件及影响因素

瓦斯爆炸必须同时具备三个条件:一定的瓦斯浓度,足够的氧气,一定温度的引火热源。三个条件缺一不可,因此上述三条件称为瓦斯爆炸的充分必备条件。我们所采取的预防瓦斯爆炸事故的措施,就是消除其中任一个条件或全部条件。

1. 瓦斯浓度

瓦斯爆炸是链反应,只能在一定浓度下才爆炸。瓦斯浓度过低时,反应生成的热量不足,生成活化中心少,但能在火焰外围形成较稳定的浅蓝色火焰。当瓦斯浓度过高时,氧气相对不足,又不能生成足够的活化中心。同时,由于瓦斯的热容量较空气大2.5倍,剩余的瓦斯又吸收反应生成的热量,不能形成热量的积聚,也不能发展成为爆炸,但新鲜空气进入时,可使瓦斯稀释而爆炸。

实践证明,瓦斯在新鲜空气中爆炸的浓度体积比为5%~16%,其中9.1%~9.5%时爆炸力最强。当瓦斯浓度低于5%时,只燃烧不爆炸。因此,当矿井发生瓦斯燃烧火灾灭火时,不得减风或停风,以防瓦斯积聚爆炸。当瓦斯积聚引起爆炸事故时,要尽快恢复通风,以防瓦斯积聚再次爆炸。如2004年某高瓦斯矿工作面上隅角发生瓦斯燃烧事故,在灭火无效的情况下决定密闭工作面。在密闭墙将要接顶时发生了瓦斯爆炸,造成施工的多人受伤。

当瓦斯浓度高于16%时不燃烧也不爆炸,但新鲜空气进入时,由于稀释作用就有发生燃烧或爆炸的可能。因此,若矿井发生瓦斯突出或喷出引起爆炸事故时,要尽快扑灭火源后再恢复通风,否则风流稀释瓦斯就会发生爆炸。但由于受多种因素的影响,瓦斯爆炸的上下限不是固定不变的。

2. 引火温度

（1）瓦斯的引火温度与着火能量

点燃瓦斯需要的最低温度称引火温度。在正常大气压条件下,瓦斯的引火温度一般认为是650~750℃引火温度越高,其能量也越大,瓦斯的爆炸界限扩大。因此,矿井火灾时,可使不具备爆炸浓度的瓦斯发生爆炸。

点燃瓦斯所需要的最低能量称着火能量。瓦斯浓度为8.3%~8.6%时,着火能量只有0.28mJ。因此,井下的各种明火、自燃、静电火花、撞击或摩擦产生的火花都可点燃瓦斯。矿井所使用的本质安全型电气设备的防爆原理,就是限制其火花的能量（规定不大于0.25mJ）小于瓦斯的着火能量。当电气设备着火能量大时，采用坚固的金属外壳予以封闭，这就是防爆型电气设备的原理。

（2）迟延现象与感应期

由于瓦斯的热容量是空气的2.5倍，其遇高温或热源并不马上燃烧爆炸，要迟延一个很短的时间，这种现象叫引燃迟延现象，迟延的时间叫感应期。

瓦斯引燃的感应期与瓦斯浓度和引火温度等有关。瓦斯浓度越高，感应期越长；引火温度越高，感应期越短。

瓦斯的引燃感应期对井下爆破和机电设备管理工作有十分重要的实际意义。井下爆破时，虽然炸药爆炸的瞬间温度高达2000℃以上，但由于存在的时间极短，只有几毫秒，小于瓦斯的感应期，因此并不能引起瓦斯爆炸。若使用不合格的炸药，或裸露爆破，或炮泥填塞不符合要求，或雷管延时过长等，火焰存在的时间超过瓦斯的引燃感应期时，就有引起瓦斯燃烧或爆炸的可能。

同时，煤矿井下有许多机电设备，且现代化程度越高，机电设备越多。这些机电设备存在短路、过流、接地等隐患，若设备出现上述现象时能及时切断电源，使电火花存在的时间小于瓦斯引燃感应期，也不至于引燃瓦斯。

实际中的瓦斯引燃感应期要比理论值短得多，甚至消失。如爆破时，由于压力升高，感应期缩短；当混合气体中存在瓦斯同系物时，感应期缩短；当混合气体中含有0.5%的甲醛或0.32%的二氧化氮时，感应期完全消失。而甲醛是瓦斯氧化过程的中间产物，二氧化氮是硝铵炸药爆炸后产物。

3. 氧气浓度

瓦斯爆炸是瓦斯与氧气剧烈反应的结果，因此氧气浓度降低，爆炸的界限缩小，当氧气浓度降低到12%以下时，瓦斯失去爆炸性。如图11-1所示，正常气压下，瓦斯浓度与氧气的关系可用AD线表示。当氧气浓度降低时，爆炸下限为BE线，爆炸上限为CE线，氧气浓度为12%时混合气体失去爆炸性。因此，混合气体的爆炸性形成爆炸区、不爆炸区和新鲜空气进入时可能爆炸区三个区域。

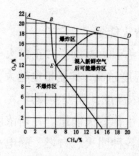

图11-1　瓦斯与空气混合爆炸界限与氧气浓度的关系示意图

二、预防瓦斯爆炸的措施

1. 防止瓦斯积聚

井下局部空间瓦斯浓度达 2% 以上、空间体积大于 $0.5m^3$ 时都称为瓦斯积聚。防止瓦斯积聚的主要措施如下：

（1）加强通风

加强通风是预防瓦斯积聚的最根本措施。矿井通风就是通过通风这个手段，达到防瓦斯积聚、防尘、防火的目的。矿井要采用机械通风，每一矿井都必须有独立、合理的通风系统；各水平、各采区布置单独回风道，实行分区通风；风流便于调节和控制，保证风流的连续、稳定；严禁超能力生产，保证足够的风速、风量，将瓦斯冲淡至允许浓度以下并排出井外；避免不符合规定的串联通风、角联通风、扩散通风、微风等通风安全隐患的存在等。

（2）瓦斯抽采

瓦斯抽采是瓦斯治理"十二字"方针的重要内容，具有釜底抽薪、源头治本作用，是瓦斯治理的基础性、关键性措施，也是我国大多数高瓦斯矿和煤与瓦斯突出矿预防煤与瓦斯突出的主要措施之一。当矿井采用通风的方法解决瓦斯问题在技术上、经济上不合理时，应采取抽采瓦斯措施，以降低煤（岩）层瓦斯含量，减小煤层开采时的瓦斯涌出量。

（3）加强瓦斯检查与监测

要认真落实《煤矿安全规程》瓦斯防治和通风安全监测监控的有关规定，建立健全安全监测队伍和管理制度，落实安全监测责任。低瓦斯矿采掘工作面瓦斯检查每班不得少于 2 次，高瓦斯矿每班不少于 3 次。有煤与瓦斯突出危险的采掘工作面，或瓦斯涌出量大、变化异常的采掘工作面，要设专人经常性检查瓦斯。要认真落实"一炮三检"和"三人联锁爆破"制度，对检查中发现的问题及时处理。

（4）合理安排生产，防止盲巷出现

当巷道长度超过 6m，又没有通风手段通风或微风时，都叫盲巷。盲巷容易积聚瓦斯造成事故，必须在采掘生产安排上防止盲巷出现。

首先要从巷道设计、计划安排和施工程序上，做到合理、准确，避免出现任何形式的盲巷。井下所有已开工的掘进巷道，必须按设计要求竣工，不准中途停掘，对确有特殊情况需要停止掘进的巷道，必须编制停工报告，制定安全措施并报矿技术负责人批准。

对于掘进施工中的独头巷道，局部通风机必须保持连续运转，不得停风。临时停风的地点，要立即断电撤人，并在巷道口断开风筒，设置栅栏，揭示警标，严禁人员入内。当停风区内的瓦斯和二氧化碳浓度达到 3.0% 或其他有害气体超过规定，不能立即处理时，必须在 24h 内临时密闭。

长期停工的煤巷及瓦斯涌出较大的岩巷必须构筑永久密闭；报废的旧巷应及时充填或永久密闭；封闭的盲巷要建立台账，定期检查，至少每周一次；只打栅栏的盲巷应设置检查点，每天在栅栏外风流中至少检查一次，发现问题采取措施及时处理。

有瓦斯积存的盲巷恢复通风排放瓦斯或打开密闭时，应特别慎重，必须按照有关规定编制专门的排放瓦斯安全措施，并报矿技术负责人批准后实施。

（5）及时有效地处理局部积聚瓦斯

生产中容易积聚瓦斯的地点包括：采煤工作面上隅角、采煤机附近、临时停风的掘进工作面、顶板冒落的空洞内、低风速的顶板附近、打钻施工时的钻眼附近以及工作面采空区边界等。可采取向这些地点加大风量，提高风速，引导风流冲淡排出，将盲巷、冒顶空间封闭隔绝，必要时抽采等措施予以处理。

2. 防止瓦斯引燃措施

（1）防止明火

严禁携带烟草和点火物品下井。井口房、通风机房和抽采瓦斯泵站附近 20m 内，不得有烟火或用火炉取暖；井下严禁使用灯泡和电炉取暖。井下和井口房内不得从事电焊、气焊、喷灯焊接等工作，如果必须在井下主要硐室、主要进风巷和井口房内进行电焊、气焊和喷灯焊接等工作时，必须遵守《煤矿安全规程》有关规定，制定安全措施并履行审批手续；矿灯应完好，否则不得发出，应该爱护矿灯，严禁拆开、敲打、撞击；严格井下火区管理；任何人发现井下火情时，应立即采取一切尽可能的办法直接灭火，并迅速报告矿调度室，以便及时处理等。

（2）加强爆破管理

爆破作业人员必须经过专门培训，经考试合格持证上岗。井下爆破作业时，打眼、装药、封泥和爆破都必须遵守《煤矿安全规程》有关规定，必须使用煤矿许用炸药和煤矿许用电雷管。使用煤矿许用毫秒延期电雷管时，最后一段的延期时间不得超过 130ms。严禁裸露爆破和一次装药分次爆破。

（3）防止电火花

井下使用的电气设备和供电网路都必须符合《煤矿安全规程》规定。井下不得带电检修、搬迁电气设备（包括电缆和电线）；井下防爆电气设备的运行、维护和修理工作，必须符合防爆性能的各项技术要求，保证其防爆性能完好，消除电气火花的产生；防爆性能受到破坏时的电气设备，应立即处理或更换，不得继续使用；井下供电应做到"三无""四有""四齐全"和"三坚持"，即无"鸡爪子""羊尾巴"、明接头；有过电流和漏电保护，有螺栓和弹簧垫，有密封圈和挡板，有接地装置；电缆悬挂整齐、防护装置齐全，绝缘用具齐全，图纸资料齐全；坚持使用检漏断电器，坚持使用煤电钻综合保护和坚持使用局部通风机风电闭锁装置。

（4）严防摩擦火花和撞击火花的发生

随着机械化程度的不断提高，机械摩擦、撞击火花引起的事故危险性增加。为此，采煤机、掘进机禁止使用摩钝的截齿；向截槽内喷雾洒水；在摩擦发热的部件上安设过热保护装置或温度检测报警断电装置；利用难引燃性合金工具；在摩擦部件的金属表面溶敷活性小的金属，使其形成的摩擦火花难以引燃瓦斯等。

（5）防止静电火花的产生

严禁穿化学纤维衣物下井；矿井中使用的胶带、风筒等塑料、橡胶、树脂等高分子聚合材料制品，应进行防静电处理等。

此外，随着科学技术的进步，激光在矿山测量中的使用日趋广泛，也带来了一种新的点燃瓦斯热源，也要加强其管理工作。

矿井火源的管理不仅是预防瓦斯引燃的需要，也是预防矿井火灾的重要手段。如某地方煤矿在停产期间违章停风，造成井下瓦斯积聚，违章焊接井架时火花落入井下引起爆炸，造成井架摧毁和人员伤亡的重大事故。

3. 防止瓦斯爆炸范围扩大措施

（1）分区通风

分区通风就是井下各用风地点（或区域）的并联通风。分区通风各用风地点都有新风，当某风路发生灾害时易于控制，互相影响小，安全性好；且通风系统简单，总风阻、总阻力小，通风费用低。同时，通风能力强，风量易于调节，实现风量的按需分配。因此，《煤矿安全规程》规定，每一生产水平和每一采区，都必须布置单独的回风道，实行分区通风。采煤工作面和掘进工作面都应采用独立通风。

同时，在布置矿井巷道时，总进风与总回风不宜太近，不但可避免爆炸时造成风流短路，通风系统破坏，而且对减少漏风，提高有效风量率，预防煤炭自燃也十分有利。

（2）设防爆门和反风系统

在安装风机的井口必须设置防爆门，井下发生爆炸时冲击波冲开防爆门而保护了风机。防爆门应正对风流方向，每6个月检查检修1次。

矿井必须有反风系统，反风系统必须在10min内改变风流方向，且反风量不得小于正常风量的40%。反风设施每季度至少检查1次，每年进行1次反风演习，通风系统发生较大变化时，也应进行1次反风演习。

（3）设置隔爆棚，限制爆炸范围扩大

《煤矿安全规程》规定，开采有煤尘爆炸危险煤层的矿井，必须有预防和隔绝煤尘爆炸的措施。矿井的两翼、相邻的采区、相邻的煤层、相邻的工作面间，煤层掘进巷道与其相连的巷道间，煤仓与其相连的巷道间，采用独立通风并有煤尘爆炸危险的其他地点同与其相连通的巷道间，都必须用水棚或岩粉棚隔开。

高瓦斯矿井煤巷掘进工作面，应设隔爆设施。

（4）编制灾害预防与处理计划和事故应急预案

当矿井发生事故时，为了安全、迅速、有效地救灾和控制事故影响范围及其危害程度，防止事故扩大，将事故造成的人员伤亡和财产损失降低到最低限度，《煤矿安全规程》规定，煤矿企业必须编制年度灾害预防和处理计划，并根据具体情况及时修改。灾害预防和处理计划由矿长负责组织实施。煤矿企业每年必须至少组织1次矿井救灾演习。同时，矿井应根据实际安全条件和事故发生规律，制定适应强的各种事故应急预案。

灾害预处计划和事故应急预案是矿井为了减少事故后果而预先制定的救灾方案，是进行事故救援活动的行动指南，规定了重大事故预防的措施、事故处理的原则、方法和技术，以及事故救援的组织保障和物质保障等，矿井应根据有关规定认真贯彻落实。

第五节　瓦斯浓度监测

一、瓦斯检查制度

（1）实行计划管理。矿井应根据生产部署编制矿井瓦斯检查计划图表，其内容应包括瓦斯检查地点、检查次数、巡回检查路线、巡回检查时间、检查人员的安排等。

（2）瓦斯检查员的配备必须满足矿井安全生产需要。高瓦斯采掘工作面和有煤（岩）与瓦斯突出危险的采掘工作面以及瓦斯涌出量较大、变化异常的采掘工作面都必须配专职瓦斯检查员。瓦斯检查员必须有3年以上煤矿实践经验，并经专门培训，考核合格，持证上岗。

（3）瓦斯检查员必须严格按照瓦斯检查计划图表检查瓦斯。每次巡回检查时间不超过3h，检查时间误差不超过20min，并严格按照规定进行记录。瓦斯检查必须做到检查手册、记录牌板、瓦斯管理台账"三对口"。

（4）瓦斯检查员必须严格执行"一炮三检"制度和"三人联锁爆破"制度。每一次爆破必须做到装药前、爆破前、爆破后检查瓦斯，做到装药前爆破点附近20m范围内瓦斯浓度达到1.0%时不准装药；爆破前爆破点附近20m范围内瓦斯浓度达到1.0%时不准爆破，若回风流中瓦斯浓度超过1.0%时撤出人员；爆破后待通风一定时间炮烟吹散后与爆破工、班组长同时检查瓦斯。

（5）矿井所有采掘工作面、硐室、使用中的机电设备附近、有人员作业的地点都应纳入检查范围，并做到低瓦斯矿井的采掘工作面每班至少检查2次；高瓦斯矿井的采掘工作面每班至少检查3次；有煤（岩）与瓦斯突出危险的采掘工作面，有瓦斯喷出危险的采掘工作面和瓦斯涌出量较大、变化异常的采掘工作面必须设专人经常检查；停工的采掘工作面和备采工作面，以及可能涌出或积聚瓦斯的硐室和巷道，每班至少检查1次瓦斯。井下停风地点栅栏处风流中的瓦斯每天至少检查1次，挡风墙（密闭墙）处的瓦斯浓度每周至少检查1次。应该检查瓦斯的其他地点，每班至少检查1次瓦斯。

（6）瓦斯检查员实行请示报告制度，每班必须汇报检查的情况。当发现问题或安全隐患时必须及时汇报。当瓦斯浓度超过规定时，必须立即责令现场人员停止作业，并将人员撤到安全地点，采取措施进行处理。当瓦斯浓度超限超过处理权限时，应在瓦斯超限地点的通道入口设置栅栏、揭示警标，并及时报告。

（7）瓦斯检查员必须严格执行井下现场交接班制度。若当班瓦斯超限、无计划停电停风尚未处理完时，必须在工作地点交接班。瓦斯检查员交接班应交清以下内容：分工区域内的通风系统、瓦斯、煤尘、防火、爆破、局部通风情况，有无异常情况需要下一班处理或采取措施；分工区域内当班未处理完的"一通三防"隐患情况和需要继续处理的内容；分工区域内的各种通风安全设施完好情况，设备的运行状况，是否需要维修、增加或拆除设施及设备；有关领导交办的工作落实情况和需要请示的问题等。

接班人员对交接内容了解清楚后，双方必须在交接班手册上签字备查。

（8）矿长、矿技术负责人、采掘区（队）长、通风区（队）长、工程技术人员、爆破工、流动电钳工、班长下井时，必须携带便携式瓦斯检测仪。安全监测工必须携带便携式瓦斯检测报警仪或便携式光学瓦斯检测仪。

二、瓦斯检测仪器分类

1. 按瓦斯检测仪器作用原理分类

按瓦斯检测仪器作用原理，可分为光干涉式、热效式、热导式及其他瓦斯检测仪。

光干涉式瓦斯检测仪是根据瓦斯和空气对光的折射率之差的原理测定瓦斯的，具有精度高、测量范围大、安全性好，而且可测定二氧化碳的特点。但它的精度受气压和温度的影响，背景气体变化时也影响测定结果，而且不易实现自动化。

热效式瓦斯检测仪是根据瓦斯在催化元件上氧化生热引起电阻参数变化，导致电压变化的原理来测定瓦斯的。具有测量系统简单可靠、转入信号强、受背景气体影响小、易实现自动化的优点。但它不能测定高浓度瓦斯，硫化氢气体与硅蒸汽易使元件中毒，测量元件寿命短。

热导式瓦斯检测仪是根据瓦斯和空气对热的传导率差来测定瓦斯的，具有测量范围广，可连续测量，被测气体不易发生化学、物理变化，读数稳定等优点。但它功率小，低浓度下精度低，受气温及背景气体的影响大。

此外还有许多其他仪器，如气相色谱式、光线吸收式、声差速式、离子式、体积测量式瓦斯检测仪等，但这些仪器在煤矿常规测量中使用不多。

2. 按用途分类

按仪器用途可分为瓦斯检测、监测仪器，瓦斯监测报警仪，瓦斯监测报警与断电仪器等。按仪器的使用方式，又分为便携式、机载式、固定式检测仪等。

3. 按测量范围分类

按仪器测量范围，光学瓦斯检测仪器可分为低浓度测定仪器（0～10%）和高浓度测定仪器（0～100%）。低浓度测定仪器用于瓦斯日常管理的测定，当测定瓦斯抽采浓度或瓦斯突出与喷出后的浓度时，必须使用高浓度测定仪器。具有瓦斯突出、喷出危险的煤层开采时，所使用的甲烷传感器具有同时测定低浓度和高浓度的功能。

三、光学瓦斯检测仪

1. 使用方法

（1）测定前的准备工作

1）药品性能检查。检查水分吸收管中的氯化钙（或硅胶）和二氧化碳吸收管中的钠石灰是否变质。若变色或粉末状则失效，应更换新药剂。药剂的颗粒 3～5mm 为宜，过大过小都会影响测定的精度。颗粒过大时不能充分吸收气样中的水分或二氧化碳，过小又容易堵塞气路甚至其粉末进入气室。

2）内外气路系统检查。首先检查吸气球是否漏气，用手掐住吸气球胶管，并捏扁吸气球，若气球不胀起，则表明不漏气；然后将气球胶管与仪器连接，堵住进气孔，捏扁吸气球，若气球不胀起，则表明仪器不漏气；再将进气胶管与仪器连接，用手掐住进气胶管，并捏扁吸气球，若气球不胀起，则表明外气路不漏气；最后检查气路是否畅通，反复捏放吸气球，以气球瘪起自如为好，同时又清洗了气室。

3）光路系统检查。按下光源电门，由目镜观察，并旋转目镜筒，调整到分划板清晰为止。再看光干涉条纹是否清晰，若不清晰时，可打开光源盖，通过调整光源直到条纹清晰为止，然后装好仪器待用。

（2）测定方法

1）对零。首先在与待测地点温度相近的进风巷中，捏放气球数次吸入新鲜空气清洗瓦斯室。按下微调开关，观看微读数窗、扭动微读数旋钮，使微读数为零。然后按下光源开关，观看目镜，转动主调螺旋，使光干涉条纹中最明显的一条黑线对准零位（常称基线对零），并盖好主调螺旋盖，以防零位变动。

调基准地点与待测地点的环境温度差不应大于10℃，且越接近越好。否则会出现由于温差过大引起测定时零点漂移，引起测定结果误差过大的现象。

2）测定。将进气胶管伸人测点，捏瘪吸气球5～6次，使待测气样进入气室。按下光源开关，由目镜读出基线在刻度板上所处的位置。若黑基线处于刻度板两个整数之间，如1～2之间，则顺时针转动微读数盘，使基线退到较低的整数数值1上，然后按下微读数开关，读出微读数盘上的读数为0.4。则测定气样的瓦斯浓度为1%+0.4%=1.4%，记录后将微读数盘退回零位。

测定二氧化碳浓度时，先用上述方法测定瓦斯浓度C_1，然后取下二氧化碳吸收管，在同一测点再测定二氧化碳和瓦斯的混合浓度C_2。C_2减去C_1再乘以0.955的校正系数，即为测点的二氧化碳浓度。

2. 仪器使用时的注意事项

（1）仪器应定期检修、校正。目测时最简单的校正方法是将光谱的第一条条纹对在零位，此时若第5条条纹正好落在读数为7的刻度线上，说明仪器误差在允许范围内可以使用，否则应调整、校正。

（2）二氧化碳吸收管的药粒不易过大，以3～5mm为宜，否则测定结果误差偏大。

（3）火区、密闭区等严重缺氧地带测定结果误差偏大，最好用化学分析法测定。据实验：氧气浓度每下降1%，瓦斯浓度偏高0.2%。

（4）若空气中含有一氧化碳、硫化氢气体时，测定结果偏大，可用40%氧化铜和60%二氧化锰混合剂，或活性炭吸收。

（5）目镜不清或光线暗淡时，可通过调整焦距或光源达到最佳状态。

（6）要爱护仪器，轻拿轻放，防止碰撞和震动，停用时取出电池置于干燥处。

3. 检测时的注意事项

（1）采样

测定瓦斯时在上部采集气样，测定二氧化碳时在下部采集气样。每个测点不少于3次，取最大值作为测定结果。测定人员应逆风而立，以防呼吸影响测定结果。

测定瓦斯和测定瓦斯与二氧化碳混合浓度的操作应在巷道同一个测点进行，否则会出现瓦斯与二氧化碳混合浓度值小于瓦斯浓度值的现象。

（2）风流中瓦斯、二氧化碳的检测

风流系指距巷道顶、底板及两帮一定距离空间内的风流，测定地点的选择必须能反应风流中瓦斯的实际值，如测风站等。

1）巷道风流中瓦斯、二氧化碳的检测。巷道风流的范围如下：棚支护时为距支架和底板各 50mm 的空间；无支护或锚喷、砌碹支护的巷道为距巷道顶、帮、底各 200mm 的空间。

矿井总进、回风，一翼总进、回风，水平总进、回风风流中瓦斯或二氧化碳的检测，应在相应的测风站中进行。采区回风流瓦斯或二氧化碳的检测应在采区各用风地点回风流全部汇合后的地点测定。

2）采煤工作面及进、回风流。采煤工作面风流是指距煤壁、顶、底各 200mm（煤厚小于 1m 时取 100mm）和以采空区切顶线为界的采煤工作面空间的风流，工作面的上（下）隅角、未放顶的空间等局部地点，按工作面风流处理。

工作面上（下）隅角顶板条件差，是采空区瓦斯流出通道，检查时应遵守支护完好、逐渐靠近的原则。或用长胶管采集气样，以防意外。工作面特殊爆破时（如强制放顶），必须有经过批准的安全技术措施，并按照措施的规定范围检查瓦斯。采煤工作面进、回风流中瓦斯或二氧化碳的检测，应在距煤壁线不大于 10m 处的工作面进、回风中进行。

3）掘进工作面及回风流中瓦斯或二氧化碳的检测。掘进工作面回风流是指距回风出口 10 ~ 15m 范围的风流（抽出式通风时在风筒中测定）。

掘进工作面风流是指风筒出风口到工作面的空间，包括上部左、右角瓦斯情况（距顶、帮、煤壁 200mm）；第一架棚左、右柱窝二氧化碳情况（距帮、底 200mm）。

掘进工作面应检查的地点包括巷道高冒处瓦斯情况；局部通风机附近 10m 范围内瓦斯、二氧化碳情况；电动机以及开关附近 20m 范围内瓦斯、二氧化碳情况；单巷掘进的煤巷、半煤岩巷回风流每 100m 检查一次瓦斯、二氧化碳情况；爆破后通风 15min（有煤与瓦斯突出危险的 30min），待炮烟吹散后对回风流和爆破地点全面检查。

4）采掘工作面爆破点附近 20m 范围内风流中瓦斯的检测。采煤工作面爆破点附近 20m 是指沿煤壁两端各 20m。若采空区顶板未冒落时，切顶线以外 1.2m 也需要检查。采空区爆破法强制放顶时，采空区的瓦斯也需要测定，测定范围按照已批准的安全技术措施执行。

掘进工作面爆破点附近 20m 是指掘进方向向外 20m。尤其是要特别注意巷道高冒处瓦斯的检查。

5）爆破过程中的瓦斯检测。爆破是在恶劣的环境中进行的，同时涌出大量瓦斯，往往容易达到燃烧与爆炸的浓度。因此，爆破时爆破工、班组长、瓦斯检查员必须到现场，严格执行"十不爆破""一炮三检"和"三人联锁爆破"制度。爆破点附近20m范围瓦斯达到1%不准装药；爆破点附近20m范围内及其回风流中瓦斯达1%不准爆破；爆破后通风15min（有煤与瓦斯突出危险的30min），待炮烟吹散后，爆破工、班组长、瓦检员进入爆破点对爆破效果和瓦斯浓度进行全面检查。并将检查的结果互相核对，取其中最大值为检查结果。

6）电气设备附近20m范围风流中瓦斯的检测。电气设备附近是指电动机及开关沿风流上下各20m范围内的风流。

（3）局部瓦斯检测

局部地点瓦斯浓度高，同时检测时又要尽可能靠近这些地点，因此危险性大，要特别注意预防窒息或瓦斯燃烧爆炸事故。

1）盲巷中瓦斯或二氧化碳的检测。长期停风的巷道要2人检查，且一前一后，拉开一定距离。首先从巷道入口处开始检查，且边走边检查，当瓦斯或二氧化碳浓度大于3%，或其他有害气体超过规定时随时撤出，并在入口处设置栅栏和警示。

在上山盲巷主要检查瓦斯，在下山盲巷主要检查二氧化碳，同时检查其他有害气体。

2）低风速等通风不良巷道中的检测。在通风不良的巷道中检测时，要坚持边走边检测，发现瓦斯、二氧化碳浓度高时及时退出，并向有关部门报告，及时处理。要特别注意大断面低风速巷道顶板附近和高冒处以及涌出异常地段瓦斯的检查，要用长管采集气样，且适当延长采集时间。

3）高冒处以及突出空洞内瓦斯的检测。高冒处瓦斯和有毒有害气体的浓度高，人员不得进入高冒区，只能用长胶管采集气样，且遵守由外及里的原则。当瓦斯浓度大于3%时或其他有害气体超过规定时，应及时进行封闭处理，不得留下隐患。

四、热效式瓦斯检测仪器

目前，热效式瓦斯检测仪器是使用中最多的一种电测仪器。它由热敏元件和可调基准的白元件分别接在一个电桥的相邻桥臂上，电桥的另两个桥臂分别接入适当的电阻，它们共同组成测量电桥。

正常条件下，通过调整调基电阻使电桥平衡，表中无电流、电压输出。当混合气体经过测定元件时，在催化剂的作用下瓦斯发生氧化，氧化的热量使测量元件的温度升高，电阻值增加，于是电桥就失去平衡，输出一定的电压。该电信号经放大电路、报警电路、显示电路等处理，实现瓦斯浓度显示、声光报警、断电和远距离信号传输等功能。

该类仪器的主要缺点是只能测低浓度的瓦斯，因此《煤矿安全规程》规定，瓦斯传感器每天必须用便携式瓦斯检测报警仪或便携式光学瓦斯检测仪对照，当读数误差大于允许值时，先以读数较大的为依据，采取安全措施并在 8h 内对 2 种设备调校完毕。瓦斯传感器每 7d 必须用标准气样调校一次，每 7d 必须对瓦斯超限断电功能进行测试。安全监测设备必须定期进行调试、校正，每月至少 1 次。

第六节　瓦斯特殊涌出及预防

一、瓦斯特殊涌出

瓦斯特殊涌出分瓦斯喷出和煤（岩）与瓦斯（二氧化碳）突出。在较短时间内，通过肉眼可见到的缝隙、孔洞中放出大量瓦斯称瓦斯喷出。在 20m 巷道范围内，瓦斯（二氧化碳）涌出量大于或等于 $1m^3/min$ 且持续 8h 以上时的区域，定为瓦斯（二氧化碳）喷出危险区域。

在地应力和瓦斯的共同作用下，破碎的煤、岩和瓦斯由煤体或岩体内突然向采掘空间抛出的异常动力现象称瓦斯突出。当动力现象不明显时，抛出的吨煤瓦斯涌出量大于或等于 $30m^3/t$ 或为本区域煤层瓦斯含量的 2 倍以上的瓦斯动力现象，应定为瓦斯突出。

在采掘过程中发生过煤与瓦斯突出的煤层，称煤与瓦斯突出煤层。在采掘过程中发生过煤与瓦斯突出的矿井，称煤与瓦斯突出矿井。

瓦斯特殊涌出具有很大的危害性：使井巷或采场充满瓦斯，造成窒息和爆炸条件；破坏通风系统，造成风流紊乱甚至逆转；堵塞巷道，破坏支架、设备与设施，造成伤亡等。同时，为了防治煤与瓦斯突出，必须实施防突措施，增加了煤炭开采成本，有的高达 100 元 /t 以上。而巷道掘进平均 30m/ 月左右，一个采煤工作面要准备 2 年以上，造成严重采掘比例失调，严重制约煤矿经济的发展。

二、瓦斯喷出及预防

在含瓦斯的煤（岩）地质构造带内常有大量的裂隙和溶洞，其中常含有大量高压瓦斯，当采掘与其一旦沟通时，瓦斯就会急剧喷出。

1. 瓦斯喷出规律

（1）与地质构造有密切关系。如断层、褶曲、溶洞等构造带附近常常存在裂隙、空洞等。

（2）喷出前一般有预兆。采掘接近地质构造带时，常常出现岩石破碎、湿润、底鼓、煤质变软、压力增大及瓦斯涌出异常等预兆。

（3）一般具有明显的喷出口或裂缝。

（4）喷出量和喷出时间与瓦斯的范围和瓦斯来源有密切联系。瓦斯范围大，来源广，并有裂缝相沟通时，喷出量大，时间长。

2. **瓦斯喷出的预防与处理措施**

（1）加强地质工作，探明地质构造和瓦斯情况。例如在掘进工作面前进方向和两侧打探孔，探明地质构造和瓦斯贮存情况，同时又起到探水的作用。

（2）排放瓦斯。根据已探明的瓦斯情况，可采取自然排放、插管法排放、巷道法抽采等措施进行排放。

（3）将瓦斯引至回风流。若瓦斯喷出裂隙不大、喷出量较小时，可用风筒或管道将瓦斯引至回风流或掘进工作面 20m 以外，以确保掘进、爆破工作的安全。

（4）封堵裂隙。当裂隙小、喷出瓦斯量不大时，可用黄泥等材料封堵裂隙。

（5）合理供风。有瓦斯喷出的采掘工作面，要有独立的通风系统，并适当加大风量。

（6）合理的开采顺序和顶板控制方法。例如邻近层瓦斯喷出时，可先采涌出量小的煤层；回采初期及时放顶，减小集中压力等。

三、煤（岩）与瓦斯突出

1. **瓦斯突出机理**

解释瓦斯突出的原因和突出过程的理论称突出机理。瓦斯突出机理很复杂，受多种因素影响，解释其机理的假说很多，主要有瓦斯假说、地应力假说和综合作用假说。国内外学者大多数倾向于综合作用假说。

综合作用假说认为，瓦斯突出是地应力、瓦斯和煤结构综合作用的结果。地应力包括岩石静压力、地质构造力、集中应力等。瓦斯包括瓦斯含量、瓦斯压力、瓦斯解吸速度等。煤结构包括煤的结构、煤强度、煤破坏类型等。有瓦斯突出危险性的煤层，在地质构造力或地层静压力和瓦斯压力综合作用下，处于弹性变形状态，积蓄了一定的弹性潜能。当采掘工作面煤体与瓦斯体系的平衡状态突然遭到破坏时，弹性能和瓦斯突然释放，煤体内裂隙迅速增加，吸附态的瓦斯瞬间大量解吸，煤体进一步破坏，瓦斯压力进一步上升。若瓦斯压力大于煤壁强度，高压瓦斯就会冲破煤（岩）壁，携带破碎了的煤（岩）喷向采掘空间。

在瓦斯突出中，地应力与瓦斯为突出动力，煤结构为突出阻力。若前者占主导地位，突出可能性大，否则相反。突出时，可能是某一种因素占主导地位。例如：钻孔突出多为瓦斯占主导地位；采煤工作面突出多为地压力占主导地位；石门揭煤、煤层平巷、上（下）山突出多为二者综合作用。

同时，地应力、瓦斯、煤结构是相互联系、相互影响的。例如：地应力、瓦斯随着开采深度的增加而增加，突出危险性增加；煤体排放瓦斯后，瓦斯压力下降，煤强度上升，地应力下降，突出危险性降低等。

2. 瓦斯突出分类

（1）按突出力学现象及特征分类

瓦斯突出可分为煤的突然倾出并涌出大量瓦斯，简称倾出；煤的突然压出并涌出大量瓦斯，简称压出；煤与瓦斯突出，简称突出。倾出以煤重力为主，瓦斯在一定程度上参与。压出以地应力和采动应力为主，瓦斯作用为辅，使采掘工作面煤体被抛出或位移，即压出的能量主要为煤层积蓄的弹性能。突出是在地应力和瓦斯压力共同作用下，采掘工作面煤体遭到破坏，并以极快的速度被抛出并伴随大量瓦斯涌出，一般以地应力为主，瓦斯压力为辅，实现突出的基本能量为煤层积蓄的弹性能和瓦斯压力。突出压出、倾出统称为突出，其基本特征如下：

1）突出的基本特征

突出的煤向外抛出的距离较远，具有分选现象。

抛出的煤堆积角小于自然安息角；抛出的煤破碎程度较高，含大量碎煤和一定数量手捻无粒感的煤粉。

有明显的动力效应，如破坏支架，推倒矿车，损坏或移动安装在巷道中的设施等。

有大量瓦斯涌出，瓦斯的涌出量远远超过突出煤的瓦斯含量，有时会使风流逆转。

突出孔洞呈口小腔大的梨形、舌形、倒瓶形、分叉形以及其他形状。

2）压出的基本特征

压出有两种形式，即煤的整体位移和煤的一定距离地抛出，但位移和抛出的距离都较小；压出后，在煤层与顶板之间的裂隙中常留有细煤粉，整体位移的煤体上有大量裂隙；压出的煤呈块状，无分选现象。

巷道瓦斯涌出量增大。

压出可能无孔洞或呈大小腔的楔形，半圆形孔洞。

3）倾出的基本特征

倾出的煤就地按自然安息角堆积，无分选现象；倾出的孔洞多为口大腔小，孔洞轴线沿煤层倾斜或铅垂（厚煤层）方向发展。

倾出常发生在煤质松软的急倾斜煤层中；巷道瓦斯涌出量明显增加。

（2）按突出强度分类

突出强度是指一次突出抛出的煤（岩）数量和涌出瓦斯量。由于瓦斯是流体，突出的数量较难准确计算，一般以突出煤量为依据，划分为小型突出（强度小于

100t/次）、中型突出（强度为 100～500t/次以下）、大型突出（强度等于 500～1000t/次以下）、特大型突出（强度等于或大于 10001/次）。

（3）按突出的地点分类

突出矿井所有巷道都有发生突出的危险，但主要发生在平巷、上山和采煤工作面。其中以石门揭煤时突出强度最大，爆破落煤时最容易引起突出。

1）石门揭煤突出。由于煤层较围岩透气性差，石门揭煤前，在煤层内瓦斯未排出时，保持着原始的高压状态；由于在煤岩交面应力不连续，爆破瞬间煤体应力突变，强度降低，若二向应力承受不住高压瓦斯的冲击，便发生突出。

2）煤层平巷突出。煤层平巷突出次数最多，占总量的 47.3%，最大强度为 500t/次，平均强度为 55.6t/次。因为煤层平巷瓦斯压力和瓦斯梯度较石门小，工作面前方不具备应力突变条件，压出、倾出比重大，强度小，多为小型突出。

3）上山掘进突出。上山掘进突出占总量的 24.9%。由于突出的动力主要为煤的自重，倾出比重增加，尤其是急倾斜煤层。倾斜、急倾斜煤层上山突出强度一般较平巷小，最大强度为 12671/次，平均强度为 50.0t/次。

4）下山掘进突出。下山掘进突出占总量的 3.8%，最大强度为 369t/次，平均强度为 86.3t/次。一般为突出和压出。由于煤的自重为突出的阻力，一般不见倾出。

5）采煤工作面突出。采煤工作面突出占总量的 15.8%，最大强度为 900t/次，平均强度为 35.9t/次。突出主要发生在倾斜和近水平煤层，且大多数为压出类型。

由于急倾斜煤层后退式回采易于瓦斯的排放，地应力相应降低，地压力也小，因此很少发生突出。后退式采煤工作面有利于瓦斯的排放，使突出危险性降低。但地压力活跃，如周期来压，控顶距过大，悬顶面积过大等，又可诱发突出等。

采煤工作面突出强度虽小，但由于人员集中，对安全的威胁大，一旦突出发生，往往造成重大伤亡事故。

3. 瓦斯突出的一般规律

瓦斯突出有一定规律性，即使突出严重的矿井，突出区域也不到 10%。因此，掌握瓦斯突出的规律，不仅对安全生产意义重大，对提高矿井效率和经济效益也有十分重要的现实意义。瓦斯突出的一般规律如下：

（1）绝大多数突出发生在地质构造带内。地质构造带内附近煤岩破坏严重，强度低，抵御突出的阻力降低。同时，这些区域应力分布集中，煤岩有较大弹性，且瓦斯含量高，突出的能量大。例如，鹤壁矿区 61 次突出有 53 次发生在地质构造带附近。

（2）采掘应力集中带内易发生突出。应力集中区弹性能大，煤双向应力强度低。

（3）突出发生在一定深度，突出的强度和次数随开采深度增加而增加。开采深度越深，瓦斯含量越高，压力越大，地压力也越大，当然突出的强度和次数也越大。

（4）煤层越厚，强度越低，抵御突出的能力越低；煤层倾角大，受自重影响越大。因此，突出的次数和强度随煤层厚度，尤其是软分层厚度的增加而增加。且煤层的倾角越大，突出的危险性越大。

（5）突出煤层煤质松软、暗淡、干燥、透气性差，层理紊乱，受地质构造破坏严重，瓦斯放散速度高。

（6）煤（岩）层瓦斯含量与压力越大，突出危险性越大。大多数突出发生于瓦斯压力大于 1MPa、瓦斯含量大于 $10 \sim 15m^3/t$ 的煤层。

（7）突出危险性随厚、坚硬、致密的顶底板的存在而增加。在该条件下，煤层弹性应力和集中应力大，瓦斯不易放散，含量高，突出危险性大。

（8）绝大多数突击发生在落煤时，尤其是爆破。爆破时，工作面前方的应力集中区突然暴露于工作面，最容易引起突出。

（9）突出具有延期性。爆破落煤时，原应力场破坏，形成新的应力场，应力场调整过程决定了突出的延期时间，由几分钟到几小时，对人威胁很大。

（10）多数突出发生于高瓦斯矿井，突出的气体主要是瓦斯，个别为二氧化碳。

（11）突出前一般都有预兆，地压方面包括放煤炮、支架响声、煤岩开裂、底鼓、煤岩自行剥落、煤壁颤动、钻孔变形、垮孔顶钻、夹钻、钻机过负荷等。瓦斯方面包括瓦斯涌出异常、涌出忽大忽小、煤尘增大、气温和气味异常、打钻喷瓦斯、喷煤，出现哨声、风声、蜂鸣声等。煤层方面包括层理紊乱、强度降低或松软不均、暗淡等。

（12）由于地应力、瓦斯压力、煤的力学强度、煤的透气性等异常情况往往是呈带状分布的，因此突出危险区一般呈带状分布。

四、区域防突措施

区域防突措施是指在突出煤层进行采掘前，对突出煤层较大范围采取的防突措施。区域防突措施包括开采保护层和预抽煤层瓦斯两类，应在合理进行采掘部署的基础上实施。由于区域防突措施具有防突效果安全可靠且最经济等优势，因此在选择防突措施时，必须坚持"区域措施优先，局部措施补充"的原则。区域防突措施应当做到多措并举、可保必保、应抽尽抽、效果达标。区域综合防突措施包括区域突出危险性预测、区域防突措施、区域措施效果检验与验证。

突出煤层必须按国家防突规定的要求采取区域综合防突措施，严禁在区域防突措施未达到要求的区域进行采掘作业。突出矿井在编制年度、季度、月生产计划时，必须编制防治突出措施计划。

区域防突措施必须优先选用开采保护层措施。在无保护层开采条件时可选取预抽煤层瓦斯，未采取区域综合防突措施并达到要求指标的，严禁采掘活动。

开采突出煤层时，必须采取突出危险性预测、防治突出措施、防治突出措施的效果检验、安全防护措施等综合防治突出措施，突出矿井采掘工作必须做到"不掘突出头、不采突出面"。

五、局部防突措施

局部防突措施是指突出煤层在实施较大范围的区域性防突措施且达到规定指标后，在工作面采掘过程中，针对工作面较小范围内经预测尚未消除突出危险的局部煤层实施的防突措施。其有效作用范围一般仅限于当前工作面周围较小的局部区域。局部防突措施的实质，就是通过措施的实施，降低突出的动力，增大抵制突出的阻力。局部防突措施主要包括石门揭煤防突措施和采掘工作面防突措施，一般分为四大类，即超前排放瓦斯、松动爆破、水力化措施和加强支护措施。

第七节 瓦斯突出预测预报与效果检验

一、瓦斯突出危险性预测预报

1. 区域突出危险性预测

突出矿井应当对突出煤层进行区域突出危险性预测。经区域预测后，突出煤层可划分为突出危险区和无突出危险区。未进行区域预测的区域视为突出危险区。

区域预测分为新水平、新采区开拓前的区域预测和新采区开拓完成后的区域预测。

（1）预测的主要内容

1）原地应力场，如始突深度、突出次数和强度与采深的关系等。

2）采动应力场。采动应力一般为原岩应力的 2 ~ 3 倍，若应力叠加则更大。

3）地质构造。地质构造是地质构造力的痕迹，地质构造区应力集中，煤岩破坏严重，瓦斯含量高。

4）瓦斯含量和瓦斯压力。瓦斯含量越高（尤其是游离瓦斯），其弹性能越大，突出危险性也越大。

5）煤层结构与软分层的厚度。煤层破坏越严重，软分层的厚度越大，突出危险性也越大。

6）围岩情况。厚而坚硬的顶底板的存在易发生瓦斯突出。

将以上资料填于采掘工程平面图，即为瓦斯突出预测图，按瓦斯突出危险程度划分为无突出危险区、可能突出危险区、一般突出危险区和严重突出危险区，以便根据突出危险程度进行分区管理。

（2）区域突出危险性预测方法

1）区域预测一般根据煤层瓦斯参数结合瓦斯地质分析的方法进行，也可以采用其他经试验证实有效的方法。根据煤层瓦斯压力或者瓦斯含量进行区域预测的临界值应当由具有突出危险性鉴定资质的单位进行试验考察。区域预测新方法的研究试验应当由具有突出危险性鉴定资质的单位进行，并在试验前由煤矿企业技术负责人批准。

2）根据煤层瓦斯参数结合瓦斯地质分析的区域预测方法应当按照下列要求进行：①煤层瓦斯风化带为无突出危险区域；②根据已开采区域确切掌握的煤层赋存特征、地质构造条件、突出分布的规律和对预测区域煤层地质构造的探测、预测结果，采用瓦斯地质分析的方法划分出突出危险区域；当突出点及具有明显突出预兆的位置分布与构造带有直接关系时，则根据上部区域突出点及具有明显突出预兆的位置分布与地质构造的关系确定构造线两侧突出危险区边缘到构造线的最远距离，并结合下部区域的地质构造分布划分出下部区域构造线两侧的突出危险区；否则，在同一地质单元内，突出点及具有明显突出预兆的位置以上 20m（埋深）及以下的范围为突出危险区；③在上述①、②项划分出的无突出危险区和突出危险区以外的区域，应当根据煤层瓦斯压力 P 进行预测；如果没有或者缺少煤层瓦斯压力资料，也可根据煤层瓦斯含量 W 进行预测；预测所依据的临界值应根据试验考察确定。

3）根据煤层瓦斯参数结合地质分析的区域预测方法进行开拓后区域预测时，还应当符合下列要求：①预测主要依据应为井下实测的煤层瓦斯压力、瓦斯含量等参数；②测定煤层瓦斯压力、瓦斯含量等参数的测试点在不同地质单元内根据其范围、地质复杂程度等实际情况和条件分别布置；同一地质单元内沿煤层走向布置测试点不少于 2 个，沿倾向不少于 3 个，并有测试点位于埋深最大的开拓工程部位。

2. 采煤工作面突出危险性预测

采煤工作面的突出危险性预测，可参照煤巷掘进突出危险性预测的钻屑指标法、复合指标法、值指标法及其他经试验证实有效的方法进行。但应沿采煤工作面每隔 10～15m 布置 1 个预测钻孔，深度 5～10m，除此之外的各项操作与预报临界值等均与煤巷掘进工作面突出危险性预测相同。当预测为无突出危险时即可生产，但每预测循环应留有 2m 的预测超前距，进行下一预测循环。

3. 突出危险性预测注意事项

（1）煤与瓦斯突出主要是由地应力、瓦斯和煤层物理性质综合作用的结果。因此在选取预测指标上要考虑各方面的因素，一般要选取 2 个以上起不同作用的预测指标。

（2）在进行规定方法预测的同时，应积极进行辅助指标法预测，以实现工作面突出危险性的多元信息综合预测和判断。辅助指标法如测定瓦斯含量、工作面瓦斯涌出动态变化、声发射、电磁辐射、钻屑温度、煤体温度等，以及采用物探、钻探等手段探测前方地质构造，观察工作面揭露的地质构造、采掘作业及钻孔等发生的各种现象等。

（3）对于各类工作面采用规定以外的其他新方法预测研究试验应当由具有突出危险性鉴定资质的单位进行，试验前并履行审批手续。

（4）各矿井应根据本矿井实际经试验考察和实测确定突出危险性敏感指标和临界值，并作为判定工作面突出危险性的主要依据。否则，应以规定值为预报临界值。

二、防突措施的效果检验

1. 开采保护层的效果检验

开采保护层的保护效果检验主要采用残余瓦斯压力、残余瓦斯含量、顶底板位移量及其他经试验证实有效的指标和方法，也可结合煤层的透气性系数变化率等辅助指标。

当采用残余瓦斯压力、残余瓦斯含量检验时，应根据实测的最大残余瓦斯压力或最大残余瓦斯含量按照对预计被保护区域的保护效果进行判断。只有瓦斯含量 $W < 8m^3/t$，瓦斯压力 $p < 0.74MPa$ 可确定为无突出危险区。若检验结果仍为突出危险区，则保护效果为无效。

2. 预抽煤层瓦斯防突措施的效果检验

采用预抽煤层瓦斯区域防突措施时，应以预抽区域的煤层残余瓦斯压力或残余瓦斯含量为主要指标或其他经试验证实有效的指标和方法进行措施效果检验。穿层钻孔预抽石门（含立、斜井等）揭煤区域煤层瓦斯区域防突措施也可以采用钻屑瓦斯解吸指标法进行措施效果检验。对预抽煤层瓦斯区域防突措施进行检验时，应首先分析、检查预抽区域内钻孔的分布等是否符合设计要求，不符合设计要求的，不予检验。

穿层钻孔、顺层钻孔预抽煤巷条带煤层瓦斯和穿层钻孔预抽石门（含立、斜井等）揭煤区域煤层瓦斯区域防突措施采用残余瓦斯压力或残余瓦斯含量指标进行检验时，必须依实测值为判定依据。采用其他方式的预抽煤层瓦斯区域防突措施的可采用直接测定值或根据预抽前的瓦斯含量及抽、排瓦斯量等参数间接计算残余瓦斯含量值。

防突措施的效果确定应符合下列要求：

（1）采用钻屑瓦斯解吸指标法对穿层钻孔预抽石门（含立、斜井等）揭煤区域煤层瓦斯区域防突措施进行检验，如果所有实测的指标值均小于临界值则为无突出危险区，否则，即为突出危险区，预抽防突效果无效。

（2）检验期间在煤层中进行钻孔等作业时发现了喷孔、顶钻及其他明显突出预兆时，发生明显突出预兆的位置周围半径100m内的预抽区域判定为措施无效，所在区域煤层仍属突出危险区。

（3）当采用煤层残余瓦斯压力或残余瓦斯含量的直接测定值进行检验时，若任何一个检验测试点的指标测定值达到或超过了有突出危险的临界值而判定为预抽防突效果无效时，则此检验测试点周围半径100m内的预抽区域均判定为预抽防突效果无效，即为突出危险区。

采用直接测定煤层残余瓦斯压力或残余瓦斯含量进行效果检验时应满足下列要求：

（1）对穿层钻孔或顺层钻孔预抽区段煤层瓦斯区域防突措施进行检验时，若区段宽度（两侧回采道间距加回采巷道外侧控制范围）未超过120m，以及对预抽回采区域煤层瓦斯区域防突措施进行检验时若采煤工作面长度未超过120m，则应沿采煤工作面推进方向每间隔30～50m至少布置1个检验测试点；若预抽区段煤层瓦斯区域防突措施的区段宽度或预抽回采区域煤层瓦斯区域防突措施的采煤工作面长度大于120m时，则应在采煤工作面推进方向每间隔30～50m，至少沿工作面方向布置2个检验测试点。

当预抽区段煤层瓦斯的钻孔在回采区域和煤巷条带的布置方式或参数不同时，应按照预抽回采区域煤层瓦斯区域防突措施和穿层钻孔预抽煤巷条带煤层瓦斯区域防突措施的检验要求分别进行检验。

（2）对穿层钻孔预抽煤巷条带煤层瓦斯区域防突措施进行检验时，应在煤巷条带每间隔30～50m至少布置1个检验测试点。

（3）对穿层钻孔预抽石门（含立、斜井等）揭煤区域煤层瓦斯区域防突措施进行检验时，应至少布置4个检验测试点，分别位于要求预抽区域内的上部、中部和两侧，并且至少有1个检验测试点位于要求预抽区域内距边缘不大于2m的范围。

（4）对顺层钻孔预抽煤巷条带煤层瓦斯区域防突措施进行检验时，应在煤巷条带每间隔20～30m至少布置1个检验测试点，且每个检验区域不得少于3个检验测试点。

（5）各检验测试点应布置于所在部位钻孔密度较小、孔间距较大、预抽时间较短的位置，并尽可能远离测试点周围的各预抽钻孔或尽可能与周围预抽钻孔保持等距离，且应避开采掘巷道的排放范围和工作面的预抽超前距。在地质构造复杂区域应适当增加检验测试点。

采用间接计算残余瓦斯含量进行效果检验时，当预抽区域内钻孔的间距和预抽时间差别较大时，应根据孔间距和预抽时间划分评价单元分别计算检验指标；当预抽钻孔控制边缘外侧为未采动煤体时，在计算检验指标时根据不同煤层的透气性及钻孔在不同预抽时间的影响范围等情况，在钻孔控制范围边缘外适当扩大评价计算区域的煤层范围，但检验结果仅适用于预抽钻孔控制范围。

第八节　瓦斯抽采与瓦斯突出矿井管理

一、瓦斯抽采

1. 瓦斯抽采方法的选择

矿井瓦斯抽采方法，按瓦斯来源可分为开采煤层瓦斯抽采、邻近层瓦斯抽采、采空区瓦斯抽采和围岩瓦斯抽采四类；按抽采的机理可分为未卸压抽采和卸压抽采两类；按抽采在时间上与采掘的关系可分为预先抽采、边掘（采）边抽和采空区抽采；按瓦斯抽采工艺手段可分为钻孔法抽采、巷道法抽采、钻孔与巷道法抽采、采空区密闭抽采和地面钻孔抽采。

开采单一的突出危险煤层和无保护层可采的突出煤层群，尤其是瓦斯的煤层透气性较好或采取煤层增透措施能使煤层透气性适合抽采的矿井，可采取预抽煤层瓦斯的办法防治煤与瓦斯突出。

预抽瓦斯目前尚无统一分类方法，根据钻孔（抽采井）施工地点与煤层相对关系，可分为地面井抽采、穿层孔抽采（包括邻近层抽采、岩石巷穿层抽采）、本煤层抽采等。为达到区域防突措施目的，根据防突区域划分，预抽煤层瓦斯方式：地面井预抽煤层瓦斯以及井下穿层钻孔或顺层钻孔预抽区段煤层瓦斯、穿层钻孔预抽煤巷条带煤层瓦斯、顺层钻孔或穿层钻孔预抽回采区域煤层瓦斯、穿层钻孔预抽石门（含立、斜井等）揭煤区域煤层瓦斯、顺层钻孔预抽煤巷条带煤层瓦斯等。

虽然我国煤层气地面垂直井钻井技术比较成熟，已在许多不同地质构造盆地内取得成功，但地面钻孔抽采瓦斯对于煤层深、黄土覆盖层厚的矿井钻孔工程量大，同时受地质条件、储层条件、资源和开发规模条件、经济地理和市场条件等多种因素制约，目前除在晋城矿区和鄂尔多斯成功应用外，其他矿区应用还不普遍，应用较为广泛的为井下抽采措施。

2. 本煤层抽采瓦斯

本煤层抽采瓦斯即抽采开采层的瓦斯，又称开采层瓦斯抽采。即在煤层开采之前或采掘的同时，用巷道或打钻孔的方式对开采煤层内瓦斯进行抽采的一种形式。通过抽采开采煤层的瓦斯，以减少煤层瓦斯含量和瓦斯压力，达到防突的目的。特点是煤层没有卸压，抽采效果决定于煤层的透气性。为了提高煤层抽采效果，往往在抽采的同时，采取煤层注水、水力压裂等其他综合防突措施。

3. 邻近层抽采瓦斯

开采煤层群时，回采煤层的顶、底板围岩将发生冒落、移动、龟裂和卸压，透气性增加。回采煤层附近煤层或夹层中的瓦斯就能向回采层的采空区运移。这类向开采层采空区涌出瓦斯的煤层或夹层，叫邻近层。位于开采层顶板内的邻近层，叫上邻近层，底板内的叫下邻近层。

从开采层或围岩大巷向邻近层打钻，抽采受开采层采动影响的上、下邻近煤层（可采煤层、不可采煤层、煤线、岩层）的瓦斯，叫邻近层抽采瓦斯。邻近层抽采瓦斯通常采用从开采层回风巷（或回风副巷）向邻近层打垂直或斜交穿层钻孔抽采瓦斯的方法。当邻近层瓦斯涌出量大时，可采用顶（底）板瓦斯巷道（高抽巷）抽采。当邻近层或围岩瓦斯涌出量较大时，可在工作面回风侧沿开采层顶板布置迎面水平长钻孔（高位钻孔）抽采上邻近层瓦斯。

煤层开采后，在其顶板形成三个受采动影响的地带（冒落带、断裂带和弯曲变形带），在其底板则形成断裂带和变形带。冒落带距开采煤层很近，将随顶板的冒落而冒落，瓦斯完全释放到采空区内，可以进行采空区抽采。断裂带内煤体卸压充分，瓦斯大量解吸，是抽采瓦斯最好的地带。弯曲变形带距开采层远，卸压程度低，抽采效果仅次于断裂带。若增加抽采时间，也能取得较好的效果。开采层底板各带的抽采效果大致与顶板各相应带相似。邻近层抽采就是充分利用开采层采后对邻近层产生的这种卸压作用，来提高抽采效果。

对于煤层埋藏浅、瓦斯含量高的厚煤层或煤层群，有条件时，可采用地面钻孔预抽开采层瓦斯、抽采卸压邻近层瓦斯或抽采采空区瓦斯的方法。对矿井瓦斯来源多、分布范围广、煤层赋存条件复杂的矿井，应采用多种抽采方法相结合的综合抽采方法。煤与瓦斯突出矿井开采保护层时，必须同时抽采被保护煤层的瓦斯。

二、瓦斯突出矿井管理

1. 建立健全防突专门机构

有煤与瓦斯突出危险的矿井，应建立健全专门的防突机构，配备足够的相应人员，掌握突出动态和规律，总结经验和教训，根据矿井防突工作的长远规划和年度计划，制订矿井防突措施，专门从事防突工程施工、瓦斯抽采、突出危险性预测预报、防突工作日常管理等防突工作。

　　突出矿井的矿长、技术负责人应具有大专及以上学历或工程师及以上职称，并具有 5 年以上本矿井工作经历或 3 年以上突出矿井工作经历，并应当接受煤矿二级及以上安全培训机构组织的防突专项培训，考核合格持证上岗。并每两年复训一次。

　　突出矿井的区（队）长、班组长和有关职能部门的工作人员全面掌握区域和局部综合防突措施、防突的规章制度等内容。

　　突出矿井应设置至少 2 名采矿或安全工程（煤矿）专业大专及以上学历的专职防突技术人员，设置至少 1 名地质相关专业大专及以上学历负责矿井地质工作的技术人员。煤矿负责防突的职能部门、防突作业区（队）的管理人员中至少有 5 名具有采矿或安全工程（煤矿）专业大专及以上学历。

　　2. 加强领导，明确责任

　　有突出危险的矿井，矿长对防治突出管理工作负全面责任；矿总工程师对防治突出工作负技术责任，负责组织编制、审批、实施、检查防治突出工作规划、计划和措施；副矿长（或副总工程师）负责落实所分管的防突具体工作；各职能部门对本职范围内的防突工作负责；区、队、班组长对管辖内的防突工作负直接责任；防突人员对所在岗位的防突工作负责；安全监察部门对防突工作的落实负责监督检查。

　　3. 加强防突施工队伍及施工设备建设

　　突出矿井的管理人员和井下工作人员必须接受防突知识的培训，熟知防突基本知识和本岗位相关防突的规章制度，经考试合格后方准上岗作业。突出危险性预测预报人员属于特种作业人员。专职防突技术人员和突出预测预报人员每年必须接受一次煤矿三级及以上安全培训机构组织的防突知识、操作技能的专项培训，考核合格持证上岗。突出矿井必须配备相应的防突施工机械和仪器设备。

　　4. 防突措施计划

　　突出矿井必须抽采瓦斯。且矿井防突措施工程量大，需要时间长。为了保证抽采瓦斯工作面的正常衔接，做到"抽、掘、采"平衡，应提前 3 ~ 5 年制定抽采瓦斯规划，每年年底前编制下年度的抽采瓦斯计划。在编制年度、季度、月度生产建设计划时，必须同时编制年度、季度、月度防突措施计划。防突措施计划的内容包括开采保护层计划、抽采煤层瓦斯计划、石门揭穿突出煤层计划、采掘工作面局部防治突出措施计划等。

　　5. 防突设计

　　突出矿井必须研究确定合理的采掘部署，使煤层的开采顺序、巷道布置、采煤方法、采掘接替等更有利于区域防突措施的实施。

　　有突出危险的新建矿井及突出矿井的新水平、新采区，必须编制防突专项设计。设计应当包括开拓方式、煤层开采顺序、采区巷道布置、采煤方法、通风系统、防突设施（设备）、区域综合防突措施和局部综合防突措施等内容，并履行审批手续。

（1）煤与瓦斯突出矿井的巷道布置应满足下列要求：①运输和轨道大巷、主要风巷、采区上山和下山（盘区大巷）等主要巷道必须布置在岩层或非突出煤层中；②应减少井巷揭穿突出煤层的次数；③井巷揭穿突出煤层的地点应当合理避开地质构造破坏带；④突出煤层的巷道应优先布置在被保护区域或其他卸压区域，如采用沿空留巷或沿空送巷；开采保护层的矿井，应充分利用保护层的保护范围。

（2）煤与瓦斯突出矿井的采掘工作面作业最小安全距离应满足下列规定：①同一突出煤层正在采掘的工作面应力集中范围内，不得安排其他工作面回采或者掘进，具体范围由煤矿企业技术负责人确定，但不得小于 30m；②突出煤层的掘进工作面应当避开邻近煤层采煤工作面的应力集中范围；③在掘进工作面与被贯通巷道距离小于 60m 的区域作业期间，被贯通巷道内不得安排作业，并保持正常通风，且在爆破时不得有人。

（3）突出煤层的采掘作业方法应满足：①严禁采用水力采煤法、倒台阶采煤法及其他非正规采煤法；②急倾斜煤层适合采用伪倾斜正台阶、掩护支架采煤法；③急倾斜煤层掘进上山时，应采用双上山或伪倾斜上山等掘进方式，并应加强支护；④掘进工作面与煤层巷道交叉贯通前，被贯通的煤层巷道必须超过贯通位置，其超前距不得小于 5m，并且贯通点周围 10m 内的巷道应加强支护；在掘进工作面与被贯通巷道距离小于 60m 的区域作业期间，被贯通巷道内不得安排作业，并保持正常通风，且在爆破时不得有人；⑤采煤工作面应尽可能采用刨煤机或浅截深采煤机采煤；⑥煤、半煤岩炮掘和炮采工作面，必须使用安全等级不低于三级的煤矿许用含水炸药（二氧化碳突出煤层除外）。

（4）突出矿井应当建立可靠的通风系统，并满足下列要求：①突出矿井应采用对角式通风或分区式通风；②突出矿井、有突出煤层的采区、突出煤层工作面都必须有独立的回风系统，采区必须布置专用回风巷；③井巷揭穿突出煤层前，必须具有独立的、可靠的通风系统；④在突出煤层中，严禁任何两个采掘工作面之间串联通风；⑤突出煤层采掘工作面回风侧严禁设置调节风量的设施；⑥突出矿井严禁在井下安设辅助通风机；⑦突出煤层掘进工作面不应锐角通风，局部通风机必须设置双风机、双电源、自动倒台装置，"三专供电"，压入式工作；⑧突出煤层掘进工作面的进风侧必须至少设置 2 道坚固可靠的反向风门。

（5）突出矿井选择防突措施时，必须坚持"区域措施优先，局部措施补充"的原则。措施的内容包括区域突出危险性预测、区域防突措施、区域措施效果检验与验证。

区域防突措施应当优先开采保护层，不具备开采保护层条件的，必须采用预抽煤层瓦斯的区域防突措施，做到多措并举、可保必保、应抽尽抽、效果达标；采掘工作做到不掘突出头、不采突出面。

（6）采掘工作面局部综合防突技术措施的内容应包括：在突出煤层中的采掘工作面开工前，都必须编制该工作面施工过程中的专项防突技术措施，做到一工程一措施。采掘工作面专项防突措施应包括工作面概况和瓦斯地质、工作面突出危险性预测、工作面防突技术措施、防突措施的效果检验、安全防护措施、确定防突措施各级人员的岗位责任制等内容。

6. 编制瓦斯突出事故应急预案

根据矿井瓦斯情况，编制防治煤与瓦斯突出事故应急预案，并每年至少演练一次。瓦斯突出事故应急预案应包括下列内容：建立煤与瓦斯突出应急救援预案组织机构并明确其职责；建立煤与瓦斯突出应急救援技术资料档案；突出地点、强度的预估；突出后的停电与撤人措施；突出时的应急救援响应机制；应急指挥部的组成与工作；应急救援演练等。

第十二章 矿井火灾与水害

第一节 煤炭自燃

一、煤炭自燃的基本条件

矿井火灾中自燃火灾约占 70%，尤其在一些自然发火严重的矿区，自燃火灾占据总火灾数量的 80% ~ 90% 以上。

自燃火灾的形成必须具备以下 3 个基本条件：易于低温氧化的煤呈破碎状态堆积；存在适宜的通风供氧条件；存在蓄热的环境条件并持续一定时间。

二、煤炭自燃的发展过程

关于煤炭自燃的机理有许多学说，目前，煤氧复合作用学说已被较多人接受，认为煤的自燃发展过程分为三个阶段，即潜伏阶段，自热阶段和自燃阶段，如图 12-1 所示。

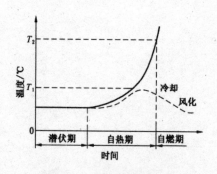

图 12-1 煤烟的自然过程

1. 潜伏期

自煤层被开采、接触空气起至煤温开始升高为止的时间区间称为潜伏期，也叫潜伏阶段、低温氧化阶段、准备阶段。在潜伏期，煤与氧的作用是以物理吸附为主，放热很小，无宏观效应。潜伏期的长短取决于煤的分子结构、物理化学性质、煤的变质程度和外部条件。另外煤的破碎和堆积状态、散热和通风供氧条件等对潜伏期的长短也有一定影响。不同的煤层潜伏期不同，如褐煤几乎没有潜伏期，而烟煤则需要一个相当长的潜伏期。经过潜伏期后的煤燃点降低，表面颜色变暗。

2. 自热期

经过潜伏阶段后，煤的氧化速度增加，不稳定的氧化物先后分解成水、二氧化碳和一氧化碳。氧化产生的热量使温度上升。当温度达到临界温度（一般为 60～70℃）以上时，氧化加剧，煤开始出现干馏，生成氢气、一氧化碳、二氧化碳以及烃类、芳香族等碳氢化合物。这一阶段为煤的自热阶段，又称自热期。此阶段使用常规的检测仪表能够检测出来，甚至于被人的感官所察觉。

3. 自燃期

自热阶段后期，煤呈炽热状态，煤体温度达到着火温度以上时便着火。若得到充分的供氧，则发生燃烧，出现明火，这时会生成大量高温烟雾，其中含有一氧化碳、二氧化碳以及碳氢类化合物；若煤温达到自燃点，但供氧不足，则只有烟雾而无明火，此称为干馏或阴燃。煤炭干馏或阴燃与明火燃烧稍有不同，一氧化碳多于二氧化碳，温度也较明火燃烧要低。

三、煤炭自燃的特征

（1）空气和煤岩温度显著升高，空气湿度增加。

（2）空气中氧浓度降低。

（3）出现特殊气味（煤裂解气体，如乙烯、乙炔等）和火灾气味。

（4）空气中一氧化碳、二氧化碳浓度增加。

这些特征对及时发现自然发火具有重要的实际意义。在发现煤炭自燃特征时，在达到着火温度临界值前，改变其环境条件（如减少供氧），则煤体升温过程可终止而冷却，并不断氧化至惰性风化状态，风化的煤就失去了自燃性。

四、煤的自燃倾向性影响因素

（1）煤的变质程度

各种煤都有发生自燃的可能，但是在褐煤矿井，煤化程度低的一些煤层自然发火次数要多得多。烟煤矿井中开采煤化程度最低的长焰煤和气煤自燃的危险性较大，贫煤较小。在煤化程度高的无烟煤矿井自燃火灾较为少见。所以可以认为：煤化程度越高，煤的自燃倾向性越小。但是煤的煤化程度不是判定其自燃倾向性大小的唯一标志。

（2）煤岩成分

在组成煤炭的 4 种煤岩成分中，暗煤硬度最大，难以自燃。镜煤与亮煤脆性大、易破裂，而且在其次生的裂隙中常常充填有黄铁矿，开采中易破碎，氧化接触面积大，着火温度低，有较高的自燃性。丝煤结构松散，着火点温度低（仅为 190 ~ 270℃），吸氧性能特强，在常温条件下，丝煤是自热的中心，起着引火物的作用。

（3）煤的含硫量

硫在煤中有 3 种存在形式，即硫化铁、有机硫和硫酸盐。对煤的自燃起主导作用的是硫化铁，它的比热小，与煤吸附相同的氧量而温度的增值比煤大 3 倍，黄铁矿的氧化产物氧化铁（Fe_2O_3）比煤的吸氧性更强，能将吸附的氧转让给煤粒使之发生自燃，对煤的自燃过程起加速作用。

（4）煤的水分

煤的含水量是影响其氧化进程的重要因素，一定含量的水分有利于煤的自燃，而湿度过大，则会抑制煤的自燃。在煤的自热阶段，由于水分的生成与蒸发必然要消耗相当的热量，当煤体中外在水分没有全部蒸发之前温度很难上升到 100℃，因此水分含量大的煤炭难以自燃。但有学者认为：水分能够将充填于煤体微孔中的氮气与二氧化碳驱赶排出，当干燥以后对其吸附性能起活化作用，且水分的催化作用随着煤温的增高而增大。另外，对于含有黄铁矿的煤层，水分是促使黄铁矿分解不可缺少的条件。从这些方面看来，水分又有利于煤炭自热的发生。

（5）煤的粒度

完整的煤体一般不会发生自燃，一旦受压破裂，呈破碎状态存在，其自燃性能将显著提高。这是因为破碎的煤炭不仅与氧相接触的表面积增大，而且着火温度明显降低。试验证明，当烟煤粒度为 1.5 ~ 2mm 时，其着火点温度大多在 330 ~ 360℃；粒度小于 1mm 时，着火温度可降低到 190 ~ 220℃。因此，在矿井里最易发生自燃火源的地方都是碎煤与煤粉集中堆积的地点。

此外，煤的瓦斯含量，煤、油共生煤层的含油量，煤的孔隙率、导热性等，对自燃也有不同程度的影响。

第二节　矿井防火与矿井灭火技术

一、矿井防火

1. 一般性措施

（1）建立防火制度

《煤矿安全规程》规定，生产和在建矿井都必须制定地面和井下的防火措施。

矿井的所有地面建筑物、煤堆、矸石山、木料场等处的防火措施和制度，必须遵守国家的防火规定，并符合当地消防部门的要求。

（2）防止火烟入井

为了防止因井口附近着火时烟流进入井下，木料场、矸石山、炉灰场距进风井的距离不得小于80m。木料场距矸石山的距离不得小于50m。矸石山和炉灰场不得设在进风井的主导风向的上风侧，不得设在表土层10m以内有煤层的地面上，也不得设在采空区上方有漏风的塌陷范围内。井口房和通风机房附近20m内，不得有烟火或用火炉取暖。

（3）设防火门

设防火门是隔断火灾烟流，防止火势蔓延，减少人员伤亡的有效措施之一。《煤矿安全规程》规定，进风井口应装设防火铁门。如果不设防火铁门，必须有防止烟火进入矿井的安全措施。

（4）设置消防材料库

为了储备足够的消防器材，供灭火时使用，《煤矿安全规程》规定，每一矿井必须在井上、下设置消防材料库，并符合下列要求：

1）井上消防材料库应设在井口附近，并有轨道直达井口，但不得设在井口房内。

2）井下消防材料库应设在每一个生产水平的井底车场或主要运输大巷中，并应装备消防列车。

3）消防材料库贮存的材料、工具的品种和数量，由矿长确定，并备有明细卡片，指定专人定期检查和更换。这些材料、工具非因处理事故不得使用。因处理事故所消耗的材料，必须及时补齐。

（5）设消防列车

消防列车由井下常用的矿车组成，载有供井下应急用的消防器具。消防列车应包括不少于2节的容积大于1m³的水箱车厢；不少于1节的可载6人的载人车厢；工具车厢、灭火器车厢、风筒车厢、水泵车厢和备用车厢以及必要的灭火材料和灭火工具等。消防列车一般存放在消防材料库或专用硐室中。

（6）矿井消防用水

用水灭火是一种比较经济而有效的方法，矿井里水源往往充足，用水灭火也很方便。《煤矿安全规程》规定，每一矿井必须在地面设置消防水池和井下消防管路系统，井下消防管路系统应每隔100m（带式输送机的巷道中每隔50m）设置支管和阀门。地面消防水池必须经常保持不少于200m³的水量，且水中悬浮物不得超过150mg/L，粒径不大于0.3mm，水的pH值应在6.0～9.5。如果消防用水同生产和生活用水的水池合用，应有确保消防用水的措施。

矿井下部水平开采时，除地面消防水池外，可利用上部水平或生产水平的水仓作为消防水池。

2. 预防外源火灾措施

外源火灾大多发生在风流畅通的地点，发生突然，火势发展迅速，如果不及时扑灭，往往会造成重大事故。值得注意的是，随着电气化和机械化程度的提高，外源火灾占火灾总数的比重有逐渐上升的趋势。

（1）采用不燃性材料支护

《煤矿安全规程》规定，井筒、平硐、各水平的井底连接处及井底车场，主要绞车道同主要运输巷道、回风巷道的连接处，井下机电硐室，主要巷道内带式输送机的机头前后两端各 20m 范围内，都必须用不燃性材料支护。但由于棚子支护的背帮护顶仍多为可燃材料，因此仍然存在着火隐患。

（2）使用不燃或难燃制品

虽然《煤矿安全规程》规定井下必须使用有煤矿安全标志的产品，但由于历史原因，非阻燃的油浸纸绝缘电缆、非阻燃输送带在煤矿井下仍然存在。

（3）防止可燃物的大量积存

《煤矿安全规程》规定，井下和硐室内不准存放汽油、煤油和变压器油。井下使用的润滑油、棉纱、布头和纸等必须存放在盖严的铁桶内。用过的棉纱、布头和纸也必须放入盖严的铁桶内，并由专人定期送至地面处理，不准乱放乱扔。严禁将剩油和废油洒在井巷和硐室内。井下清洗风动工具，必须在专用硐室内进行，并必须用不燃性和无毒性洗涤剂。

（4）加强火灾的监测监控

有效监测监控是早期发现火灾的重要手段，有助于在火灾发生的初期及早识别预警，把火灾消灭在萌芽状态，最大限度减少损失。若自动监测系统配合自动灭火系统效果更好。为了及时发现矿井火灾，规定在下列地点应设置传感器：

1）带式输送机滚筒下风侧 10～15m 处应设置烟雾传感器。

2）开采容易自燃、自燃煤层以及地温高的矿井采煤工作面，应在工作面回风巷设置温度传感器，报警值为 30℃。

3）机电硐室内应设置温度传感器，报警值为 34℃。

二、矿井灭火技术

1. 直接灭火法

直接灭火法即用水、砂子或岩粉、挖除火源、化学灭火器、高倍数泡沫、惰性气体等方法来扑灭火灾。

（1）用水灭火

水是最广泛、最经济、最有效的常用灭火材料之一，一般采用水射流、水幕和灌浆三种形式。用水灭火的作用：水的热容量大，汽化热 $2256.7kJ/dm^3$，冷却作用大；水汽化后可降低空气中的氧含量，并使燃烧物与空气隔绝，阻止其继续燃烧；水的强射流具有消焰的作用；同时水润湿可燃物后，可阻止燃烧范围扩大等。但是用水灭火，必须注意的问题如下：

1）水流不能直接射向火源中心，应从火源外围边缘逐渐向火源中心推进，以免生产大量的水蒸气和灼热的煤渣飞溅，伤及灭火人员，影响灭火速度。

2）应有足够的水量，杯水车薪不但难以灭火，而且可使燃烧范围扩大。但淹没法灭火只能在万不得已的情况下才能采用。

3）回风巷一定要保持畅通，保持正常的通风，使高温烟气和水蒸气直接导入回风流中，以防高温烟气和水蒸气伤人。有条件时可在下风侧设置水帘、水幕，对火灾气体起冷却作用，防止再生火源。

4）供水管路应与巷道风流方向一致，否则火灾往往可使巷道冒顶损坏供水管路，同时在风流下风侧作业也是十分危险的。

5）用水扑灭煤炭火灾时，要防止水煤气爆炸；扑灭电气设备火灾时，必须切断电源；由于水比油的密度大，油类火灾不可用水灭火。

（2）用砂子或岩粉灭火

砂子或岩粉不导电，灭火后不自燃，常用来扑灭油料、电气设备和电缆火灾，它能长时间覆盖在燃烧物上使其缺氧而熄灭。此外，砂子或岩粉可中断自由基的链式反应，达到熄灭火源的目的。因此，井下机电硐室应储备一定数量的砂子或岩粉。

（3）挖除火源

在火势不大、范围小、人员能够接近的火区，用水降温后可将燃烧物挖除，消灭火灾。在瓦斯矿井挖除火源是比较危险的，一定要强化组织工作，制定严格的安全措施，必须检查瓦斯浓度和温度，力争在最短时间内完成。

（4）用化学灭火器灭火

化学灭火器包括干粉灭火器、泡沫灭火器和二氧化碳灭火器。化学灭火器所含物质经过化学反应，生成的物质能降低燃烧物的温度，隔绝空气，同时降低氧含量，使火灾降温、窒息、熄灭，尤其是对矿井外因火灾的初期阶段有良好的灭火效果。

干粉灭火器是煤矿井下最常见的灭火器。其常以二氧化碳或氮气为动力，使用时拔出安全销，一只手按下手把，另一只手持喷射胶管对准火灾根部扫射，将灭火化学药剂喷出灭火。化学灭火药剂多为磷酸铵盐。磷酸铵盐受热分解，生成气体、水和糊状的五氧化二磷。水分蒸发可使火源降温，同时水蒸气降低了空气中的氧含量，不利于燃烧的发展；灭火剂热解产物抑制碳氢自由基的产生，破坏链反应；胶质物覆盖燃烧物表面，形成隔离膜阻断燃烧。

泡沫灭火器主要用于扑救油类火灾或木材棉麻等初起固体物火灾，但不能扑救带电设备火灾或气体火灾。该类灭火器一般将两种化学剂装于互不连通的一个容器中，使用时倒置使其混合，形成大量二氧化碳泡沫覆盖于火灾表面，使其窒息熄灭。

二氧化碳灭火器是将其内部的二氧化碳喷出灭火。液态二氧化碳喷出后迅速气化惰化燃烧物，同时起到降温的作用。当二氧化碳气体在火源周围空气中含量达30% ~ 35% 时，物质的燃烧就会停止。二氧化碳灭火器主要由于扑救贵重设备、精密仪器仪表和少量油类的初起火灾。

（5）高倍数泡沫灭火

用机械的方法（风机）将空气吹入含有泡沫剂的水溶液，泡沫发生的倍数达500 ~ 1000 倍，较化学反应产生的泡沫高 1020 倍，所以称为高倍数泡沫灭火。大量泡沫覆盖在燃烧物上，隔绝其与空气的接触；泡沫中的水分蒸发，吸收热量；水蒸气稀释氧的浓度抑制燃烧；泡沫隔热性能好，救火人员可以借助泡沫接近火源，进行直接灭火。高倍数泡沫灭火具有速度快、效果好、恢复生产快等优点。

（6）惰性气体灭火

惰性气体不助燃，同时降低氧含量，而且在一定程度上有冷却作用。矿井灭火使用的惰性气体主要有氮气、二氧化碳、炉烟等。

氮气资源十分丰富，其在空气中的含量达 79%，且无毒，不助燃，不溶于水，不易被焦炭吸附，与空气密度接近，可达到任何地点。氮气在 –195.8℃时为液体，在 –208℃时为固体。液氮沸点低，在 0℃条件下气化，体积膨胀 643 倍，25℃条件下为 700 倍，1kg 液氮在 5℃条件下气化可吸收 412.5kJ 的热量。用液氮灭火是一项先进的灭火技术。

氮气灭火具有窒息、抑爆、冷却作用，适用于大面积火区，或距离火区较远人员无法到达的区域。

二氧化碳具有良好的灭火的效果，尤其是扑灭低位火源，而且抑爆能力强。但二氧化碳成本高，溶于水，经过火区时易转化为有毒的一氧化碳，不易扑灭高位火源等。

2. 隔绝灭火法

隔绝灭火又叫隔绝窒息灭火。当火灾不能直接扑灭时，用防火墙（密闭）将火源或发火区域严密地封闭起来，防止新鲜空气进入火区。由于火区内产生的惰性气体（二氧化碳、氮气）浓度逐渐增高，氧浓度逐渐降低，从而使火区缺氧逐渐熄灭。这是一种消极灭火方法，多用于处理大面积火灾，特别是控制火灾发展。防火墙可分为临时防火墙和永久防火墙等。

（1）临时性防火墙

临时防火墙的作用是暂时阻断风流，控制火势发展，以便在它的掩护下砌筑永久性防火墙。传统的临时防火墙是木板抹黄泥的密闭墙。随着新技术、新材料、新工艺的不断出现，新型防火墙也应运而生。

目前使用的泡沫塑料快速临时防火墙以草帘、麻布等作底衬，将树脂及助剂经喷枪喷射于上面，几秒后便可成型。这种临时防火墙具有轻便、防潮、抗腐蚀、成型快、耐燃等特点。

快速防火气囊能在短时间内堵塞巷道，隔断风流。气囊用不燃的塑料制成，内充惰性气体或空气，是一种快捷实用的临时防火墙，且可重复使用。

伞式密闭又称伞式风幛，用乳胶玻璃丝纤维布做成。使用时挂在所需地点，借助风流压力在巷道内迅速张开而阻断风流。这种风幛携带方便，无须其他附属材料，一至两人用 10 ~ 15s 就可挂好。

此外，传统的临时密闭方法仍有广泛的应用，如以木架为骨架，在其上面挂风幛或在上面钉木板等。当密闭区域存在爆炸危险时，可用砂袋密闭，俗称"防爆墙"。

构筑临时防火墙时，由于风量逐渐减小，瓦斯浓度不断升高，发生爆炸的危险性增加。因此，施工要迅速快捷，施工后及时撤出人员，经 24h 不爆炸再砌永久性防火墙。

（2）永久性防火墙

永久防火墙用于永久隔绝火区，隔断风流，须坚固严密，不漏风，具有较强的性。根据使用的材料，有木段、砖、料石、混凝土和砂袋等。为了提高密闭墙的可塑性，砌筑时可在周边槽内加 1 ~ 2 层木砖，构筑工艺和要求与永久密闭相同。防火墙要设置采集气样、测量温度的孔口和放水管，平时注意封闭严密。防火墙构筑完毕后，墙外应涂白，便于观察其密闭质量。

在瓦斯涌出量大的地区封闭火区时，应构筑防爆防火墙。在防火墙内砲上石垛或先用砂袋砌筑一段 5m 左右的保护墙，然后在其保护下，再砌筑永久防火墙。在有水砂充填的矿井也可充填砂袋构筑防爆防火墙，其砂袋长度应达到 5 ~ 10m。当对防火墙的密封性、耐温性及抗压性要求高时，也可砌筑钢筋混凝土防火墙。

防火墙位置的选择是成败的关键，应遵循封闭范围尽可能小和构筑数量尽可能少以及有利于快速施工和管理的原则。具体要求如下：

1）距离交叉点 5 ~ 10m 为宜。过远必须解决墙前通风问题，否则易形成瓦斯积聚。

2）防火墙前后 5m 围岩稳定，支护完好，以保证防火墙的严密性。否则应喷浆或用填料予以封堵。

3）墙体与火源之间不应有旁侧风路存在，以免火区封闭后风流逆转，造成火灾气体或瓦斯的爆炸。。

4）尽可能靠近火源，缩小火区。火区范围越小，爆炸性气体的体积越小，发生爆炸的威力越小，启封火区时也容易。

（3）火区封闭顺序

在多风路的火区建造防火墙时，应根据火区范围，火势大小，瓦斯涌出量等情况来决定封闭火区的顺序。一般是先封闭对火区影响不大的次要风路，然后封闭火区的主要进回风巷。

火区封闭顺序有 3 种：先封火区进风侧，后封火区回风侧；进风侧和回风侧同时封闭；先封火区回风侧，后封火区进风侧。

1）先封闭进风侧，后封闭回风侧。一般来说，在火区的进风侧建立防火墙要比回风侧容易得多。只要封闭了进风侧的防火墙，进入火区的风量会大大减少，从而使火势减弱，涌出的烟量减少，这就有利于回风侧防火墙的建立。因此，在非瓦斯矿井中，通常都是先在进风侧构筑临时密闭，切断风流，控制火势，然后在火区回风侧构筑临时密闭，最后在临时密闭掩护下构筑永久密闭。

2）进回风侧同时封闭。对于瓦斯矿井，火区进风侧和回风侧应同时封闭。一般是在进风侧先构筑临时密闭且留一定断面积的通风口，保证回风流瓦斯不超限，再构筑回风侧临时密闭，然后两端同时封闭，并尽快撤出人员。

由于这种方法能很快封闭火区，切断供氧，火区瓦斯也不容易达到爆炸界限，可保证人员的安全，所以它是瓦斯矿井封闭火区常用的封闭方法。

3）先封闭回风侧，后封闭进风侧。该方法施工环境条件差，施工困难，危险性大，一般不采用。只有在火势不大、温度不高、无瓦斯存在时，为了迅速截断火源蔓延采用。

防火墙建立后，墙前压力局部升高，墙后压力局部下降。先封闭进风侧，若老空区瓦斯涌出量大时，会因墙后压力下降易使采空区瓦斯涌出量增加而达到爆炸界限。而首先封闭回风侧由于不利于采空区瓦斯涌出，可能要安全一些。如某救护队在处理某矿采区火灾时，当完成进风侧第一处密闭后，因火区负压增高，附近采空区内的瓦斯涌出通过火区，造成连续 10 次爆炸。

总之，在瓦斯矿井封闭火区时，应考虑火区内气压、瓦斯、风流状况、封闭空间、瓦斯达到爆炸浓度需要的时间等因素，正确选择封闭顺序、施工时间及密闭墙的位置。

3. 综合灭火法

实践证明，单独使用隔绝灭火方法，往往需要很长的时间，特别是在密闭质量不高，漏风较大的情况下，可能达不到预期目的。因此，在火区封闭后，还要采取一些其他的灭火措施，如向火区灌入泥浆、惰性气体或均压等手段，加速火灾熄灭，这就叫做综合灭火法。

第三节　地面防治水

一、防止井口灌水

井口和工业场地内主要建筑物的标高应在当地历年最高洪水位以上，平原应高出历年最高洪水标高 0.5m，丘陵山区应高出 1m。在山区还必须避开可能发生泥石流、滑坡的地段。井口和工业场地内建筑物的标高低于当地历年最高洪水位时，必须修筑堤坝、沟渠或采取其他防排水措施等，以防暴雨、山洪从井口灌入井下，造成灾害。

二、防止地表水渗入井下

1. 河流改道

在矿井范围内有常年性河流流过且与矿井充水含水层直接相连，河流渗漏范围大，堵水难奏效时，可考虑河流改道。但河流改道工程量大、投资多，需经技术经济考虑。

2. 整铺河床

当通过井田的河流渗水性强时，可在渗漏地段用黏土、料石或水泥铺垫河底，防止或减少渗漏。如京西门头沟矿，地面沟渠较多，雨季是矿井水的主要补给源，其中长 4.4km 的主沟渠占漏入水量的 61%，河床铺底后矿井涌水量大幅度减少。

3. 堵塞通道

因采掘活动引起地面沉降、开裂、塌陷而形成矿井进水通道时，可用黏土或水泥填堵封闭。填堵塌陷裂隙可沿缝隙挖深 0.4 ~ 0.8m、两边各宽 0.3 ~ 0.5m 的沟，填入片石或石块，上部填入黏土或灰土夯实至平。

三、挖沟排截水

山坡地区或山前平原矿井，可在井田上部垂直水流来水方向沿等高线布置排洪沟、渠，拦截、引流洪水，使其绕过矿区。

四、修防洪堤隔绝水源

煤系地层有露头时，为防止地表水体通过露头沿岩层进入井下，可修堤隔绝。

如河南宜洛矿煤系地层露头为宜洛河床，雨季河水上涨淹没露头，河水沿岩层进入井下，使矿井涌水量大幅度上升。采取修防洪堤隔绝水源措施后，效果显著。

五、防止矿井地表积水

对于矿井开采后引起的地表沉降内洼地、塌陷区、沼泽等处，应在堵、排的基础上充填，防止积水渗入井下。如徐州韩桥、青山泉两矿五井，暴雨 4h 后井下见黄水，涌水量可猛增 4～5 倍，而天晴 3～5d 后，井下水量明显减小。矿井采取防、排、治结合的防水措施，在近山区以蓄水为主；在矿区外围挖排洪沟，以排放为主；在矿区内部以导流为主，导排结合。采取这些措施后，矿区水害得到了根本性的治理。

六、注浆堵截

当地表水无法解决时，可用注浆方法将渗水通道封堵，中断其进入矿井的通道。

七、加强防水机制和制度建设

汛前做好雨季防汛准备和检查工作是矿井防治水的重要措施之一。雨季到来之前，建立健全防汛组织，建立预防暴雨洪灾事故的机制和制度，编制水害事故应急救援预案，落实防汛责任，抓紧各种防汛物资和防汛措施的落实，汛时加紧检查，建立汛期预警和预防机制，及时采取防范措施。

第四节　井下防治水

一、井下放水

井下放水，即有计划地将地下水放出来，以降低采掘时的涌水量，避免采掘中突水，这是矿井防治水中最积极、最有效的措施。放水的基本方法有钻孔法和巷道法，其中巷道法多用于疏放含水层水。

（1）疏放老空水

老空形状不规则，塌冒后可能与其他水源沟通，水文情况复杂。放水前，必须估计积水量，根据矿井排水能力和水仓容量，控制放水流量，防止淹井；放水时，必须设专人监测钻孔出水情况，测定水量和水压，做好记录。若水量突然变化，必须及时处理，并立即报告矿调度室。疏放老空水的方法如下（见表 12-1）：

表 12-1　疏放老空水的方法

方法	具体操作
直接放水	当老空水没有补给水源，矿井有足够的排水能力时，可利用探水钻孔直接放水
先堵后放	当老空水与断层、溶洞、河流等水源有联系，动水储量大，补给强，不堵住水源无法排干或排干需要较长时间时，应先堵后放，即堵截补给水源后再放水
先放后堵	对于补给量不大或季节性补给水源，可选择适当时机排水，然后建防漏水、堵水工程
先隔后放	当老空水与地表水体或强充水含水层存在密切的水力联系，探放后可能给矿区带来长期的排水负担和相应的突水危险时，则可先行隔离，留待矿井后期处理，但隔离煤柱留设必须绝对可靠，并要注意沿煤层顶、底板岩层的裂隙水绕流问题

（2）疏放含水层水

疏放含水层水可分为预先疏放、并行疏放和联合疏放。预先疏放就是井巷开拓前，利用地面深井降水孔，安装潜水泵或深井水泵排水，常用于煤层赋存浅的矿井。并行疏放就是在开拓巷道的同时进行疏放水，常用的有疏干巷道和疏干钻孔等，是我国煤矿目前应用最广泛的一种疏干方式。联合疏放就是采用地面和井下两种疏干方式，主要用于地质条件复杂的矿井。

1）利用疏干巷道疏放。当煤层顶板断裂带以下有含水层时，可提前掘出采区巷道，使水通过裂隙经巷道放出。一般用提前掘进回采与准备巷道作为放水巷，既不设专门的巷道与设备，又能保证放水效果。回采与准备巷道提前掘出的时间视放水时间、水量、速度而定，不宜过长或过短。

当煤层底板有含水层时，可将疏水巷布置于底板中。但在强含水层中布置放水巷时，需要矿井有足够的排水能力。

2）利用钻孔放水。利用钻孔放水可分为地面钻孔放水和井下钻孔放水。地面钻孔放水是利用地面钻孔，用深井泵或潜水泵把含水层水排至地面，使开采地段煤层处于疏干漏斗之上。井下钻孔放水是每隔一定距离向含水层打钻，将水放出，使煤层不受水害威胁。

（3）疏放水时的安全注意事项

1）根据水的性质、水压、补给性等估计积水量，并根据水仓和排水能力确定放水量。

2）设专人监测钻孔出水情况，测定出水参数，发现异常情况及时上报处理。

3）放水过程中随时注意水量变化，当水量由大变小时，应反复下钻，以防钻孔被堵造成排干假象。

4）经常检查有害气体，防止由钻孔涌出伤人，尤其是老空区放水。

5）排除下山积水时，应加强水面通风并派救护队员检查有害气体情况。

6）规定人员撤退路线，沿途要有适当的照明，保证路线畅通。

二、截水

当水源补给强，无法疏干或疏干不经济时，可采取隔离水源或截水的防水措施，方法有设防水闸门、防水闸墙、防水煤（岩）柱等。

1. 防水闸门

在矿井有突水危险的采掘区域，为防止突水时淹井，应在其附近设置防水闸门。防水闸门由混凝土门垛、门扇、放水管、放气管、压力表等组成，主要有平板型、圆弧拱型等基本形式。门扇视运输需要而定，一般宽 0.9～1m，高 1.8～2.0m，有单扇和双扇，有矩形门和圆形门等。门扇一般采用平面形，当压力超过 2.5～3.0MPa 时可采用球面形。防水闸门应符合下列要求：

（1）防水闸门硐室和水闸墙位置选择应满足下列要求：所选位置应不受采动影响。位置应选在致密的岩层内，同时要避开断层及破碎带，不宜设在煤层中。为减少工程量，保证隔离效果，应尽可能选在窄断面巷道内。为便于施工与灾后恢复生产，隔离设施的设置地点应从通风、运输、放水和安全等多方面因素考虑。

（2）防水闸门的设计要可靠，并确保施工质量。防水闸门应当由有资质的单位采用定型设计，由持有许可证的厂家制造。

（3）防水闸门和闸门硐室不得漏水。闸门竣工后，应按照设计要求进行验收，否则，不得投入使用；对新掘进巷道内建筑的防水闸门，应按规定进行注水耐压试验；防水闸门内巷道的长度不得大于 15m，试验压力不得低于设计水压，其稳压时间应在 24h 以上，试验时须有专门安全措施。

（4）加强对矿井防水闸门的检查和维护，建立检查维护管理制度，实行挂牌管理，并落实责任单位和责任人。

（5）防水闸门硐室前、后两端，应分别砌筑不小于 5m 的混凝土护硐，硐后用混凝土填实，不得空帮、空顶。防水闸门硐室和护硐必须采用高标号水泥进行注浆加固，注浆压力应符合设计要求。

（6）防水闸门来水一侧 15～25m 处应加设 1 道挡物箅子门。防水闸门与箅子门之间不得停放车辆或堆放杂物。来水时先关箅子门，后关防水闸门。如果采用双向防水闸门，应在两侧各设 1 道箅子门。

（7）通过防水闸门的轨道、电机车架空线、带式输送机等必须灵活易拆；通过防水闸门墙体的各种管路和安设在闸门外侧闸阀的耐压能力，都必须与防水闸门所设计压力相一致；电缆、管道通过防水闸门墙体时，必须用堵头和阀门封堵严密，不得漏水。

（8）防水闸门必须安设观测水压的装置，并有放水管和放水闸阀。

（9）矿井发生透水关闭防水闸门时，应注意下列问题：当井下发生突然涌水或出现突水预兆危及矿井安全时，应立即做好关闭防水闸门的准备工作。关闭防水闸门前，认真贯彻关闭闸门的安全技术措施和意外事故的应急措施，认真做好关闭前的各项准备工作，撤出防水闸门以内所有人员，提前拆除穿过防水闸门的架空线和活动轨，将防水闸门附近及水沟内杂物清理干净，保持防水闸门以外的避灾路线畅通无阻，检修排水设备，清挖水仓，将水仓内的积水排至最低水位。关闭防水闸门以里的所有挡物算子门；将防水闸门附近临时通风的局部通风机和临时直通地面电话安装妥当。几个防水闸门或水闸墙需要一次关闭时，其关闭顺序应是先关闭所在位置较低的，然后关闭所在位置较高的，依次进行。关闭防水闸门以前，需要通知邻近各有关矿井时，应说明本矿防水闸门关闭时间、封闭地区位置、最高静止水位和可能造成的影响，并要求近期内对井下各涌水点水量变化和井上各水文钻孔的水位变化进行定时观测。各矿的观测资料要及时进行交流，互通情报。防水闸门关闭以后，在保证安全前提下，应定期对防水闸门进行观测，并做好观测记录。

（10）矿井透水关闭的防水闸门，由于生产的需要开启时，应注意下列事项：①防水闸门开启前，需编制开启防水闸门的安全技术措施；②防水闸门开启前，应对井下排水、供电系统进行一次全面检查；排水能力要与防水闸门硐室放水管的放水量相适应；水仓要清理干净，水沟要保持畅通无阻；③开启防水闸门应先打开放水管，有控制地泄压放水；当水源已经封闭或已疏干，水压降到零位时，方可打开防水闸门；如果水压不能降到零位，必须承压开启时，可在不损坏防水闸门的情况下，制定安全措施，当水压降到设定水压之后，方可强制开门；④同时有几个防水闸门需要开启时，应按先高后低的顺序依次开启；⑤防水闸门打开以后，首先由专业人员检查瓦斯和巷道情况；只有在恢复通风系统，消除一切不安全因素以后，方可准许其他人员进入闸门以内工作。

2. 防水闸墙

防水闸门和水闸墙是井下防水的主要安全设施。凡水患威胁严重的矿井，在井下巷道设计布置中，必须在适当位置设置防水闸门和水闸墙，使矿井形成分翼、分水平或分采区隔离开采。在水患发生时，能够使矿井分区隔离，缩小灾情影响范围，控制水势危害，确保矿井安全。

防水闸墙分临时性和永久性两种。临时性防水闸墙是在有出水可能的采掘工作面事先准备好截水材料，如木板、石块、砂袋等。一旦突水，利用截水材料将水堵截在较小范围，以利于临时抢险。永久性防水墙用混凝土或钢筋混凝土构筑，用于堵截某一个区域开采结束后的涌水。永久性防水墙可分为平面形、圆柱形、球形三种。平面形施工容易，但抗压强度低；球形抗压强度高，但施工复杂，故常用圆柱形。当水压很大时，可采用多段防水闸墙。

井下需要构筑水闸墙时，必须由有资质的单位进行设计，并严格按设计施工，且进行竣工验收。否则，不得投入使用。水闸墙的日常维护以及技术管理等，必须严格执行《煤矿安全规程》有关规定。

3. 留设防水煤（岩）柱

在水体下、含水层下、承压含水层上或导水断层附近采掘时，为防止地表水或地下水溃入工作地点，需要留设一定宽度或高度的煤（岩）柱，这部分煤（岩）柱称防隔水煤（岩）柱，一般按所处位置分类，如断层煤（岩）柱、井田边界煤（岩）柱、相邻水平采区煤（岩）柱等。

（1）防水煤（岩）柱留设

相邻矿井的分界处，必须留防隔水煤（岩）柱。矿井以断层分界时，必须在断层两侧留设防隔水煤（岩）柱。受水害威胁的煤矿，有下列情况之一者，必须留设防隔水煤（岩）柱：

1）煤层露头风化带。

2）在地表水体、含水冲积层下和水淹区临近地带。

3）与强含水层间存在水力联系的断层、断裂带或强导水断层接触的煤层。

4）有大量积水的老窑和采空区。

5）导水、充水的陷落柱与岩溶洞穴、地下暗河。

6）分区隔离开采边界。

7）受保护的观测孔、注浆孔和电缆孔等。

（2）防水煤（岩）柱留设原则

1）在有突水威胁，但又不宜疏放水，或疏放水不经济的地区采掘时，必须留设防水煤（岩）柱。

2）防水煤（岩）柱是地下资源的一部分，留设后一般不能再利用。因此，在安全可靠的基础上应把煤（岩）柱的尺寸降到最低限度，以提高资源的回收率。

3）要合理留设防水煤（岩）柱，考虑地质构造、水文地质条件、煤层赋存条件、围岩物理力学性质、岩石的组合结构以及采煤方法、开采强度、支护形式等综合因素。

4）一个井田、一个地质单元的防水煤（岩）柱应在总体开采设计中确定，以免给以后的开采和煤（岩）柱的留设带来不利的影响。

5）多煤层开采的矿井，防水煤（岩）柱的留设应综合考虑，以免某一煤层的开采破坏另一煤层的煤（岩）柱，引起部分甚至整个防水煤（岩）柱的失效。

6）在同一个地点有两种以上的留设条件时，所留设的煤（岩）柱必须满足所有留设要求。

7）要加强防水煤（岩）柱的管理，煤（岩）柱一旦留设不得破坏，不得从事采掘活动，修建其他设施时应保证煤（岩）柱的完整性。巷道必须穿过煤（岩）柱时，必须加强巷道支护等，以防由于煤（岩）柱的破坏影响整个防水功能。

8）各矿井应有结合自己水文地质和开采技术实际条件的留设数据，如果根据邻近矿井实际资料以比拟法留设时，应适当加大安全系数。

9）防水岩柱必须是有一定厚度的黏土质隔水岩层，或裂隙不发育、含水性极弱的岩层，否则将失去隔水作用。

（3）煤（岩）柱尺寸

煤矿各类防隔水煤（岩）柱的尺寸，应根据矿井的地质构造、水文地质条件、煤层赋存条件、围岩物理力学性质、开采方法及岩层移动规律等因素综合考虑。防水煤（岩）柱一般按经验比拟或分析计算确定，留设方法见矿井防治水规定，一般留设尺寸如下：

1）采区边界（采区间）各为10m。

2）矿井边界（矿井间）各为20m，矿井间断层边界各为30m。

3）落差大、含水断层，一侧留30～50m；落差较大断层，一侧留10～15m；采区内小断层，一般不留设。

三、注浆堵水

注浆堵水技术是煤矿防治水最重要的手段之一，疏堵结合已成为煤矿防治水的一个重要原则。疏是煤矿治水的根本，不疏就无法消除水害的威胁。当涌水量很大，排水已不可能或不经济时，可用注浆堵截水源通道，然后再排水。"先堵后排"是理想的防治水方案，这样既可大大节约排水费用，又可最大限度地减小对自然水环境的破坏程度。

注浆就是把水泥浆或化学浆通过管道压入含水层或隔水层的孔隙、井巷及突（出）水口，经扩散、凝结、硬化，与围岩固结成不透水或微透水的整体，达到加固地层、堵截水源的目的。注浆材料分硅酸盐类（如水泥、黄土、粉煤灰等）和化学浆类（如水玻璃、丙凝、树脂、甲醛、丙酮等）。在一般情况下，凡是水泥浆能解决问题的尽量不用化学浆，化学浆用于弥补水泥浆的不足，解决一些水泥浆难以解决的问题。

注浆方法可分为井下注浆和地面注浆。井下注浆是在井下造浆，利用注浆泵通过注浆管路，由注浆钻孔向含水层内注浆。该方法具有易操作、工艺简单等特点，但劳动强度大，注浆效果差。地面注浆是由地面建集中注浆站造浆，通过送料钻孔和井下管路送浆，利用注浆孔向含水层注浆。该方法的注浆管路长，但能连续造浆、注浆，注浆效率高、效果好。

利用注浆的方法防治矿井水害，与疏干降压的方法相比，有利于地下水资源的保护，被淹井巷恢复生产快，排水费用少，广泛用于封堵矿井突水点和含水层改造与加固等。

1. 井筒预注浆

《煤矿安全规程》规定，井巷穿含水层、地质构造带前，必须编制探放水和注浆堵水设计。当井筒淋水严重时，应注浆堵水。当含水层富水性较弱时，可在井筒内直接注浆；当井筒预计穿过较厚裂隙含水层或裂隙含水层较薄但层数较多时，可选用地面预注浆。注浆起始深度应定在风化带以下较完整的岩层内；终止深度应大于井筒要穿过的最下部含水层的埋藏深度或超过井筒深度 10 ~ 20m。

2. 注浆封堵突水点

据统计，80% ~ 90% 的突水点发生在断层带或陷落柱及其附近，其导水通道为断层带及断层带附近含水层的岩溶导水裂隙带以及陷落柱。根据突水点附近的地质构造，查明降压漏斗形态，分析突水前后水文观测资料，探明突水补给水源的充沛程度或来水含水层的富水性以及突水通道的性质和大小等，编制注浆堵水方案。注浆前后要做好矿井排水对比分析工作。

3. 含水层改造与加固

我国许多煤矿普遍受底板水的严重威胁，其水压大，有的达到 5MPa 以上。在采掘活动中，由于岩层的原始平衡状态遭到破坏，巷道或采煤工作面底板在水压和矿山压力的共同作用下，底板隔水层发生变形，产生底鼓及突水事故。这种底板突水在我国华北的煤田中屡见不鲜，采取的防治水措施一是疏干降压，二是注浆加固底板。当煤层底板充水含水层富水性强且水压高，或煤层隔水底板存在变薄带、构造破碎带、导水断裂带，需采用疏水降压方法实现安全开采，但疏排水费用太高，浪费地下水资源且经济上不合理，这时采用含水层改造与隔水层加固的注浆治水方法实属上策。

含水层改造与加固是 20 世纪 80 年代中后期发展起来的注浆治水方法。该技术主要针对煤层底板水害的防治，它利用采煤工作面已掘出的上下风道，向工作面煤层底板打钻注浆，改造含水层或加固隔水层，封堵其裂隙并提高其隔水强度。

当采煤工作面内有导水的断层、裂隙或陷落柱时，应按有关规定留设防隔水煤（岩）柱，也可采用注浆方法封堵导水通道，否则不准回采。对注浆改造的工作面可先进行物探，查明水文地质条件，根据物探资料打孔注浆改造，再用物探与钻探验证注浆改造效果。

4. 帷幕截流注浆

帷幕截流注浆就是在矿井充水或补给水源来水方向，打一排钻孔注浆截流，形似帷幕而得名。为此，必须查清主要水源补给方向、过水断面或水源主要进水口地段及过水量，垂直和平面上的隔水边界等。帷幕线的选择和钻孔密度应满足以下要求：

（1）帷幕线必须布置在主要进水口地段，并斜交或垂直于地下水流方向。

（2）帷幕线应与主要含水层的节理、裂隙走向斜交，或利用主要岩溶裂隙走向布置钻孔。

（3）钻孔必须有一定密度，帷幕底界和两端必须隔水或相对隔水，主要过水断面必须封堵严密，不产生绕流，以达到隔水的目的。

为了达到预期的注浆效果，应首先查明注浆地情况，制定注浆堵水方案，然后进行方案施工。注浆堵水方案内容应包括确定注浆堵水部位、钻孔布置、浆料材料与配比、数量、注浆方法、系统、施工工艺和方法等，以及堵水效果观测与安全措施等。

四、矿井排水

矿井排水系统与相应防水系统的建立是煤矿安全生产必备的五大环节之一。因此，矿必须配备与矿井涌水量相匹配的水泵、排水管道、配电设备和水仓等。矿井排水系统必须满足以下基本要求：

1. 水泵

矿井必须有工作、备用和检修的水泵。工作水泵应能在20h内排出矿井24h的正常涌水量（包括充填水及其他用水）。备用水栗的能力应不小于工作水泵能力的70%。工作和备用水泵的总能力，应能在20h内排出矿井24h的最大涌水量。检修水泵的能力应不小于工作水泵能力的25%。

水文地质条件复杂和极复杂的矿井，可在主泵房内预留安装一定数量水泵的位置，或另外增加排水能力。

2. 排水管道

排水管道必须有工作和备用水管。工作水管的能力应能配合工作水泵在20h内排出矿井24h的正常涌水量。工作和备用水管的总能力，应能配合工作和备用水泵在20h内排出矿井24h的最大涌水量。

3. 配电设备

配电设备应与工作、备用和检修水泵相匹配，并能保证全部水泵同时运转。要保证双电源、双回路供电，以便一路电源发生故障时，另一路电源能立即供电，保障排水系统的不间断正常工作。

4. 水仓

主要水仓必须有主仓和副仓，当一个水仓清理时，另一个水仓能正常使用。

新建、改扩建矿井或生产矿井的新水平，正常涌水量在 $1000m^3/h$ 以下时，主要水仓的有效容量应能容纳 8h 的正常涌水量。正常涌水量大于 $1000m^3/h$ 的矿井，主要水仓有效容量可按下式计算：

$$V=2（Q+3000）$$

式中：F——主要水仓的有效容量，m^3；

　　　Q——矿井正常涌水量，m^3/h。

矿井最大涌水量与正常涌水量相差大的矿井，排水能力和水仓容量应由有资质的设计部门编制专门设计。有突水淹井危险的矿井，可另行增建抗灾强排水系统。

水仓进口处应设置算子。对水砂充填、水力采煤和其他涌水中带有大量杂质的矿井，还应设置沉淀池。水仓的空仓容量必须经常保持在总容量的 50% 以上。

水泵、水管、闸阀、排水系统的配电设备和输电线路，必须经常检查和维护。在每年雨季以前，必须全面检修一次，并对全部工作水泵和备用水泵进行一次联合排水试验，发现问题及时处理。水仓、沉淀池和水沟中的淤泥，应及时清理，每年雨季前必须清理 1 次。

第五节　透水事故的处理

一、透水预兆

当发现采掘工作面有透水预兆时，必须立即停止工作，报告矿调度室，采取有效措施，防止突水事故的发生。一般的透水预兆如下：

（1）煤层发潮发暗。干燥、光亮的煤因水的渗入而发潮发暗，若挖去表面仍如此，说明附近有水源。

（2）巷壁煤帮"挂汗"。这是由于压力水通过微细孔隙凝聚于煤岩表面而形成水珠，使巷道湿度增加，出现雾气。

（3）采掘工作面气温降低。如 1g 水蒸发可吸收 2.4kJ 的热量，可使 $1m^3$ 空气的温度下降 1.9℃。

（4）巷道中出现雾气。含水煤层温度低，热空气进入时发生雾气。

（5）底鼓或淋水加大。含水煤（岩）层变软，受积水区静水压力影响和矿山压力影响，出现底鼓、淋水。

（6）水叫。高压积水经过煤岩缝隙外泄时发出"嘶嘶"的摩擦声。

（7）有害气体增加。一般积水区内都存在有害气体，如硫化氢、二氧化碳、甲烷等，尤其是老空水。

（8）煤壁"挂红"。这是由于水中含铁的氧化物或硫铁矿物等在煤岩表面沉积铁锈所形成。

（9）涌水。若开始涌水时水量小，以后逐渐增大，且水清时，一般距水源较远。若涌水混浊，说明距离水源已近，应立即采取安全措施。

二、透水时的措施

1. 透水时的应急措施

（1）迅速判定水灾的性质，了解突水地点、影响范围、静止水位，估计突出水量、补给水源及有影响的地面水体。

（2）掌握灾区范围，搞清事故前人员分布，根据事故地点和可能波及的地区撤出人员。有人被堵井下时，分析被困人员可能躲避的地点，分析生存条件，制订营救方案。

（3）立即通知泵房人员，启动全部排水设备，把水仓水位降到最低限度，争取较长的缓冲时间。

（4）切断灾区电源，检查水闸门是否灵活、严密，并派专人看守，待命做好关闭有关地区防水闸门的准备。关闭水闸门时必须查点人数，看人员是否全部撤出。

（5）检查排水设施和输电线路，了解水仓容量。若突水中夹带大量泥砂浮煤时，应在水仓入口处设分段挡墙，使其沉淀，减少淤积。

（6）根据突水量和矿井排水能力，积极采取排、堵、截水的技术措施，防止整个矿井被淹。同时要加强通风，设专人经常检查有毒有害气体，防止瓦斯和其他有害气体的积聚和发生熏人事故。特别是水位下降时，积存在被淹井下巷道内的有毒有害气体会大量涌出。

（7）矿井透水量超过排水能力，淹井不可避免时，待下部水平人员撤出后，可采用向下部水平或采空区放水的措施。如果下部水平人员尚未撤出，主要排水设备受到威胁时，可用黏土袋、砂袋构筑防水墙，堵住泵房和通往下部水平的巷道，以保证水泵正常的排水工作。

（8）当采取各种措施后仍不能避免淹井时，井下人员应迅速向安全地区撤退，安全升井。

（9）排水后进行侦察、抢险时，要防止冒顶、掉底和二次突水。

2. 被堵人员的生存条件分析

发生透水后常常有人被困在井下，应本着积极抢救的原则，分析遇险人员生存条件，采取一切必要的措施抢救，如强力排水，通过压气管道或打钻送风、送食物等。

遇险人员生存的时间，与避灾环境、食物、水、空气、体能有关，一般主要分析避难场所的空气质量，以此估算遇险人员能生存的最长时间。人员可生存的空气极限值：氧气不少于10%，二氧化碳不多于10%，一氧化碳不多于0.04%，硫化氢不多于0.02%，二氧化氮不多于0.01%，二氧化硫不多于0.02%。

在实际中，往往计算氧气降到10%和二氧化碳增加到10%所需的时间，取两者最小值估计人员能生存的最长时间。人员平卧不动时每人耗氧量为$0.237dm^3/min$，呼出二氧化碳量为$0.197dm^3/min$；若避难人员年轻、性情急躁，不能安静平卧，则每人耗氧量按$0.3 \sim 0.4dm^3/min$计算。

水灾被堵人员若积极创造生存条件，可大大延长避灾待救的时间。

三、被淹井巷的恢复

1. 排水方法

当矿井突水后淹没井巷，若突水量有限，与其他水源无联系时，可直接排干恢复生产。当突水动储量大时，需先堵突水通道，再排干积水恢复生产。

恢复被淹井巷前，应提供突水淹井调查报告，其主要内容如下：

（1）突水淹井过程、突水点位置、突水时间、突水形式、水源分析、淹没速度和涌水量变化等；突水淹没范围、估算积水量。

（2）预计排水中的涌水量。查清淹没前井巷各个部分的涌水量，推算突水点的最大涌水量和稳定涌水量，预计恢复中各不同标高段的涌水量，并设计一条恢复过程中排水量曲线。

（3）提供分析突水原因用的有关水文地质点（孔、井、泉）的动态资料和曲线，水文地质平面图、剖面图，矿井充水性图和水化学资料等。

2. 排水恢复生产的注意事项

（1）设专人跟班定时测定涌水量和下降水面高程，严格做好记录。

（2）观察记录恢复后井巷的冒顶、片帮和淋水等情况。

（3）观察记录突水点的具体位置、涌水量和水温等，并进行突水点素描。

（4）定时对地面观测孔、井、泉等水文地质点进行动态观测，并观察地面有无塌陷、裂缝现象等。

（5）排除井筒和下山的积水及恢复被淹井巷前，必须制定防止被水封住的有害气体突然涌出的安全措施。井筒内及井口附近严禁火源，排水过程中要十分注意通风工作。由矿山救护队检查水面上的空气成分，发现有害气体，必须及时处理。

（6）排干积水修复井巷时，要特别注意防止冒顶和坠井事故。

矿井恢复后，应全面整理淹没和恢复两个过程的图纸和资料，确定突水原因，提出避免事故重复发生的措施意见，并总结排水恢复中水文地质工作的经验和教训。

第十三章 矿山其他安全技术

第一节 顶板灾害及其防治

一、冒顶事故预兆

发生顶板事故时，受岩块撞击、挤压、掩埋窒息等可造成人员伤亡和设备损坏，同时堵塞风路、阻断风流，形成局部微风甚至无风，造成瓦斯积聚，破坏正常的生产秩序。此外，局部冒顶如不及时维护，高冒处容易积聚瓦斯，甚至发生瓦斯事故。

冒顶一般都有预兆，发现预兆时及时采取应急措施，对减少伤亡具有重要的现实意义。冒顶的一般预兆如下（见表13-1）：

表 13-1　冒顶的一般预兆

现象	具体内容
掉渣	顶板严重破裂时，出现顶板掉渣，掉渣越多，说明顶板压力越大
发出响声	岩层下沉断裂，顶板压力急剧加大时，木支架会发出劈裂声，紧接着出现折梁断柱现象；金属支柱的活柱急速下缩，也发出很大声响
顶板裂缝	顶板有裂缝并张开，裂缝增多
片帮煤增多	因煤壁所受压力增大，变得松软，片帮煤比平时要多
漏顶	大冒顶前，破碎的伪顶或直接顶有时会因背顶不严和支架不牢固出现漏顶现象，形成棚顶托空、支架松动而造成冒顶
顶板出现离层	检查顶板要用"问顶"的方法，俗称"敲帮问顶"。如果声音清脆，表明顶板完好；顶板发出"空空"的响声，说明上下岩层之间已经脱离
有淋水	顶板的淋水量有明显增加

二、冒顶事故分类及预防

煤矿井下冒顶一般按冒顶力学原因分类，分为推垮型冒顶、压垮型冒顶和漏冒型冒顶。此外，还可能出现综合类型的冒顶。

预防冒顶措施主要从防推、防压、防漏3个方面入手，即采场支架对顶板应能支得起、护得好、稳得住。采场支架或支柱必须具有较大的初撑力，同时支架的可缩量又能适应垮落带或断裂带岩层的下沉量。确定支护参数时，必须从最不利的条件出发，如遇较大断层带应采用固结法处理破碎顶板；工作面两端巷道超前工作面20m 或更大范围内应加强支护；工作面与两端巷道交接处应使用一对迈步抬棚；单体支柱工作面两端机头、机尾处要用"四对八梁"支护。

第二节　冲击地压及其防治

一、冲击地压的特征及分类

1. 冲击地压的特征

（1）突发性。发生前一般无明显前兆，冲击过程短暂，持续时间为几秒到几十秒。

（2）破坏性。冲击强度一般为里氏震级 1 ~ 3 级，很少大于 4 级。往往造成煤壁片帮、顶板下沉、底鼓、支架折损、巷道堵塞、人员伤亡。

（3）复杂性。井下开采煤矿都有冲击地压发生的可能，但大多发生在柱式或短壁式采煤法，综合机械化长壁采煤工作面不多；相当一部分冲击地压是由爆破而诱发的；50% 以上是发生在煤柱内。

2. 冲击地压的分类

（1）根据原岩（煤）体的应力状态分类

1）重力应力型冲击地压，主要受重力作用，没有或只有极小构造应力影响的条件下引起的冲击地压。如枣庄、抚顺、开滦等矿区发生的冲击地压。

2）构造应力型冲击地压，主要受构造应力的作用引起的冲击地压。如北票矿务局和天池煤矿发生的冲击地压。

3）中间型或重力—构造型冲击地压，主要受重力和构造应力的共同作用引起的冲击地压。

（2）根据冲击的显现强度分类

根据冲击的显现强度分类，见表 13-2。

表 13-2　根据冲击的显现强度分类

类型	具体内容
矿震	它是煤、岩内部的冲击地压，即深部的煤或岩体发生破坏，煤、岩并不向已采空间抛出，只有片帮或塌落现象，但煤或岩体产生明显震动，伴有巨大声响，有时产生煤尘。较弱的矿震称为微震，也称为煤炮

类型	具体内容
弹射	一些单个碎块从处于高应力状态下的煤或岩体上射落，并伴有强烈声响，属于微冲击现象
弱冲击	煤或岩石向已采空间抛出，但破坏性不很大，对支架、机器和设备基本上没有损坏；围岩产生震动，一般震级在2.2级以下，伴有很大声响；产生煤尘，在瓦斯矿井中可能有大量瓦斯涌出
强冲击	部分煤或岩石急剧破碎，大量向已采空间抛出，出现支架折损、设备移动和围岩震动，震级在2.3级以上，伴有巨大声响，形成大量煤尘和产生冲击波

（3）根据震级强度和抛出的煤量分类

1）轻微冲击（Ⅰ级）。抛出煤量在10t以下，震级在1级以下的冲击地压。

2）中等冲击（Ⅱ级）。抛出煤量在10～50t，震级在1～2级的冲击地压。

3）强烈冲击（Ⅲ级）。抛出煤量在50t以上，震级在2级以上的冲击地压。

冲击地压中等及以上的矿井为重大危险源，矿井必须采取技术上、行为上和管理上的

控制消除其危险的发生。同时，矿井必须制定相应的事故应急救援预案。

二、影响冲击地压发生的因素

1. 自然条件

（1）煤岩的力学性质。煤岩的强度越高，引发冲击地压所要求的应力越小，越容易发生冲击地压；否则相反。

坚硬、厚层砂岩顶板，容易积聚大量的弹性能，在破断或滑移过程中，弹性能突然释放，形成震动，诱发冲击地压。如发生严重冲击地压的抚顺矿区，顶板为厚而坚硬的油页岩；义马矿区基本顶为致密坚硬的胶质砾石。底板坚硬，使煤体易于积聚能量，导致冲击地压的发生。煤层倾角和厚度局部突然变化地带，是局部地质构造应力积聚地带，易发生冲击地压。

（3）开采深度。随着开采深度的增加，煤层中的自重应力增加，煤岩体中聚积的弹性能增加，发生冲击地压的可能性增大。在开采浅部时，有的煤层虽然具有冲击危险，因煤体应力不大，未能达到临界破坏条件，因而不会发生冲击地压。当开采深度加大，达到冲击地压的临界深度时，就可能发生冲击地压。

（4）地质构造。地质构造对冲击地压有重要影响。当地质构造区域积聚大量的弹性能，在该区域或附近有采掘活动时，由于采掘活动的影响，就会诱发冲击地压的发生。而在构造应力易于释放的区域，如向斜、背斜翼部宽缓的区域，很少或不

发生冲击地压。

2. 开采技术因素

影响冲击地压发生的开采技术因素主要有两个方面：一是采掘引起应力集中，增大了冲击地压发生的危险性；二是震动、改变煤岩受力状态等诱发冲击地压。

（1）采煤方法。采用不同的采煤方法，所产生的矿山压力及其分布规律也不同。一般来说，短壁体系采煤方法由于巷道交岔点多，遗留煤柱也多，容易形成多处支承压力叠加而引发冲击地压。因此，对于具有冲击地压危险的煤层最好采用长壁式采煤法。如北京房山矿采用短壁式采煤方法开采 15 槽煤层时，在掘进中曾多次发生冲击地压，改为倒台阶采煤方法以后，从未发生过。

（2）煤柱。煤柱是开采中的孤立体，是产生应力集中的地点，孤岛形和半岛形煤柱可能受几个不同方向集中应力的叠加作用，因而在煤柱附近最易发生冲击地压。煤柱上的集中应力不仅对本煤层开采有影响，而且还向下层煤传递应力，使下部煤层产生冲击地压。

（3）采掘顺序。采掘顺序对于矿山压力的大小和分布影响很大。巷道相向掘进、工作面相向回采以及在采煤工作面的支承压力带内开掘巷道，都会使支承压力叠加而可能发生冲击地压。因此，应避免同一区段两翼的工作面同时接近上山。此外，若由于开采顺序不当，使相邻区段追逐采煤，采煤工作面形状不规则或留下待采煤柱等，也都会形成集中应力区，给冲击地压的发生创造条件。

（4）顶板控制。顶板本身不仅是载荷的一部分，而且还能传递上部岩层重力。顶板控制方法不同，煤体的支承压力也不一样。煤柱支承法控制顶板时，由于煤柱承受着整个开采空间上覆岩层重量，煤柱上集中应力很大，不但在煤柱本身发生冲击地压，而且对下部煤层开采造成困难，增加发生冲击地压的危险性。

（5）爆破。爆破产生震动引起动载荷。一方面能使煤层中的应力迅速重新分布，达到极限平衡状态甚至破坏其平衡；另一方面能迅速地解除煤壁边缘侧向约束阻力，使受力状况发生变化，由三向受力向两向受力转化，使其抗压强度下降，形成冲击地压。因此，爆破具有诱发冲击地压的作用。

三、冲击地压的防治

根据冲击地压的成因和发生机理，防治冲击地压主要从两方面入手：一是降低应力的集中程度；二是改变煤岩体的物理力学性能，以减弱积聚弹性能的能力和释放速度。

1. 避免应力集中

（1）合理的开采方法

开采有冲击地压危险的煤层时，应尽量采用长壁式采煤法，全部垮落法管理顶板。煤柱支撑法、房柱式及其他留煤柱的开采方法，都有利于冲击地压的发生。

（2）避免形成孤立煤柱

划分井田和采区时，应保证有计划的合理开采，避免形成应力集中的孤立煤柱。有条件的采区可跨上山开采和沿空掘巷（或留巷）等无煤柱开采技术，避免应力集中。

（3）合理的巷道布置

开采有冲击危险的煤层时，应尽量将主要巷道和硐室布置在底板岩石中。回采巷道应尽可能避开支撑压力峰值，采用宽巷掘进，少用或不用双巷掘进或多巷平行掘进。

（4）合理安排开采顺序

要合理安排开采顺序，防止采煤工作面三面被采空区包围，形成"半岛"。采区的采煤工作面应采用后退式朝一个方向推进，避免相向回采与掘进，以免应力叠加。

（5）开采保护层

开采煤层群时，开拓巷道要有利于保护层开采。首先开采无冲击地压的煤层为保护层，且优先开采上保护层。当所有煤层都有冲击地压危险时，应先开采冲击地压危险性最小的煤层。

对于地质构造等特殊区域，应采取避免或减缓应力集中或叠加的开采顺序。如在向斜或背斜构造区，应从轴部开始回采；构造盆地应从盆底回采；有断层或采空区的煤层应从断层或采空区处回采。

2. 释放积聚在煤岩体中弹性能

（1）钻孔卸压

钻孔卸压就是利用钻孔降低煤体中积聚的弹性能。一般采用 75～100mm 孔径，孔径越大效果越好（有的已达 300mm），孔深应超过前方应力集中带一定距离。由于钻孔后煤体受力状态和支承压力的分布发生了变化，应力集中峰值向煤体深部转移。当支承压力超过煤层孔壁稳定范围时，钻孔被破坏。且支承压力越高，钻孔破坏越严重，钻孔的卸压效果越好。

（2）卸压爆破

卸压爆破即在安全条件下，用爆破的方法使煤层松动，从而释放煤体积聚的能量。一是在高应力区附近打钻，在钻孔中装药进行爆破，通过爆破改变支承压力带的形状和减小峰值，这种方法叫卸载爆破。二是在具有冲击危险的区域进行大药量的爆破，人为地在工作人员撤出后通过爆破诱发冲击地压而使能量释放，这种方法叫诱发爆破。

（3）煤层预注水

煤层预注水后降低了煤体的弹性和强度，使应力集中区降低并移向深部，从而减小冲击的危险性。如大同、抚顺、北京、枣庄、天池等矿区，在具有冲击危险的煤层或顶板岩层进行注水，收到了明显的效果。

（4）强制放顶

强制放顶主要是对坚硬难冒落顶板采取的一种措施。通过爆破作业使大面积悬而不垮的坚硬难冒落顶板随开采活动而冒落，从而消除诱发冲击地压的潜在危险因素。

第三节　矿井热害防治

一、矿井局温的危害

1. 严重影响矿工身体健康

煤矿井下为重体力劳动，最适宜的温度为 15 ~ 20℃。温度过高影响人体散热，破坏人体热平衡，人体的调节器官处于极度紧张状态，将出现心率加快、头疼、恶心、中暑、昏迷，甚至死亡。

2. 影响矿井安全生产

高温高湿环境使职工心跳加快、头晕，出现注意力不集中等现象，严重的甚至出现中暑，极易引发安全事故。据国外调查统计，当矿井作业点的空气湿球温度达到 28.9℃时，开始出现中暑死亡事故。

3. 高温引发机电设备故障率增加

矿井高温高湿环境影响机电设备的正常运转，使机电设备故障率上升。井下机电设备、电缆主要是通过与环境的对流来散发本身所产生的热量，当环境温度、湿度过高时，必将导致设备散热困难，以致发生设备故障。据国外调查统计表明：机电设备在相对湿度90%以上、气温30 ~ 34℃的地点工作时，其事故率比在30℃的地点工作高 3.6 倍。

4. 降低劳动生产率

在矿井高温高湿环境条件下，职工出勤率和劳动生产率下降。气温超过规定的26℃指标时，温度每提高 1t，劳动生产率降低 6% ~ 8%。根据国外调查统计，风速2m/s，气温30℃时，劳动生产率降低72%。

二、矿井热害的形成原因

（1）围岩原始温度。围岩原始温度是指井巷周围未被通风冷却的原始岩层温度。地层在恒温带以下，正常情况下深度每增加100m，温度升高3℃左右。我国高温矿井的地温率一般为2.7 ~ 4.5℃/100m。因此在许多深井中，围岩原始温度高，将热量传递给井下风流，往往是造成矿井高温的主要原因。

我国矿井地热类型分两级。原始岩石温度为31 ~ 37℃的地区为一级热害区；原始岩石温度大于37℃的地区为二级热害区。在我国预测的煤炭资源总储量中，有73.2%的储量埋藏深度在1000m以下，预测围岩温度为39 ~ 45℃，属于二级热害区。由此可见，矿井热害防治工作在采矿业发展中具有十分重要的意义。

（2）机电设备放热。在现代矿井中，由于机械化水平不断提高，尤其是采掘工作面的装机容量急剧增大，机电设备放热已成为不容忽视的主要热源。装机总容量为1300kW的采煤工作面可使风量为30m³/s的风流温度上升约11℃。但由于井下湿度较大，很大一部分热量被水分吸收蒸发，实测使风流温升的热量约占转换的30%；带式输送机和刮板输送机占10% ~ 20%；局部通风机耗能几乎全部转化为热能传给风流。同时，井下变电所、泵房、绞车房散热对采掘工作面温度也有一定程度的影响。

（3）地面气温。地面空气进入井下后，在井巷流动过程中与矿内热源不断进行热、湿交换，且进风线路随着季节的变化呈周期性变化，一年四季内的温度波动一般为3 ~ 10℃。但随着矿井采深和通风距离的加大，矿内气温受地面季节的影响越来越小。

（4）运输中煤炭及矸石的放热。在以运输机巷作为进风巷的采区通风系统中，运输中的煤炭和矸石的放热是一种比较重要的热源。

（5）矿物及其他有机物的氧化放热。井下矿物及其他有机物的氧化放热，是造成矿井升温的原因之一。如井下的煤、岩、坑木、充填材料、油、布料等能氧化发热，使井下气温升高。其中，以煤的氧化放热量最为显著。如每生成2g二氧化碳，即体积比空气中二氧化碳升高0.1%，可使1m³空气温度升高14.5℃。

（6）人员散热。人员在静止或休息时的代谢产热量为90 ~ 15W，在从事繁重体力劳动时为470W。在人员比较集中的采掘工作面，人员散热对工作面的气候条件也有一定的影响。

（7）地下热水散热。热容量大的地下水是强载热体，当通过某些构造通道涌入矿井，或大气降水渗入地下被深部岩温加热后涌入矿井等，都可使风流温度升高。如神火集团梁北矿，煤层底板寒武纪灰岩涌水温度高达43℃。

（8）矿井通风。单位时间内流入井下的风量称通风强度。若进入井下的风流温度低，通风强度越大，温度越低，则矿井温度越低，否则相反。

空气的压缩与膨胀对风流温度也有一定程度的影响。空气向下流动由于受压缩而产生热量，一般 1℃/100m。空气向上流动由于膨胀而降低温度，一般为 0.8 ~ 0.9℃/100m。

三、矿井热害的防治措施

矿井热害的防治就是把井下作业地点的气温控制在规定的温度以下。然而对于开采深度较深，或局部地热异常的矿井，若不采取有效的降温措施，是满足不了上述要求的。目前，矿井热害防治措施主要包括：

1. 通风降温

（1）加大风量

当采掘工作面温度不大于 28℃，围岩温度不太高，且矿井增加风量具有一定空间时，增风降温是高温矿井最简单、最经济的措施之一。加大风量不仅可以降低温度，而且还可以有效地改善人体的散热条件，增加人体舒适感。如平顶山八矿将采煤工作面风量由 990m³/min 增加到 1280m³/min 时，气温降低 2.5℃，降温效果明显。

但增风降温并不总是有效的。当风量增加到一定程度时，增风降温的效果就会减弱。同时增风降温还受到井巷断面和通风机能力以及防尘等因素的制约。

加大风量的措施主要有加大通风机能力，优化通风系统合理供风，采取降阻措施减少通风阻力，加强通风管理防止漏风等。

（2）选择合理的矿井通风系统

巷道布置和通风系统对矿内气温有直接的影响，在确定矿井开拓开采和通风系统时，应选择有利于降温的布置方式。

1）尽可能减少进风线路的长度。要尽可能选择进风线路短的通风方式，且将进风巷道布置在低温岩层或低热导率的岩层，尽量避开局部热源对矿井进风的影响。区域式、对角式通风线路短于中央式。

2）合理的采区通风系统。在选择采区通风系统时，在安全条件允许的情况下，尽量采用轨道上山进风、运输机上山回风的方式，避免将煤炭在运输过程中的散热和设备散热带进工作面。

3）改变采煤工作面通风系统。我国矿井多采用 U 型通风系统，若将其改变为 W 型通风系统，不仅缩短了风路，增加了风量，起到明显的降温效果，而且大大降低了通风阻力。

4）采煤工作面采用下行通风。在条件许可时，采煤工作面可采用下行风。下山开采风流从上部巷道进入工作面时，不仅进风线路短，风流加热的机会小，而且减少了煤炭运输过程中的放热和运输设备散热的影响，因此可降低工作面风流温度。

此外，巷道双巷掘进较单巷掘进有利于降温；充填法控制顶板比垮落法控制顶板有利于降温等。

2. 隔热疏导

所谓隔热疏导就是采取各种有效措施将矿井热源与风流隔离开来，或将热流直接引入矿井回风流中，避免矿井热源对风流的直接加热，从而达到降温的目的。隔热疏导的措施主要包括：

（1）巷道隔热

巷道隔热主要用于矿井局部地温异常的区段。目前较为可行的方法是在高温岩壁与巷道支架之间充填隔热材料，如炉灰、喷涂隔热塑料泡沫等。

（2）管道和水沟隔热

矿内热水通过对流和加热岩层的方式将热传递给风流。如黄石胡家湾矿实测，风流流经热水涌出巷道时，风流升温热量的 82% 来自热水，18% 来自围岩。因此，对高温矿井，温度高的压气管道和排热水管应尽量设在回风流中，如果必须设在进风流中时，应采取隔热措施。尤其是热水型高温矿井的排水系统，水沟应加盖隔热板，管道应加强隔热。同时，对热水涌出量大的矿井，应根据热水涌出水源，采取超前将热水疏干、注浆堵水等措施降低矿井涌水量。对局部地点涌出的高温热水，可通过钻孔将热水直接排至地面。

（3）井下发热量大的大型机电硐室应独立回风

现代化矿井井下大型机电硐室设备多，容量大，发热量也大。如果这些设备的散热直接进入进风流，将引起矿井风流较大的温升。因此，大型机电硐室（如中央变电所、泵房、绞车房等）应建立独立的回风系统。

3. 个体防护

对个别气候条件恶劣的地点，由于技术或经济上的原因，如不能采取其他降温措施时，对矿工进行个体防护也是一种有效的方法。矿工个体防护的主要措施就是让矿工穿戴轻便、冷却背心或冷却帽，其作用是防止环境热对流和热辐射对人体的侵害。同时使人体自身的产热量传给冷却服或冷却帽中的冷媒。

国外一些国家已研制出了许多种适合井下使用的矿工冷却服和冷却帽，如南非研制生产的干冰冷却背心、德国研制生产的冰水冷却背心等。近年来，国内也研制出了同类产品在煤矿井下试用，并取得了较好效果。

4. 人工制冷降温

当采用一般的降温措施不能有效地解决采掘工作面的高温问题时，就必须采用人工制冷降温。应用各种空气热湿处理手段，来调节和改善井下作业地点的气候条件，使之达到规定标准。目前，常用的人工制冷降温方法有井下局部制冷降温、井下集中制冷降温和地面集中制冷降温。

当一个采掘工作面或边远区域的个别工作面出现高温热害，且具备排热条件时，可采取井下局部制冷降温措施。根据制冷量，一般选择矿用冷风机组或冷水机组，安装在采掘工作面进风巷附近，通过隔热风筒将冷媒输送到工作面，达到降温的目的。

井下集中制冷降温就是把制冷站建在井下，通过保冷管道将冷媒输送到全矿井或一个采区的多个工作面，达到降温的目的。井下集中制冷降温供冷距离短，冷量损失少，降温效果好，但制冷设备必须防爆。

地面集中制冷降温就是把制冷站建在地面井口附近，用管道将冷媒输送到井下，以满足全矿井或多个高温工作面的降温需要。地面集中制冷系统简单，制冷量大，设备无需防爆，冷凝热排放方便。但输送距离过大时冷损失大，降温效果差。

除上述措施外，煤层注水不仅可防治瓦斯和矿尘，而且水分蒸发可带走大量热量。在进风巷放置冰块、利用调热圈巷道进风等措施，都可起到一定的降温作用。由于矿井的高温原因各不相同，热害程度也轻重不一。因此，在进行矿井降温设计时，应对具体问题作具体分析，因地制宜、有针对性地采取降温措施，才能收到良好效果。

第四节　矿井电气安全

一、触电事故及其预防

1. 触电事故

（1）电击

电击是指电流通过人体所造成的伤害，甚至危及生命。电击分为直接接触电击和间接接触电击。直接接触电击是指人体有意或无意与危险的带电部分直接接触导致的电击。间接接触电击是指电气设备因故障，使原本不带电的外壳带电，人体接触而遭受的电击。

（2）电伤

电伤即指电流的热效应、化学效应、机械效应给人体造成的伤害，造成电伤的电流比较大，往往在肌体表面留下伤痕。电伤包括电烧伤、电烙印、皮肤金属化、机械损伤、电光眼等。

（3）煤矿井下常见的触电事故

1）人身触及已经破皮漏电的导线或由于漏电而带电的设备金属外壳，造成触电伤亡。

2）停电检修时，由于停错电或维修完毕后送错电而造成维修人员触电伤亡。

3）误送电造成触电伤亡。

4）违反有关规定进行带电作业、移动电气设备，造成触电伤亡。

5）在停车场乘坐煤车时，电车的直流架空线没有断电，或违章爬乘煤车时触及带电的架空线而触电伤亡。

6）在设有电车架空线的巷道中行走，肩扛金属长钎子或金属撬棍并高高翘起，碰触架空线而触电。

7）高压电缆停电以后，由于电缆的电容量较大，还储有大量电能，必须放电。如果没有放完电就去触摸带电的火线，必然要造成触电伤亡，而且电缆越长越危险。

2. 预防触电事故的措施

（1）预防直接接触电击

1）对于重要的电气设备首先要采取空间和时间上的防护，如设置栅栏、护网等。

2）利用绝缘材料对带电体进行封闭和隔离，将人体可能触及的电气设备的带电部分全部封闭在外壳内，并设置闭锁机构；对于无法用外壳封闭的电气设备的带电部分，采用栅栏门隔离，并设置闭锁机构。

3）对电机车架空线等无法隔离的裸露带电导体，要安装在一定高度，防止人员无意触及。

4）保证带电体与地面、带电体与其他设备、带电体与人体、带电体之间有必要的安全间距。

（2）预防间接接触电击

1）保护接地是最基本的电气防护措施，井下电气设备设置保护接地，当设备的绝缘损坏，电压窜到其金属外壳时，可把外壳上的电压限制在安全范围内，防止人身触及带电设备外壳而造成触电事故。

2）工作接地指正常情况下有电流通过，利用大地代替导线的接地。

3）重复接地指零线上除工作接地以外的其他点的再次接地，以提高 TN 系统的安全性能。

4）保护接零指电气设备正常情况下不带电的金属部分与配电网中性点之间金属性的连接，用于中性点直接接地的三相四线制低压电网。

5）速断保护指通过切断电路达到保护目的的措施，常用的有熔断器和电流脱扣器。

（3）防止直接和间接接触电击

1）双重绝缘指兼有工作绝缘和保护绝缘的绝缘。

2）加强绝缘指在绝缘强度和机械性能上具备双重绝缘同等能力的单一绝缘。

3）安全电压。对接触机会非常多的电气设备，如照明、信号、监控、通信和手持式电气设备等，除加强手柄的绝缘外，还必须采用较低的电压等级。如：手持式煤电钻和照明装置的额定电压不应大于127V，矿井监控设备的额定电压不应大于24V等。

4）电气隔离。通过隔离变压器实现工作回路与其他电气回路的电气隔离，将接地电网转换为范围很小的不接地电网。

5）漏电保护。在井下高、低压供电系统中，装设漏电保护装置，防止供电系统漏电造成人身触电和引起瓦斯或煤尘爆炸。

（4）维修电气装置时要使用保安工具

如绝缘杆和绝缘夹钳；绝缘手套和绝缘靴；绝缘垫和绝缘站台；携带式电压指示器和电流指示器；登高安全用具，包括梯子、高凳、脚扣和安全带；临时接地线、遮拦和标示牌等。

二、电气火灾及其预防

由电气设备引发的火灾，不仅烧毁设备，而且往往引起电缆、皮带、支架以及煤等可燃物起火，甚至火势借风流蔓延，烧毁巷道或井筒，是矿山重大电气事故之一。此外，燃烧时还会产生大量的有毒有害气体，危及井下作业人员安全。高温火苗又容易引起瓦斯、煤尘爆炸。

1. 电气火灾的预防措施

统计资料表明，电气火灾的主要起因是电气设备、电缆接线盒多种故障造成，而与设备相连的电缆被引燃则是火灾扩大的主要原因。此外继电保护装置失灵，设备和电缆的阻燃性差，无火灾监测装置、现场灭火装置长期闲置失效等因素，也是造成井下重大火灾的间接因素。为此，应采取如下预防措施：

（1）及时掌握井下供电系统的阻抗，计算、校验高低压电气设备及电缆的动稳定性和热稳定性，校验和整定供电系统中的各级继电保护，使之灵敏、快速、可靠。装设完善的选择性漏电保护装置。

（2）按照允许温升的条件，正确选择、使用和安装电气设备及电缆。

（3）为了防止低压电网的短路和过负荷引起火灾，必须使用熔断器、限流热继电器、电动机综合保护等保护装置。使用熔断器时，应注意熔体额定电流与电缆最小截面的配合；使用限流热继电器时，应注意热元件的选定和电磁元件的整定；使用电动机综合保护时，应特别注意根据所保护电动机的额定电流来选定保护装置的分档和刻度电流，并注意短路保护的灵敏度校验。

（4）电气设备与电缆连接部分的接点不应松动，在运行中应经常检查和修理。

橡套软电缆损坏处的修理应该用热补。高压电缆接线盒应采用经鉴定推广的冷浇注电缆胶，取代易碎裂的沥青电缆胶；运行中需要经常拆开的橡套电缆接头，必须使用插销连接。

（5）变压器油应定期取样试验，若其绝缘性能降低时，必须经过过滤和再生处理，提高其绝缘性能，并经耐压试验后，才能使用。

（6）井下照明灯必须有保护罩或使用冷光源的日光灯等。

（7）在煤矿井下低压系统中必须使用不延燃橡套电缆。

2. 电气灾害的综合防治措施

（1）严格执行煤矿井下供电的"十不准、三无、四有、二齐、三全、三坚持"等制度。

（2）坚持使用合格的防爆电器，加强防爆电器的维护管理，杜绝防爆电器失爆。

（3）保证井下供电三大保护系统完整、状态良好、动作灵敏可靠。

（4）加强井下电缆的管理。对电缆的选用、敷设、连接必须按《煤矿安全规定》要求进行，并设专人进行检查和维护。

三、静电的危害及防治

静电对煤矿安全的威胁越来越突出，若疏于管理就会发生因静电放电引起瓦斯燃烧、爆炸事故。随着新材料、新工艺在煤矿的应用，井下产生静电机会增多。如采煤机、掘进机在切割、破碎煤、岩石的过程中可能在煤壁、岩壁上产生静电；带式输送机的传动带与煤、滚筒、托辊快速摩擦会产生静电；各类排水、通风、压气、瓦斯抽采等管道，由于高速流动的流体与内壁相摩擦，也会产生静电等。静电防治措施如下：

1. 保护接地

接地是防止静电荷积累的途径之一，它是将带电物体上产生的静电荷通过接地导线引入大地，避免出现高电位，减少物体对地的电位差。

2. 减少表面电阻

物体表面电阻的大小，决定了物体表面泄漏电荷的能力。表面电阻小于 $10^9\Omega$ 的物体，在良好接地的情况下，其消失速率与积累速率相近，这样就不会有大量电荷的积累。因此，减小物体的表面电阻是目前煤矿井下主要的防静电措施。

减少表面电阻有两种方法：一是在物体表面喷涂防静电漆。这是一层导电性能较好的薄膜附着物，能降低其表面电阻，防止电荷的积累。二是添加导电剂，即向高电阻材料中添加导电材料，使其电阻降低的处理方法。

3. 增加井下产生静电物体周围的湿度

这种方法只对吸潮性物质有效，通常井下湿度较大，一些物体表面存在大量的杂质离子和易于溶解的物质，当表面有一定的湿度时，其电阻值就会降低，表面电阻就减小。

第五节 提升运输安全技术

一、机车运输事故及预防措施

电机车运输行车伤亡事故主要有列车行驶过程中与在巷道中行走的人员相撞、在轨道狭窄处和障碍物多及人员无法躲避的地点与人员相撞以及人员违章蹬、扒、跳车过程中的伤害事故。列车运行常见事故有撞车、追尾、掉道、碰人等。

机车运输事故预防措施主要包括：

（1）列车或单独机车都必须前有照明，后有红灯。

（2）正常运行时，机车必须在列车前端。

（3）同一区段不得行驶非机动车辆。如果需要行驶时，必须经井下运输调度站同意。

（4）列车通过的风门必须能够接收到声光信号装置。

（5）巷道内应装设路标和警标。机车行进到巷道口、硐室口、弯道、道岔、坡度较大或噪声较大等地段以及前面有车辆或视线有障碍时，都必须减低速度，并发出信号。

（6）必须有用矿灯发送紧急停车信号的规定。非危险情况下，任何人不得使用紧急停车信号。

（7）两机车或两列车在同一轨道同一方向行驶时，必须保持不少于100m的距离。

（8）在弯道或司机视线受阻的区段，应设置列车占线闭锁信号；在新建和改扩建的大型矿井井底车场和运输大巷，应设置信号集中闭锁系统。

二、倾斜井巷运输事故及预防措施

倾斜井巷运输事故包括钢丝绳断裂跑车、连接件断裂跑车、矿车底盘槽钢断裂跑车、连接销窜出脱钩跑车、制动装置不良跑车和工作失误造成跑车等。

倾斜井巷运输事故预防措施主要包括：

（1）按规定设置可靠的防跑车装置和跑车防护装置，实现"一坡三挡"，加强检查、维护、试验，健全安全责任制。

（2）倾斜井巷运输用的钢丝绳连接装置，在每次换钢丝绳时，必须用2倍于其最大静载荷重的拉力进行试验。

（3）对于钢丝绳和连接装置必须加强管理，设专人定期检查试验，发现问题及时处理。

（4）矿车要设专人检查。矿车的连接钩环、插销的安全系数不得小于6，至少每2年进行一次2倍于最大静载荷重的拉力试验。

（5）矿车之间的连接、矿车和钢丝绳之间的连接必须使用不能自行脱落的装置。

（6）把钩工要严格执行操作规程，开车前必须认真检查各防跑车装置和跑车防护装置的安全功能。

（7）斜井串车提升，严禁蹬钩。行车时，严禁行人。运送物料时，每次开车前把钩工必须检查牵引车数、各车的连接和装载情况。

（8）绞车操作工要严格执行操作规程，开车前必须认真检查制动装置及其他安全装置，操作时要准、稳、快，特别要注意防止松绳冲击现象。

（9）保证斜井轨道和道岔的质量合格。

（10）保持斜井完好的顶、帮支护，并使运行轨道干净无杂物。

（11）滚筒上钢丝绳至少保留3圈以上的余量，绳头固定牢固，防止发生绳头抽出。

三、刮板输送机事故及预防措施

刮板输送机伤人事故的类型有断链伤人、飘链伤人、机头机尾翻翘伤人、中部槽拱翘伤人、运料伤人、摔倒伤人、刮板链伤人、吊中部槽伤人、液力偶合器喷液伤人、联轴器对转轮无罩伤人、信号误动作伤人，以及工作面电缆落入中部槽被拉断而发生火花引起瓦斯、煤尘爆炸等造成人身伤亡。

刮板输送机事故预防措施包括：

（1）凡是转动、传动部位应按规定设置保护罩或保护栏杆；机尾应设护板；在适当位置设置行人过桥，以便行人横越输送机。

（2）严禁在输送机槽内行走，更不准乘坐刮板输送机。

（3）输送机不应运送材料，需要运物料时，必须制定安全措施。操作顺序：放料时，要顺刮板输送机运行方向，先放长料的前端，后放尾端；取料时先取尾端，严禁先取前端。

（4）严格执行停机处理故障、停机检修设备的制度。停机后在开关处要挂上"有人工作、禁止开机"的警示牌，并与采煤机闭锁。严禁运行中清扫刮板输送机。

（5）采煤工作面的刮板输送机，必须沿着输送机设置警铃信号和急停按钮，其间距不得超过 15m。开机前先发出信号，后点动试车，待观察没有异常情况时再正式开机。

（6）移动刮板输送机的液压装置必须完整可靠。移动刮板输送机时，必须有防止冒顶、片帮伤人和损坏设备的安全措施。

（7）刮板输送机机头、机尾必须打牢锚固柱。

（8）刮板输送机两侧电缆要按规定吊挂，特别是工作面移动的电缆要管理好，防止落入机槽内被刮坏或拉断而造成事故。

（9）必须有维护保养制度，保证设备性能良好。

（10）刮板输送机的液力偶合器必须指定专人负责维护，按规定注难燃液。易熔合金塞熔化后，必须立即排除故障，然后更换。易熔合金塞必须符合标准，严禁用其他物品代替。

四、带式输送机事故及预防措施

带式输送机运输可能造成的事故主要有输送带着火、断带伤人、滚筒卷人、下运飞车等。预防措施如下：

（1）选用合格的防静电阻燃输送带，认真检修维护，保证带式输送机经常处于良好的工作状态。

（2）完善带式输送机各种保护装置。要装设烟雾、温度保护装置和自动洒水装置，并保证动作可靠。机头传动部、机尾滚筒、液力耦合器等处都要安装保护罩和防护栏。

（3）改善带式输送机的工作环境。装载时要均匀，防止局部超载或偏载，及时更换磨损超限的输送带。

（4）带式输送机两侧必须有足够的安全距离，必须保证距支护或硐墙距离不小于 0.5m，行人侧不小于 0.8m。

（5）带式输送机巷道要有足够的照明，并备有相应的消防灭火器材。

（6）除按照规定允许乘人的带式输送机以外，其他带式输送机严禁乘人。

（7）在带式输送机巷中，行人经常跨越的地点必须设置行人过桥。

（8）确保通信设施灵敏可靠。

（9）制定带式输送机的操作规程，司机必须严格按规程作业。

（10）运行中的带式输送机严禁检修。

（11）在清理机头、机尾和滚筒附近的浮煤时，应停机进行。

（12）行人在机巷中行走、停留时，必须离开带式输送机机架。

第十四章　煤矿智能化建设

第一节　掘进工作面智能化

一、掘进工作面自动化、智能化控制技术

1. 掘进机智能控制技术

掘进机是用来开凿平直低下巷道的大型机械设备，常用的有开敞式掘进机和护盾式掘进机两种，造价通常高达到数亿元人民币，是现代煤矿和隧道工程中的主要设备之一。由于掘进机属于大型的重工设备，以及掘进机大多数用于地下的岩石作业，其工作环境相当复杂和危险，因此现代的掘进机都有着复杂、灵敏的自动化控制系统，通过该系统不仅可以实现掘进机的自动化运作，提高工作效率，还可以减少人员伤亡。不过，由于掘进机的自动化控制系统涉及多项自动化技术，使得许多操作人员在操作掘进机的过程中依然存在不少问题。

掘进机的自动化系统是由一系列的电气设备与各硬件机构相连接，通过车载的计算机利用预先编制好的程序代码来实现对掘进机的控制。掘进机的智能化技术主要研究以下几个方面内容。

（1）掘进机机身姿态检测技术

掘进机机身姿态检测是通过对掘进机机身的水平位置、水平旋转角度、仰俯角和翻滚角等的检测，结合运算液压油缸的行程，从而确定悬臂式掘进机机身的姿态。

（2）掘进机截割头控制系统

掘进机通过安装在截割面或掘进机机身各部位的传感器获得截割头位置数据，同时利用机载计算机内置的动态行程算法得出截割头位移量变化值，再通过一些函数运算，便可以计算出掘进机截割头在巷道断面中所处的位置。通过预先计算和调整截割头的坐标位置，通过掘进机自动截割控制程序，提供给掘进机控制系统，控制掘进机截割头完成对掘进断面的自动化截割。

（3）掘进机自动定向系统

掘进机自动定向是掘进机自动化的关键技术，只有高效、精准的定向系统，才

能确保掘进机在调动过程中不会偏离掘进方向，从而保证工程的质量。掘进机的自动定向过程一定是实时控制，并且先于截割过程。只有在掘进机方向信息有效的情况下，掘进机的位置信息才具有可信度。据此反算的截割头在断面上的位置信息才是准确的，控制系统根据此信息进行截割轨迹规划，截割作业才能保证巷道的施工精度，从而保证巷道施工质量。

掘进机定向的关键在于建立起掘进机自身位置的实时坐标，有了这个实时坐标，就可以精准控制掘进机的位置。目前国内的掘进机多数采用的是两轴倾角传感器和三维电子罗盘相结合的双重定位系统，利用两轴倾角传感器得到掘进方向和巷道水平面之间的俯仰角，结合三维电子罗盘的磁极指向，建立掘进机的位置坐标。与定向系统关联的掘进机的位置控制系统则可以通过定向系统传来的实时位置坐标信息，结合预先编制好的程序代码对掘进机进行位置调整，从而确保掘进机不会偏离原先制定的掘进方向。

（4）掘进机自动截割技术

掘进机自动截割是通过数字坐标控制截割头实现自动截割的一种掘进机自动控制方法。

1）掘进机断面自动截割技术

掘进机自动截割可通过实时获取截割头空间位置坐标、自动截割导航和截割高一级实时调整来完成，并利用数控加工技术、运动控制技术和传感器技术来实现。掘进机在巷道中的工作位置分为对心和偏心两种状态，处于后一种状态时掘进机受到不平衡倾覆力矩影响，振动和噪声都很大，故应采用前一种状态。通过合理设置截割端面参数和截割轨迹参数确保截割头按照预设轨迹完成截割。接着，利用 DSP 运动控制器实现闭环控制，以提高系统控制精度。

2）掘进机记忆截割技术

掘进机的记忆截割技术是在自动截割技术的基础上，截割头运行位置坐标来自人工操作记录、存储、控制来完成的。首先通过人工操作示范，掘进机记忆截割控制系统采集并记录其相关信息和运行轨迹，然后掘进机对其路径进行优化存储，当掘进机根据优化后的路径进行截割时，若其截割路径是水平的，则控制回转台单独开启回转油缸；若其截割路径是垂直的或是斜线的，这控制回转台同时开启回转油缸和截割臂升降油缸，然后通过与目标的距离来设置阀开度的大小并进行往复运动。

3）掘进机自适应截割技术

自适应截割控制的主要目的是应对工作载荷的突变现象。悬臂式掘进机截割过程中工作载荷变化主要取决于截割对象的机械物理特性、截割操作参数以及掘进机自身结构参数。截割操作参数主要是由回转和升降油缸引起的截割臂摆动速度，它直接影响工作载荷的大小和截割效果，掘进机自身的结构特点造成截割头所受载荷随截割臂的摆动时刻变化，但其自身结构参数在设计过程已经确定，在工作过程中无法调节，由其引起的冲击载荷指只能通过调节截割头转速或者截割臂摆动速度来解决，要获得最优的截割效果不仅需要截割头转速、截割臂摆动速度与工作载荷相适应，还要求两者之间相互匹配。这一过程无法用过人工来完成。自适应截割控制是通过改变控制系统自身的参数来适应工作过程中掘进机动态特性的变化以及环境条件变化的控制策略。它在对被控对象模型或环境不熟悉的情况下，使系统自动工作于最优或接近最优运行状态，给出高品质的控制性能，主要通过采用模糊理论、神经网络等人工智能手段来实现。自适应截割技术，赋予了掘进机自学习能力，使掘进机具备了智能化控制功能。

（5）掘进机煤岩识别技术

煤岩识别技术是指能够将煤层和岩石有效辨识的技术。要实现自动化，掘进机必须具备煤岩自动识别功能。目前掘进机的煤层和岩石自动识别技术，主要依赖于不同的煤层和岩石层的硬度变化，以及硬度变化带来的掘进机负荷变化，因为不同深度的煤层和岩石在硬度上存在着一定的差异，当掘进机由截割煤层转到截割岩石时会导致一些参数发生变化，如截割电机的电流、旋转油缸的压力、升降油缸的压力、速度等均产生变化，所以可以根据截割电机和回转油缸压力和速度的参数值，依据掘进机在同一巷道截割不同层面条件下煤和岩石的参数值，分别对煤与岩的界面做出判别。

（6）掘进机远程控制技术

掘进机的远程控制是将掘进机的工况信息、视频信息、音频信息通过传输单元送到远端的监控中心，监控中心操作人员可以依据掘进机传感器信息获取掘进机的工作状态及其采场的环境参数，通过视频信息了解掘进机的机身位姿、油缸位移、端面截割形状以及周围环境瓦斯、矿压、粉尘、通风等参数，通过音频信息可以了解现场设备故障情况等，同时操作人员还可以通过组态监视器观察掘进机工作状态参数，根据实际需要操作响应的手柄从而间接控制掘进机。操作人员在远控终端可以选择自动控制、手动控制方式，进入自动控制模式时掘进机将按照程序完成工作，进人手动控制模式时掘进机按照操作员手控操作指令工作。

（7）掘进机监控技术

图 14-1 为掘进机监控系统示意图，由图可知，掘进机监控系统由掘进机、网络传输单元（多合一基站）、手持终端（矿用手机）、传输接口和监控中心计算机等组成。掘进机监控系统具有以下功能：

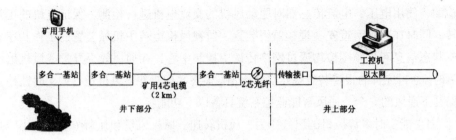

图 14-1　掘进机监控系统示意图

1）可根据工作需要对监测参数进行修改、设置，对监测数据进行分析，打印报表。

2）对掘进机的开停和运行状态、网络传输单元（各多合一基站）的工作状态等监测数据进行实时统计，每隔 2min 形成数据分析，可对掘进机的工作状态进行自诊断并具有一定错误统计功能。

3）操作者可随时浏览掘进机监测数据，支持多屏多画面显示。查询功能包括数据查询和曲线查询。

4）报警与控制功能。出现掘进机运行故障、供电故障、传输故障或系统故障时，系统具有故障自诊断功能和报警功能，可实现掘进机开停运行的远程控制和手动控制，可对设备进行远程维护。

2. 掘锚一体化快速掘进成巷技术

掘锚一体化快速成巷技术是通过掘进工艺，将掘进与支护有效的结合在一起，简化掘进工艺，实现掘进与巷道支护平行作业，提高了巷道掘进效率。掘锚一体化是在掘锚机组截割的同时，装运机构将魄罗的煤岩通过星轮和刮板运输系统运至机后配套运输设备，机载除尘装置处于长时工作状态，同时掘锚机组上的机载锚杆机进行钻孔、安装锚杆作业，一排锚杆安装完毕，机器前景进行下一个循环作业。锚杆机组可节省移动和装钻机时间，掘进速度可提高 50%～100%。

3. 运输自动化

掘进工作面的运输系统由掘锚机转运部、泼水转载机装运部、可弯曲输送带转载机、迈步式自移机尾、顺槽带式输送机组成。运输工序采用顺序联动，后部运输节点启动后，前部运输节点方可启动，实现运输系统逆煤流顺序启动，顺煤流顺序停止一键启停控制。任一处运输节点停机后，前部所有节点全部自动停机；利用转运综合机综合保护装置和转载点、关键运输环节布设的高清视频监视系统实时监控运输环节。

4. 通风自动监控系统

通风自动化控制系统采用风压、温度及 CO 含量传感器对井下通风效果进行实时检测，使用电压、电流传感器对驱动风机的交流电机进行检测，保证电机的正常运转。同时在风机附近安装视频监视装置，监视风机运转中机械装置的工作状态。风机状态信息和视频图像均通过网络传送中控制中心，在通风效果异常或风机出现故障时，通过完善的报警装置提示操作人员。最终实现对井下风机运行的实时监控，确保井下通风的安全。通风智能监控系统具备以下功能：

（1）能实时采集风机的出气压力、风机转速、风机风量和瓦斯浓度的大小，并在监控界面上显示出来。

（2）在主监控界面上，可以实现风机的自动变频、手动变频、工频运行、停止运行、变频器故障复位和瓦斯浓度报警解除的控制，同时还具有风机启动/停止、变频/工频、变频器/风机故障报警和瓦斯浓度超限报警指示的功能。

（3）能够实现风机风压、转速、风量和瓦斯浓度的实时趋势曲线和历史趋势曲线的显示功能。

（4）在系统状态数据库中，可以查看局部通风机的风压、风量、转速和瓦斯浓度的实时报警和历史报警记录；可以查看电机的参数及相关状态，如漏电闭锁故障、漏电故障、过载故障、不对称短路故障、对称短路故障、断相故障、过热故障、无法启动故障、整定错误故障、过电压故障、欠电压故障、分闸状态、合闸状态。

（5）信息查询窗口具有风机风压、风量、转速和瓦斯浓度的实时数据和历史数据报表的功能，可以进行数据报表的查询、打印以及打印的设置。

（6）被授权的操作员可通过该系统网络实现掘进工作面局部通风机的远程多路程序自动控制，远程单路独立控制，远程启动、停止，远程短路、漏电试验以及远程故障和报警复位等功能。

（7）该监测监控网络能对系统分站进行故障诊断，可检测掘进通风机各子系统的故障信息并进行风机故障诊断，并将其在界面上显示。

5. 自动探水、排水自动化系统

在进行工作面巷道掘进前必须先根据矿井水文地质资料并通过钻孔探测矿井含水层，估算矿井涌水量，并通过必要的排水设施提前疏水排水，防止在掘巷期间发生矿井透水事故。可以通过顺层和穿层方式，或两者兼顾布置疏水管路，以确保在巷道掘进前达到疏放水的标准。

二、综掘工作面自动化快速掘进系统发展趋势

1. 快速掘进技术发展趋势

快速掘进技术的发展主要从以下几个方面进行研究：

（1）不断探索新的截割技术、不断扩大适用范围。研究、试验新的截割技术，

尤其是硬岩截割技术；研究新型的截割方式与硬岩截齿，扩展适用范围。

（2）大力发展自动控制技术。随着实用型新技术的发展，快掘系统自动化趋势越来越明显。主要表现为：推进智能导航、全功能遥控、智能监测、预报型故障诊断、定循环截割、网络化控制等。

（3）多功能集成趋势明显。快掘系统成套装备集成锚钻系统、临时支护系统、高效除尘系统、前探物探系统等，通过多功能的集成达到平行作业，提高单进的目标。

（4）工作可靠性不断提高。可靠性是掘进机进行高效作业的根本保证。因此，快掘系统各设备系统匹配、结构、使用材质等都要建立在实践验证的基础上。

2. 煤矿巷道掘进技术装备发展趋势

随着自动化、信息化、新材料和先进制造等科学技术的发展，我国煤矿巷道掘进技术与装备进入了快速发展阶段，科研能力进一步提高，各项技术不断取得进步。我国煤炭企业、煤机制造企业、科研单位结合煤矿生产发展要求，引进消化和创新研发先进技术，不断进行结构创新和完善新功能，提高自主开发能力，尽可能解决新时期出现的问题，技术水平和国际先进水平差距不断缩小，相关生产厂家和机型数量有了大幅增加，年生产能力达到 1200 台左右，其中代表上海创力集团推出的 EBZ220H、EBZ260H、EBZ315B 等机型结构紧凑、造型简洁、重心低，元件性能及质量优越、安全保护完善，但是依然有很多难题需要攻关解决。今后我国悬臂式掘进机的发展趋势如下。

（1）硬岩截割技术

掘进机与岩石相互作用过程时，磨损集中体现在截割头体、截齿和齿座、星轮和扒爪及输送机等部件。当被截割对象的硬度和磨蚀性较高时，截齿无法有效切入岩体，导致截齿顶部硬质合金在高接触应力条件下发生明显磨损。当齿座设计或制造角度不佳或安装在齿座中的截齿缺失时，齿座顶部或侧面将会迅速出现磨损。截割头大端的磨损在纵轴式掘进机上尤为突出，这主要是由于扫底过程中截割头大端的薄壁结构以较高的线速度运行，以及长时间处于未及时运出的岩屑中造成的，对于横轴式截割头，由于受减速器壳体结构的保护作用，磨损现象并不显著。在被截落物料的装载和运输过程中，由于装运机构长期与岩屑接触且相对运动速度较高，在金属表面极易形成磨损。

（2）截割机理的改进

悬臂式掘进机技术是随着机械破碎技术发展而发展的。国外研究连续超高压水射流系统截割技术取得突破，例如俄罗斯开发的最大水枪直径 13mm，水压高达 1000MPa，活塞动能为 150kJ，掘进效率已超破碎锤。美国空军也同样制造类似产品，将水力喷射器安装在凿岩机上，能够破碎 f20 的超硬岩。南非也开发出用于黄金矿山的水力开采系统，破碎出的岩块大，成形好，对于硬岩效果好，成本相对机械破碎小，而且这种机构的体积小，可用于大、中、小断面硬岩截割。另外机械破碎的截割，也有采用惯性冲击截割破碎的掘进机，利于振动形式压缩波在自由面反射成拉伸波后产生的拉应力，加速岩石的破裂和碎落，从而实现煤岩破碎掘进。掘进机的技术都是伴随着机械破碎技术进步而发展的，对于超硬岩巷还需要继续研究。

（3）重型化、大功率化

随着煤炭的不断开采，易采的煤巷不断减少，不易开采的煤巷开采提上日程，而且巷道断面也在不断扩大，掘进机需要面对越来越硬和耐磨性越来越强的岩巷。用机械破碎原理的悬臂式掘进机就需要不断提高截割功率和机身重量，这样可提供更大的切割力，更大的切割范围。国内目前掘进机截割功率达 420kW，可截割岩石硬度已达 f=8（如岩石更硬，则需震动松动），机身重量已达 100t；国外悬臂式掘进机国外掘进机截割功率已达到 500kW，可截割岩石硬度 f=10，机身重量达 145t。重型大功率化的弊病也显而易见，如调动困难，生产效率下降，截割比能耗加大，截齿损耗加大，成本剧升，性价比有待提高，但是从发展趋势来看，重型大功率化是目前硬岩比较可能的解决方式。

（4）机型系列化、模块化

目前悬臂式掘进机应用范围在不断扩大，某些煤巷断面比较小、比较矮，则需要矮型化、窄型化，功率适中的掘进机。面对综合管廊类的需要，断面大，则机器体积可能大，可能高，或者特殊类型工程用掘进机。这也为掘进机适用不同断面的需要或者为配置其他辅助设备（安装锚杆机、辅助工作平台等）带来了方便，即掘进机越来越个性化，越来越私人定制。

（5）岩巷炮掘自动化

目前岩巷炮掘是实现岩巷快速掘进最直接有效和经济实用的方法，但受制于钻装机和后配套机械转载设备等自动化设备无法近距离承受爆破冲击。每次爆破前，设备都要后撤至安全区域或掩体内，设备调动频繁使整个循环作业时间加长。如果能解决相关设备近距离抗爆破冲击的能力，岩巷炮掘自动化的适用前景很广阔。

（6）掘锚支护一体化作业技术

掘锚联合作业是适应煤矿巷道高效掘进的发展方向，将掘进和支护结合或组合于一起以完成掘锚工艺。目前掘锚一体机和掘锚成套机组主要有 2 种类型：①悬臂式掘进机集成液压锚杆钻机于一体，适应矩形、拱形和异形的煤岩巷道的掘进；②掘锚机组。目前国外掘进机机载锚杆钻机主要有 AHM105 等配套钻臂系统，国投新集矿业集团使用了机身一侧布置机载液压锚杆钻臂系统的 EBZ300M 型岩巷掘进机，其具有简单实用、安全高效的特点。掘锚机组采用掘锚一体化技术，可实现掘锚同步作业,主要适用于较软的煤和半煤岩巷,改善了在较差顶板条件下的支护效果,提高了掘进工效。

3. 综掘工作面辅助技术及装备发展趋势

综掘机械化是一项系统工程,各种辅助系统和子工程制约着掘进机的发展,特别是支护和其他辅助工具。下边就具体讲讲相关技术的发展趋势。

(1)机载式防突钻机

在掘进机开拓巷道之前需要在碛头预打防透孔,深度一般在 10m 左右,在掘进机上配置此设备,打瓦斯抽采孔、探水孔等,这样使掘进机利用更充分,减少停机待工时间。支护:支护作用是维护掘进工作面和永久支架的作业空间,防止掘进工作面围岩的早期离层和冒落,确保掘进工作面的作业安全,目前主要分为两类:一类是超前临时支护系统,主要配在掘进机截割部或本体上,能在一定程度上起到临时支护作用,但适应的巷道断面有限,在中小断面煤岩或半煤岩上根本无法使用;另一类是步进式临时支持系统,步进式支护系统与掘进机完全分离、互不干涉的独立同步运行用来进行超前临时支护。

(2)步进式(迈步式)临时支护

它的特点是与掘进机完全分离,互不干涉,能独立自移,并能消除空顶作业现象,保证多工序间平行作业。该系统具有结构紧凑、适应性强、操作简单、控制灵活和控制方式多样化等诸多优点,而且该系统集成锚杆钻机,实现临时支护区域部分"超前永久支护"。如果能够实现支架可靠均匀的步进或者迈步,对于快速掘进系统的研制将会起到关键性作用。

(3)巷道综合除尘、防尘技术

防尘、除尘煤尘不仅严重危害综掘工作面工作人员的身体健康,也影响设备的工作环境,增加设备故障率和保障成本,而且煤尘可能引起安全事故。目前掘进机的内喷雾装置只是一个摆设,实际作用只能靠外喷雾,这也是目前技术发展方向,采用用负压喷雾技术、高压喷雾技术、泡沫除尘技术、风水喷雾技术,等等。选用除尘效率高的除尘器,利用其除尘净化技术,配合长压短抽的除尘系统,合理设计布置吸尘罩,减少除尘系统阻力,这些机载喷雾除尘系统,加上空气幕封闭除尘、化学除尘构成全岩综掘工作面高效综合除尘技术目前已经试验,效果还不错。现在技术的方向是怎么降低除尘系统的除尘时间和经济成本。

(4)综掘工作面后配套系统

巷道综合机械化快速掘进是一项系统工程,是以掘进机为关键,形成集掘进、锚护、运输、除尘等为一体的相互配合、连续均衡及高效生产的作业线。制约综掘设备生产效率的因素很多,其中配套设备的性能起着重要作用。目前国内典型的后配套形式是桥式转载机加可伸缩带式输送机；而吊挂式带式转载机、龙门式带式转载机可解决后配套矿车的转载运输问题，有利于掘进机向大型基建矿井及不具备连续运输设备的矿井、工程隧道扩展。

第二节　综采工作面智能化

综采工作面是矿井煤炭生产的主要场所，承担煤炭产出、转运任务。综采工作面生产是一个系统工程，为保证综采工作面的正常生产，需要解决的主要技术问题包括：煤层和地质条件分析、合理采煤方法的选择、开采工艺参数的确定、综采设备配套、围岩控制以及通风、瓦斯抽采、供电、运输、排水等方方面面的问题。其中，综采工作面的生产方式和技术装备是决定综采工作面实现安全高效回采的关键因素。我国自 20 世纪 70 年代初开始引进国外综采成套装备，发展综合机械化采煤。40 余年来尤其是进入 21 世纪以后，我国煤炭开采技术和装备的自主创新研究取得了重大进展，在液压支架、采煤机、刮板输送机、带式输送机以及综采自动化技术等方面都实现了重大突破，经过井下工业性试验取得了良好的应用效果，使我国煤炭开采技术和装备整体上达到国际先进水平。综采工作面技术与装备经历从综合机械化、自动化、智能网络化（简称智能化，分为单机智能化、成套智能化、智能网络化）到无人化（最高级）发展的阶段。目前，综采工作面自动化技术和装备已经基本成熟，综采工作面的智能化开采将是国内现代化矿井的主要发展趋势，综采工作面无人化生产是智能化时代的标志。

国外煤矿装备厂商、院校和科研单位、煤炭企业对综采工作面自动化智能化控制技术进行了多年的研究和探索，在采煤机位置三维和姿态监测、液压支架及刮板输送机找直、综采工作面网络通信等关键技术上取得了一系列成果。主要成果包括：利用跎螺仪进行采煤机位置、运行轨迹检测、综采工作面设备工况、环境检测，采用高速以太网有线或无线的采煤机通信技术研究，综采工作面设备健康故障分析，激光制导找直技术研究，综采工作面可靠性技术研究等。其中，澳大利亚联邦科学与工业研究组织（CSIRO）利用惯性导航技术，对采煤机进行三维定位，实现工作面直线度控制和水平控制。该系统在澳大利亚 2/3 的综采工作面在用或正在安装，取得了较好应用效果。目前，国内外尚未有基于滚筒采煤机的全智能化开采工作面，即所有设备自动运行，工作面内无人操作。

国内综采工作面的技术装备已经实现了三机设备的"一键"启停、液压支架的电液控制、采煤机的跟机自动等智能技术，综采工作面的视频的全景监视，井上、下的高速光纤网络已经与综采工作面相连，为综采工作面的智能自动化提供了必要条件。但采煤机、液压支架和输送机等主要设备仍为单机集中控制，各个综采设备之间相对独立。因此，需要完善采煤机、液压支架和输送机等综采设备的信息采集及三机通信联网，在设立工作面监控中心的基础上建立地面远程遥控中心，研究远程遥控系统软件并结合工作面视频系统实现综采工作面可视化远程自动控制。

综采工作面自动化控制围绕综采设备姿态定位、综采设备安全感知、工作面直线度控制、视频图像处理等多种关键技术，需要从总体上研究自动化智能控制的关键核心技术。图 14-2 是根据近几年智能化实践过程中总结出来的控制结构。

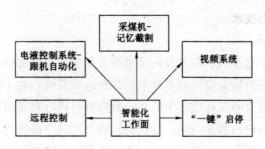

图 14-2　综采工作面智能化控制总体结构

为实现综采工作面的智能化、无人化生产，研制智能化程度高的综采设备是必不可少的。虽然国内外综采设备厂商经过多年的技术开发，但综采设备离智能化还有较大差距。因此，急需研发综采工作面智能化新设备，开发智能化控制系统，实现液压支架、采煤机、刮板输送机等设备自身的智能化和综采工作面生产与矿井运输、通风、安全监控系统的协调控制。

综采工作面智能控制，还需要对一些关键技术的突破，如煤矸自动识别及煤岩分界技术、刮板输送机直线度检测与控制技术、支持过程、视频、3D 可交互多视窗可视化平台技术等，预计在未来 3 ~ 5 年，煤岩界面识别、自动找直、推进度控制等技术问题会逐步解决。

目前，我国在少数地质条件很好的矿井开始实现智能化的无人开采，采煤生产班工作面巷道控制中心有值班人员值守，系统自动运行（特殊情况下少量干预）、工作面采场内没有工作人员。在较大数量的地质条件较好的矿井，采用遥控式的少（无）人化开采，采煤生产班工作面巷道控制中心控制人员通过自动控制系统实时监视、干预、控制主要生产设备，工作面采场内配有一个不需要进行生产操作的巡检人员。

随着煤矿行业工业化和信息化深度融合，加快煤矿智能化建设，推进煤炭科技创新发展，实现劳动密集型向人才技术密集型转变，具有智能型和高信息化水平的高端装备必然迎来发展的黄金时期。因此，综采装备的发展必将在行业整体政策的环境影响下，沿着科技发展的规律，向高智能、高信息化的方向发展，最终实现"以智能化圆安全梦"，达到无人化开采。

第三节　信息化矿山建设

一、信息化矿山技术

1. 数据仓库技术

数据中心系统信息主机、存储及网络等设备集成项目是集资料的收集与处理、数据的存储管理及资料检索应用等多环节的综合应用系统。它不仅要对种类繁多、格式复杂、数据量庞大的各种数据中心系统数据资料进行有效的管理，而且要高效的支持各类业务及用户的数据访问。这些访问既有实时性很强的日常预报业务，也有时效性要求不高的准实时业务和科研工作；既有本地用户也有远程用户；既服务于数据中心系统煤矿内部，也要实现对外数据共享。因此功能上不仅要考虑系统本身所涉及的各个环节，还要考虑满足各类不同应用的需求。主机、存储及网络等设备集成项目要有收集和管理现有各类数据中心系统数据和未来新增各类数据的能力。

（1）技术框架

煤矿数字化系统的技术具有业务变化的适应性、高度的安全性、大容量数据存储处理等特点，因而，在系统数据中心的技术框架中采用了三层 C/AS/DS 结构，同时引入数据仓库技术。

系统采用三层 C/AS/DS 结构，形成了数据管理层、业务管理层、业务表现层三个层次，使得在客户机访问下降低了数据库服务器的负担并提高了性能；同时由于在业务管理层实现了业务功能，使得对业务的变化只需调整业务管理层的相关构件，大大提高了系统的可管理性；在系统的安全性方面，三层 C/AS/DS 结构也较二层 C/S 结构有重大的提高，使得对权限的管理上升到业务功能级的控制而不是数据级的控制。

采用数据仓库技术，可对煤矿数字化系统数据库中的大量数据进行有效的联机分析处理（OLAP），提高数据的利用率，并形成许多有用的分析结果。

（2）存储解决方案

当今的存储要求包括支持各种操作系统、平台、连接和存储架构的能力；通用的数据访问；无缝的可扩展性；集中的管理，以提高性能和正常运行时间。

SAN 存储技术在最基本的层次上定义为互连存储设备和服务器的专用光纤通道网络。它为这些设备之间提供端到端的通信，并允许多台服务器独立地访问同一个存储设备。光纤通道是一个连接异构系统和外设的可扩展数据通道，支持几乎不限量的设备互相连接，并允许基于不同协议的传输操作同时进行。光纤通道支持的最大速度可以达到当前协议的五倍，系统与外设之间的距离最大达到 10km，而 SCSI 只支持 25m。

与局域网（LAN）非常类似，SAN 提高了计算机存储资源的可扩展性和可靠性，使实施的成本更低、管理更轻松。与存储子系统直接连接服务器不同，专用存储网络介于服务器与存储子系统之间。

SAN 被视为迈向完全开放、联合的计算环境进程的第一步。SAN 的优点主要有以下几个方面（见表 14-1）：

表 14-1　SAN 的优点

优点	具体内容
虚拟化	虚拟化通过创建一个或多个磁盘或存储系统池，并根据需要从存储池中分配给主机，使容量管理的复杂性降至最低。SAN 为每一个层面上提供虚拟化功能：设备、网络和软件等
可扩展性	SAN 改变了服务器与存储设备的单一连接方式，可以无缝添加更多的存储设备和服务器（所有这些工作都通过管理软件实现）
高可用性	SAN 消除了单点故障，可以在不停机的情况下扩展存储设备和服务器，从而确保高可用性。在 SAN 环境中，原有的应用服务器和故障冗余服务器之间一对一的关系转变为多对一的关系，即多台应用服务器可共享一台故障冗余服务器，减少了所需设备，大大节省了成本
开放的连接	SAN 可以将多操作系统和多厂商存储设备作为统一的存储池进行管理，客户可以继续使用其原有设备，避免更换现有的所有存储设备
高效率	SAN 通过整合和提高磁带或磁盘设备的利用率（多达 80%），显著提高存储投资回报率。存储资源在主机之间集中管理和共享，从而实现企业内的投资共享
可管理性	通过管理软件可以轻松地将 SAN 存储容量分配给服务器，用一个管理控制台管理所有存储容量的使用和 SAN 基础平台，并优化光纤通道网络性能
节约成本	使用 SAN，可以通过共享磁带驱动器降低企业的设备投入；同样对于需要从多台服务器上高速访问大量数据的企业，SAN 也帮助其节约成本

（3）备份解决方案

备份是保护数据可用性的最后一道防线。出色的备份策略将在其他系统要素失效时维持正常系统运作。目前灾难恢复仍是备份操作的主要目的。虽然基于磁盘的数据镜像和拷贝功能具有性能优势,但由于应用与用户操作错误经常造成数据损坏,多数IT机构仍旧倾向于使用基于磁带的备份。现在各大公司都推出零停机时间备份解决方案。

零停机备份与恢复解决方案。通过采用全面的数据镜像–分割备份,该操作允许将生产环境与备份和恢复环境分开,从而为关键的业务应用提供了停机时间为零且不影响操作的数据保护。

零停机时间备份与恢复解决方案为关键业务应用和数据库提供了安全的自动实时备份,在备份进行过程中,应用将保持不间断运行,而且性能丝毫不受影响。

2. 矿井通信关键技术

(1)高速工业以太环网

数字化矿井的建设以信息为基础,信息的稳定与可靠是数字化矿井工程成败的关键。例如阳煤集团新景矿现有的信息传输网络已不能足工程需求,因此,并须对现有的网络进行升级改造。新景矿工业以太环网改造的原则遵循数字化、高速化、智能化、标准化、安全可靠、易扩充升级的原则进行设计,同时充分考虑集团信息化总体规划和目前的网络现状。

(2)应急广播通信系统

该系统为全数字广播系统,可以做到全矿井的覆盖,用于矿山井下人行道、停车场、休息室、工作面等场所。它是日常安全生产指挥的有效工具,也是文件通知与安全知识教育的广播,可以播放背景音乐,并在需要时做双向通信用。

系统主要由地面广播主机、话筒、音箱、井下无线音箱等组成。

依据井下巷道和采掘工作面分布情况,阳煤集团新景矿的井下广播划分为4个分区,分别为:

1)1区:副斜井,全长1486m,全程声音覆盖,200m一台音箱,共计7台。

2)2区:井底车场、主排水泵房、主变电所、爆炸材料发放硐室、柴油机加油点、检修硐室、医疗室、消防材料库,全程声音覆盖,200m一台音箱,共计8台。

3)3区:2号煤辅助运输大巷,全长1648m,全程声音覆盖,200m一台音箱,共计8台。

4)4:区:11米区,全长1775m,全程声音覆盖,200m一台音箱,共计9台。

该系统主要实现了以下功能:

1)实现分区播放,同一时间对不同区域可播放不同内容。

2)实现全天候无人值守。

3)可实现24小时连续工作,随时进行应急广播。

4)定时自动播放。

5）领导网上直播讲话。

6）语音实时采播或直播。

7）背景音乐播放。

8）定时广播管理。

9）权限设置。

10）任意分区分组、自动广播。

11）调度室选择某一区域进行临时紧急广播。

3. 地理信息系统（GIS）技术

地理信息系统，也有一些文献资料把 GIS 命名为"资源与环境信息系统"或"地学信息系统"。它是利用计算机模拟技术对空间信息系统的数学表述，内容囊括了包括地球大气层在内的所有表层地理数据。GIS 系统所研究的数据对象由各种地理实体数据、空间关系数据以及地理现象数据所组成。通俗地讲，地理信息的空间数据被 GIS 系统所采集，然后经过一系列的预处理（包括编辑、储存、分析和表达），从而最终通过预处理过程获得所需要的空间地理信息。

GIS 是一种基于计算机的工具，它可以对空间信息进行分析和处理（简而言之，是对地球上存在的现象和发生的事件进行成图和分析）。GIS 技术是把所采集到的信息库的操作与空间地理坐标系相互连接，通过对信息的处理从而能够反映在空间地理坐标系中，即通常所说的进行地图化显示，从而直接的给管理者直观的视觉效果。GIS 技术的特点就是对信息数据的处理、分析以及储存，这是一般的信息系统所不能达到的。这给矿山管理者在施行规划、开采、保护的决策中提供了重要的技术支持。

简单地讲，地理信息系统是通过计算机对空间信息数据的分析、计算、模拟并以图形信息的形式表达出来，使人们能够直观迅速地通过图形信息找到所需要的目标。例如，日常出行时所用的地图导航仪，在输入目的地与目前所在地后，就可以得出行车或出行路线图，并且能够提供多条路线方案以供选择。地理信息系统被广泛应用于城市与交通建设规划、林业保护、煤矿井下自然灾害监测等领域，也是信息产业的主要研究与应用领域。在医学中，地理信息系统可以模拟出人体的血管或器官的分布与构造图，能够为医生对病人病变器官位置的诊断提供信息与帮助。地理信息系统的各种优点使其现在被广泛应用于各行各业的不同部门，已经涉及日常生活中的各个方面。对当今社会获取信息的能力与方式有着深刻的影响。

GIS 包含以下五个方面的内容：

1）人员。人员作为 GIS 开发系统中的主导者，往往决定着所开发的 GIS 系统的优劣性，优秀的开发人员所开发的系统往往具有更人性化设计与操作的实用性。人是地理信息技术工程中的主要组成因素，始终贯穿在整个系统的设计研发与应用、维护过程中。人对 GIS 系统具有双面的作用，若能发挥好的功效则可以提高系统的功能与效益，如若相反则会大大削弱系统所应该有的潜能。

2）数据。精确的数据是保证 GIS 系统查询结果准确的前提。

3）硬件。硬件是地理信息技术的物质基础，没有好的计算机硬件基础就不可能开发出好的 GIS 系统，也不可能给 GIS 的运行提供良好的条件。

4）软件。软件的内容不仅仅是由地理信息技术的软件组成的，还包含了数据采集库、图形处理软件、作图软件、统计分析软件等。

5）过程。地理信息技术的定义要求非常明确，只能通过一致的方法才能够生成可以验证的正确结果。

GIS 工程是以综合运用系统工程的一些基本原理与方法，进行 GIS 系统方案的规划、设计、实施、测试、优化等一系列的过程与实施步骤的总称。GIS 工程的特性并不单一，具有非常广泛的特性，在整个工程方案建设的过程中，都运用到了系统工程论中的方法与原理。系统的观点都是以总体的高度出发，通观全局，把握重点。GIS 工程的建设采用定量和定性的方法共同来促进 GIS 工程建设实施的顺利完成。与此同时，计算机软件系统是 GIS 工程的主要部分，GIS 的软件设计和实现上必须遵照软件工程的基本的设计原理。软件开发工具和研究软件开发的方法，是以最小化的成本开发出适合用户需求和满意的软件产品。然而，GIS 软件设计工程又具有一定的针对性并且 GIS 软件设计工程是针对具体的实际的应用方向，它综合考虑用户的需求、背景、价值等诸多因素去开发并实现的。这又从侧面反映出 GIS 技术实用性的功能。另外，GIS 开发工作者们更应该从系统的观点出发找出科学合理的开发技术与开发方法，并把该观点始终贯穿在 GIS 技术工程的开发过程中。GIS 技术工程涉及了工程的方方面面，不管是规划、设计还是实施、测试、优化都能够跟 GIS 相联系到一起。总的来说，就是要用科学的方法开发出最为科学、合理、实用、简单的系统平台，GIS 工程涉及软、硬件，人和数据等多方面的因素，硬件是基本材料的基础，软件是构建模型的平台，数据是根本，而人则是始终贯穿在整个系统的设计研发与应用、维护过程中。软件建立在硬件之上，并且数据依附于软件而存在，而人的作用就在整个 GIS 工程全部过程中不可或缺的重要作用。

GIS 的功能主要有数据的采集、分析、存储、更新、操作、显示等，典型的 GIS 具备的功能如图 14-3 所示。

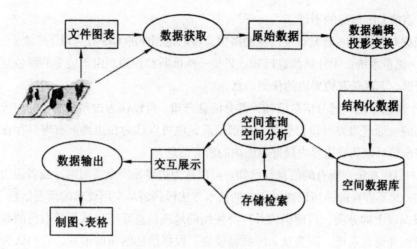

图 14-3　GIS 功能网络示意图

（1）灰色地理信息系统的理论及技术

随时间的推移，GIS 处理的数据越来越多，GIS 对空间对象的描述和表达趋于准确。在研究初始阶段，如地质勘探初期，只能通过有限的采样数据获得对空间对象整体的猜想和控制，这种控制是对实际对象的近似模拟。随着时间推移，通过各种途径获取的准确数据越来越多，空间对象的真实状态也逐渐被揭示出来，控制越来越准确，认识越来越清晰。在研究最后阶段，如露天开采中盖层的剥离、地下开采中的工作面回采等，对空间对象达到完全准确或近似完全准确地控制。

由于数据获取或各种限制因素，人们能够获得的已知信息不能满足需要，只能通过有限的数据对空间对象进行整体猜想和控制，空间对象呈现灰色状态。随着时间推移，确定性信息不断加入使得空间对象由灰色状态不断向白色状态转移，这种变化引起了 GIS 数据模型的局部或全部重构。北京大学毛善君教授提出了灰色地理信息系统（GGIS）的概念。GGIS 能够分析和处理灰色空间数据的时空变化，动态修正和快速更新空间对象的模型和图形。目前国内外广泛使用的地理信息系统都可划分为白色或者是接近白色的地理信息系统。它们对空间对象的表达和处理时，认为获取的空间对象的信息比较完全，不考虑信息缺少而产生的空间对象的灰色不确定性。综上所述，GGIS 作为研究具有灰色特征的空间对象的理论和技术，目前还是崭新的研究领域，具有十分重要的科学研究价值。本书针对 GGIS 理论和技术中存在的概念、特点和研究体系等问题进行研究。

（2）地理信息系统分类

针对地理信息系统在地表以下的煤矿地质、采矿、水文、环境等领域中应用的局限性，创造性地提出了灰色地理信息系统的理论。该理论是在实践应用中提出的，弥补了当前 GIS 研究的不足。

根据对获取空间研究对象信息的多少，可以把相应的 GIS 分为以下三类：

1）黑色系统：无任何信息已知，只是一些推断和预测。由于边界的颜色是黑色的，所以，无法获取边界内的任何信息。

2）灰色系统：部分信息已知，部分信息未知。可以认为边界是灰色的，或者是半透明的，通过边界可以得到部分内部信息；也可以认为在边界上有窗口存在，通过这些窗口可以获取边界内局部范围内的所有信息。

3）白色系统：所有的信息都已知。可以认为边界是完全透明的，或者说边界是虚拟的，是不存在的，可以通过相关的技术方法得到满足应用要求的所有信息。

根据以上的分类，目前国内外广泛使用的地理信息系统可认为是白色的系统，即白色地理信息系统。因为从 GIS 数据模型、数据结构的角度出发，它们认为所表达的空间对象是精确的。到目前为止，GIS 对位于地表或地表以上空间对象的研究和管理十分有效，这是由于人们有能力得到空间对象的所有或满足应用要求的控制数据。因为表达空间对象的信息可以认为都是已知的，或者是精确的，即使一些研究对象的信息不是完全的或者部分是不精确的（例如在一定比例尺条件下的地形控制测量等），但这些信息量已满足实际应用的需求。

（3）地理信息系统应用

近年来，相关学者提出了多维动态 GIS 的概念并做了大量的研究，取得了丰硕的成果。但在任一时刻，仍然认为它们所表达的空间对象是精确的，是对空间对象某一时刻的快照，即使提出了基态增量模型等，但所表达的空间对象仍然认为都是精确的，未考虑对同一空间对象由于数据或认知的缺陷造成对空间对象真实形态的歪曲，并未研究新增真实数据或认知的变化与空间对象真实形态之间的动态修正关系。此外，一些研究成果对不确定信息的灰色特征，地理现象的不确定性和模糊性也进行了研究，但并不涉及管理地质空间对象的地理信息系统的理论和技术方法。由于矿山地质体或矿体（如煤层）数据具有如下几方面的特点，因而，传统 GIS 难以在地质和煤矿开采领域得到广泛的应用推广。

1）除非发生大的构造运动或其他地质事件，可以认为在对矿体勘测和开采这个有限的时间段内其空间形态等参数是不会发生变化的。但由于在不同的时间段控制地质体的测量或真实数据有多寡之分，所以，人们对地质体形态等参数精确度的认知是不断变化的。

2）钻孔、野外地质调查、地面采矿工程、井下的掘进巷道和回采工作面是获取地质体控制数据的主要手段。所以，在某一时刻，通过这些有限工程获取的数据反映出的地质体并不能反映三维空间中的真实地质体，而只是一种近似的拟合。

3）随着地质或采矿工作的不断深入，与地质体有关的控制数据（如钻孔或物探数据）不断增加，即对地质体的控制越来越精确，对地质体的表达和管理伴随着一个由灰变白的过程。

4）在任一时刻，只有对诸如钻孔、掘进巷道等新老数据进行综合的分析和研究，才能得到阶段性的分析结果，并动态地修改相关的图形。由于数据的不完全，图形内容和分析结果或多或少具有推断和假设的成分，甚至部分内容是错误的。这就需要进一步的施工、调查和测量，以获取更多的控制数据。

5）只有完全揭露地质体（如露天开采中剥离盖层，地下开采中的完全回采），人们才能获取地质体的所有真实数据，此时，相应的 GIS 才是一个白色的系统。

根据矿山地测数据的上述特点，北京大学毛善君教授等认为应用于地表以下的空间管理信息系统是一个灰色的系统，即为灰色地理信息系统。GGIS 处理的部分空间对象在三维空间中是客观存在的，但因探测手段的限制，无法一次性满足应用要求或控制该空间对象的所有实际数据。

也可以认为，现有的或白色的地理信息系统，特别是动态地理信息系统，它们所处理的所有空间对象的动态变化主要是指同一空间对象形态等参数的变化或空间对象个数的变化，而灰色地理信息系统在处理一些空间对象时其真实形状等参数不会发生变化，所谓的变化是因其控制数据不足造成人的认知的变化或表现形式的变化，如图 14-4（a）中随着勘探工作的深入其煤层图形发生了变化，或图 14-4（b）中完全是由于人认知的变化产生的煤层图形发生的变化。当然，灰色地理信息系统也可以处理与白色地理信息系统相关的空间对象，白色地理信息系统只是灰色地理信息系统的一个特例，白色数据是灰色数据的一种状态（灰色数据已经白化，成为真实数据）。

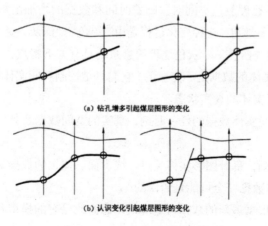

(a) 钻孔增多引起煤层图形的变化

(b) 认识变化引起煤层图形的变化

图 14-4　煤层变化示意图

（4）灰色地理信息系统的定义及特征

灰色地理信息系统是指现实世界中相关控制数据已知或满足应用需求，以及那些真实存在而且其空间形态等参数不会发生变化，但由于控制数据或认知的缺陷造成并不完全已知的各类空间实体的空间数据以及描述这些空间数据特性的属性，在计算机软件和硬件的支持下，以一定的格式输入、存储、检索、显示、动态修正、综合分析和应用的技术系统。

GGIS 数据处理的前提是在某一认知状态下控制部分空间对象的数据的精确度存在问题。它的最大特点就是数据处理过程具有"去伪存真"的功能，不仅点、线、面、体之间在不同认知状态具有内在的联系，而且随着数据的增加或认知状态的变化，相关空间实体对象的表现形式，比如图形将更加精确，它们与真实地质数据和其他特征数据之间具有自适应的特征。所以，灰色地理信息系统带有一般控制系统自适应和动态修正的特征，这也是灰色地理信息系统与白色或传统地理信息系统最大的区别。

GGIS 的部分空间对象具有以下两个重要特征：

1）具有"少信息"所产生的灰色不确定性。在实际工作中，往往只能获取局部精确数据，难以采集足够的样本数据解决许多不确定性问题。"少信息"对研究对象进行近似和模拟，强调模拟和推断是否准确。这与传统 GIS 对数据质量、数据不确定性的研究是完全不同的。

2）系统能够根据最新的真实或已知数据自适应地动态修改已有的模型和图形，使之尽可能反映地质体在空间的真实状态；新数据的不断加入，使得整个数据处理过程是一个由灰变白的过程。

从以上内容可以看出，灰色地理信息系统需要专门的数据模型、数据结构和相关算法，以描述并处理灰色空间对象随着时间和数据的增加由灰到白的动态变化过程及相关数据。形象地讲，这种变化过程是由"黑色""深灰"变为"中灰""浅灰"，无限接近直至达到"白色"。灰色地理信息系统具有如下特点：

1）控制空间实体的数据是不完全的，它们只是控制空间实体所有数据的一部分，无法精确描述空间实体的真实状态。

2）在获取空间实体数据的任一时刻，真实的空间数据及其属性为新老原始数据的并集。

3）在任一时刻，部分图形实体（点、线、面、体）的数据是推断的，并非实际控制数据，故这些数据完全可能是错误的。

4）系统能够根据最新的数据自适应地动态修改已有的模型和图形，使之尽可能反映地质体在空间的真实状态。

5）随着空间数据的增多，系统所表达的空间实体将更加精确，即空间实体的状态（包括形态等参数）将更加接近于它在自然界中的真实状态。

从严格意义上讲，灰是绝对的，白是相对的，GGIS的概念涵盖了白色或近白色的GIS系统的概念。灰色地理信息的构建和应用过程，就是一个去伪存真的过程。灰色地理信息系统就是智能地理信息系统。

二、信息化矿山系统

1. 信息化矿山子系统

（1）综合自动化监控系统

根据煤炭行业的特点，即生产过程兼有离散和连续性的特点，并且对安全要求非常高。作为全矿井生产过程综合自动化就主要表现为生产环境的安全监测、大型设备监控、生产过程监测、井下人员管理以及重要环节的自动化，并在此基础上实现各子系统的集成。作为与生产息息相关的工程，系统必须全面考虑生产过程中的任一环节的监测、自动化，并将矿井的安全生产过程作为一个整体来考虑，以达到各环节间的"无缝连接"。

综合自动化监控系统充分利用先进的自动化技术、网络技术、信息技术、视频技术为矿井的生产管理提供语音、数据、图像三种类型的信息，将生产过程自动化与生产调度管理信息化进行有机结合，实现管控一体化。系统能够实现远程监控、诊断以及优化调度，有关人员可在任何时间和地点通过网络平台利用标准化的、统一的图形界面了解矿井的安全生产情况。

系统通过建立统一的数据集成平台，整合分散在各子系统中各种无序、多介质的信息和多种工业监控数据，同时构建数据共享与交换机制，既满足目前综合自动化的需要，又便于未来其他系统的整合。选用基于专业实时数据库的面向各自动化子系统数据采集、实时数据管理和集成技术，应用关系型数据库进行面向业务管理和报表数据的管理，并实现实时数据和关系数据之间的有效整合。

全矿井综合自动化监控系统具有如下功能（见表14-2）：

表14-2 全矿井综合自动化监控系统的功能

功能	主要内容
全矿生产过程实时监控功能	通过友好的HMI（人机界面：工艺流程图、趋势图和棒状图等方式）和报表的形式能实时监控全矿生产设备的运行状况，并可以实现远程控制
数据综合功能	能够对各子系统数据的有序流动进行管理，与各子系统以标准的软件接口和信息协议交换数据。系统能够对各子系统进行综合分析、分类处理，形成监控信息数据中心

功能	主要内容
画面设计功能	系统应具备画面设计、动画连接、程序编写等功能，还应具备对变量的报警、趋势曲线、过程记录、安全防范等重要功能
WEB 浏览功能	支持 WEB 发布，具备程序语言的设计、变量定义管理、连接设备的配置、开放式接口配置、系统参数的配置、第三方数据库的管理等功能
视频集成功能	平台能够整合工业电视信号，能够在集中控制平台软件内完成摄像头的管理、浏览、录像查询。可将实时视频信号集成在实时监控画面中，实现实时数据与实时现场视频布置在一个画面
远行环境功能	支持工控行业中大部分测量控制设备，遵循工控行业的标准，采用开放接口提供第三方软件的连接，支持 HMI
调度联控	可以实现监控画面和工业电视、调度大屏的联合调度控制
在线数据回放	可以通过简单鼠标操作，即可完成监控画面上进行数据回放操作，在监控画面不变的情况下，完成历史数据的播放，可以做到监控数据和视频信息的同步回放
集成 GIS（地理信息系统）	通过 GIS 技术将巷道数据进行直观的、可视化的地图显示，并对人员跟踪和安全信息等数据进行详细的、准确的定位及显示，为客户提供一种崭新的决策支持信息，提高系统调度的灵活性
矢量图形	所有监控画面支持矢量图形，可以无级放大和缩小、漫游，基于图形的搜索定位

（2）安全生产综合管理系统

安全生产综合管理系统主要以生产现场管理为主，实现矿井安全生产标准化管理，对标准化作业记录、考核、审查、培训等多方面进行建设。安全生产综合管理系统随着时间的推移，管理的进步，根据实际情况进行不断地调整，是一段时间的产物，如规程规定变更、安全生产质量标准化考核内容的增加等。通过企业的数据中心，实现与其他系统的数据共享与一致。其系统框架如图 14-5 所示。

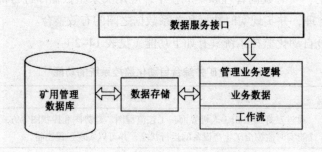

图 14-5　安全生产综合管理系统框架示意图

系统的建设是为矿井提供安全质量标准化管理信息平台，实现对企业整体安全生产状况掌控，并对企业的安全隐患信息进行动态管理、汇总分析。通过对存在的问题提出科学的预防方案和整改措施，更好地贯彻落实煤矿安全生产法律法规的各项规定，提高企业本质安全管理水平，实现企业的标准化管理。

（3）煤矿安全隐患排查系统

煤矿安全隐患排查系统主要服务于煤矿安全管理。系统易于操作，简单实用，该系统可以使煤矿安全管理工作真正实现全方位、全过程、超前量化管理；该系统能有效控制安全管理工作的每一个点、每一个环节。为满足煤矿生产与安全管理的要求，使煤矿安全管理真正做到超前、及时、准确，使"安全第一，预防为主"方针真正得到贯彻落实，大大提高现代煤矿安全管理现代化、信息化水平，提高投入产出的效能，需建立一个技术先进、实用、可靠的煤矿安全量化管理及评估信息化系统软件。

该套系统主要解决煤矿安全管理中的7大难题：

1）有效解决了规程措施编制审批中出现漏项的问题。

2）有效解决解决了检查人员素质低、责任心不强、隐患检出率低的问题。

3）有效地解决人员巡检时的工作管理。

4）有效解决了隐患信息筛选不全面、不准确，隐患处理过程不透明，信息不能有效完全闭合的问题。

5）该系统成功实现了针对每一个作业地点、每一种事故发生概率的超前量化预测。

6）系统针对每一个作业地点，实时的应急处理系统有效解决了处理事故时再出错而造成事故扩大和次生事故的问题。

7）有效解决了安全培训形式单一、员工学习兴趣低、效果差等传统问题。

（4）机电选型设计

基于基础信息平台和信息整合技术，根据矿井设备运行情况，找出矿井瓶颈设备，推荐适用的设备机电参数。

（5）矿井应急预案系统

图14-6为矿井应急预案系统示意图。矿井应急处理预案是在事故发生时能正确指导现场救援及处理方案，按照应急预案去执行救援和处理可以实现及时求援、避免二次事故或事故扩大。针对矿井某个灾害能由多个监控系统同时实现相应的应急预案，以便发生灾害时指导调度指挥人员正确及时地进行处理，最大限度地缩小灾害的范围和减少损失。

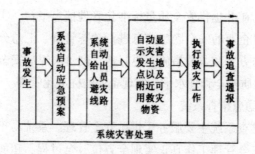

图 14-6 矿井应急预案系统示意图

1）针对顶板冒落事故的多系统联动

一旦发生顶板冒落事故，应组织人员迅速赶往现场进行抢救。

①首先调用地理信息系统（如安装）探明冒顶区域范围，调用人员定位系统确定被埋压、堵塞的人数和位置。

②根据通风系统获得的数据，积极恢复冒顶区的正常通风，如暂不能恢复时应利用水管、压风管、局扇为被埋压堵塞人员供新鲜空气。

③矿压监测系统，密切监视关键区域的压力变化。

2）针对水灾事故的多系统联动

①井下一旦发生水灾事故，首先组织灾区人员撤离。逃生指示系统发出声光报警信号，指示牌自动指出逃生线路，信调度指挥系统迅速通知受水威胁区域的人员在班组长的带领下尽快撤至安全地点，并立即清点人数，同时现场人员应迅速将灾情报矿调度室，说明出水地点及出水量大小等事故情况。

②自动调用水泵控制系统，启动所有排水泵，加大排水量。

③下突水若有遇难人员时，救护队及其他抢救人员在进行抢救时，应制定抢救方案和安全措施，防止抢救人员发生意外事故。

3）针对火灾事故的多系统联动

①自然火灾

监测系统监测到 CO 和烟雾发生超限报警时，矿调度室应迅速确认报警地点、性质、范围、气体情况。确认受灾地点后迅速通知受火灾威胁区域的人员佩带自救器，通过语音声光报警器发出报警、给出逃生线路。提醒佩带自救器等信息，逃生指示牌自动指出逃生线路，在逃生系统引导下尽快撤到进风大巷，及时探明火灾范围和发生原因，并立即采取措施，防止火灾和瓦斯向有人员的巷道蔓延。救灾指挥部应要根据事故发生地点性质，做出抢救方案，若自燃范围小，应通过电力监测系统立即切断火区电源，装有喷淋洒水系统的应立即启动洒水灭火，并组织人员立即佩带自救器直接灭火；若范围大，不能直接灭火时，要采取措施，通过通风监测系统切断进风、回风风流并求得救护队支援，自然发火事故一般不得改变风流方向。

②外因火灾

A.监测系统监测到 CO 和烟雾发生超限报警时，要迅速查明灾区位置、工作人员状况，了解着火点的范围和发火原因。矿值班领导立即组织撤出灾区和受威胁区域人员，采取措施防止火灾、瓦斯向有人员的巷道蔓延，通过语音声光报警器发出报警、给出逃生线路、提醒佩带自救器等信息，逃生指示牌自动指出逃生线路，积极组织矿山救护队抢救遇难人员。

B.通过电力监测系统切断着火区域电源。

C.根据已探明的着火地点和范围，由救灾指挥部确定井下通风制度。

D.无论是正常通风或增减风量、反风、风流短路、隔绝风流及停止主要扇风机运转都必须满足以下条件：

不致瓦斯积聚，煤尘飞扬，造成爆炸事故；不致危及井下人员的安全；不使超限瓦斯通过火源或不使火源蔓延至瓦斯积聚的地点；有助于阻止火灾扩大，抑制火势，创造火势，创造接近火源的条件；在火灾初期，火区范围不大时，应积极组织人力、物力控制火势，直接灭火，若电缆着火，必须立即切断电源，用专用灭火器、沙土扑灭；对其他着火一般采用灭火器、沙土覆盖、控制火源或用水冲灌灭火；直接灭火无效时，应采取隔绝灭火法，应采取措施防止瓦斯爆炸；在必要时，应将排水、压风管路临时改为消防管路。

4）针对气体灾害的多系统联动

矿调度室应迅速确认灾害地点、性质、范围、气体情况，确认受灾地点后迅速通知受火灾威胁区域的人员佩带自救器，通过语音声光报警器发出报警、给出逃生线路、提醒佩带自救器等信息，逃生指示牌自动指出逃生线路。在逃生系统引导下尽快撤到进风流中，迎着风流升井，万一升不了井的人员应带自救器在避难硐室或其他安全地点等候救援，并清点人数，积极抢救，直至全部救出为止。组织救护队探明事故地点、范围和气体成分，发现火源立即扑灭，切断灾区电源，防止二次起爆。在证实确无二次爆炸的可能后，应迅速修复破坏的巷道和通风设施，恢复正常通风，排出烟雾，清理巷道。

（6）信息化矿山设备维护子系统

该系统可以对各基层单位机电设备的运行状态、使用时间、检修情况进行动态跟踪，提前对需要检修的线上设备进行提醒，防止设备带病运行；当矿井发生灾害时，可以通过设备管理系统了解就近单位所需设备的库存情况，进行紧急调拨，提高煤矿生产效率及生产安全性。

（7）综合信息管理

它可以将安全、生产过程数据、3DGIS和日常生产业务管理数据等进行综合分析和智能化应用，为企业管理人员进行科学的生产经营决策提供及时可靠的支持，如配合依据相关的规章制度和专家经验的专家分析系统，就可对多种参数进行综合评价，用所产生的结果来指导和调节各生产系统或环节的运行。

（8）安全生产信息推送与公文管理

安全生产信息推送及公文管理可以通过手持终端消息、桌面短消息、井下信息显示终端等方式发布日常重要的影响安全的超限报警故障信息、生产经营信息。可以根据需要设置不同级别管理人员接受相应级别的报警、生产、经营信息，使管理人员第一时间获取所要关心的信息，便于他们及时采取相应措施，从而提高煤矿应急处理速度，提高工作效率。当矿井发生灾害或井下有严重隐患时，系统可通过井下显示终端发布相关信息和应急预案提示井下工作人员，为矿井安全生产管理提供辅助手段。

公文管理包括公文下发及归档管理，并结合信息推送系统将公文内容及时通过手持终端及桌面客户端等方式将信息推送给相关人员。实现了内部原有公文流转由纸质签报方式改为无纸化电子方式的功能，降低管理成本，加快公文流转过程。

2. 信息化系统综合分析与应用

（1）综合智能分析系统

综合智能分析系统主要解决区域环境作业评估、重大危险源识别、通风仿真智能决策分析、矿井效能评估、矿井供电网络分析、矿井火灾模拟分析、矿井地质分析、井下胶带机设备联机分析、故障影响分析、机电设备选型、采矿辅助设计及进度演算共11项专业分析功能模块，将数字信息安全管控系统的应用范围提高到辅助决策水平，各分析功能模块有效结合，信息无缝交互，最终完成全矿井综合自动化系统的智能分析。

以矿井安全生产综合管理系统为支撑，集成矿井安全生产、经营管理数据、综合信息管理数据和3DGIS基础平台，在统一的空间坐标系统下，以三维可视化的展示方式表达矿井空间、监控、经营管理数据，利用3DGIS的空间分析功能，形象直观地查询矿井的地质资源情况，配合专业分析模块及专业分析算法，对煤矿生产运营过程中采、掘、机、运、通、抽等相关业务系统进行分析，从而形成信息化矿井"智慧的大脑"逐步实现智能化矿山，有效的辅助安全生产和经营管理，为安全生产提供决策依据。

（2）区域环境作业评估

通过对各子系统已接入的环境参数进行重组和计算得出每个区域的评价结果，

也可结合现有其他系统（如通风瓦斯预测、安全量化评估管理系统、人员监测系统等）进行区域状态的综合评定，并在图中实时显示，系统可输入算数、逻辑等各种表达式进行运算得到评价结果。可以起到矿井安全多层防护作用，加快安全事故隐患排查效率，达到事前预警，从而提高矿井灾害预防能力。

区域环境安全等级共分为A安全、B异常、C危险、D很危险四个等级，依次用绿、黄、橙、红来表示。

例如图形系统中可以根据某个区域的报警等级状态来显示区域的状态。A表示正常；B、C、D分别代表普通故障、影响生产、影响安全。

针对某个区域的状态，可以添加派生点来表示区域的状态，系统会根据报警等级表达式来分析该区域的状态，对应图形系统中也会有相应的颜色显示区域状态，鼠标移上去可以看到区域信息。

（3）重大危险源识别

根据煤矿特点，明确危险源辨识依据，并用危险性半定量评价法评价煤矿生产系统，对煤矿的安全生产有重要作用。煤矿井下生产条件复杂多变，作业环境差，自然因素和人为因素多。重大危险源的辨识与评价对生产的本质安全化有重大作用。

根据能量意外释放理论，煤矿井下的危险源分为第一类危险源和第二类危险源等。

第一类重大危险源（危险物质）：煤矿井下生产系统中，有发生重大生产事故可能性的危险物质、设备、装置、设备或场所等。

第二类重大危险源（限制、约束）：因导致约束、限制第一类危险源的措施失效或破坏而有可能发生重大生产事故的各种不安全因素。

（4）通风仿真智能决策分析

针对矿井通风系统故障定位难的问题，采用计算机模拟解算技术，结合先进的专家系统，对矿井通风管理、通风故障定位及故障处理进行模拟，通过风网解算，对风路进行诊断，定位故障位置，联合专家系统提出处理建议，从而辅助决策，提高通风系统突发故障的应变能力。

（5）矿井效能评估

矿井效能评估可以定期对影响煤矿生产的各类因素和影响时间进行分析评估，指导管理人员对经常影响生产的环节加强管理；分析矿井生产过程中能耗与产量的关联信息，指导管理人员对各生产环节进行优化控制、节约能耗、提高产量。

一般情况下影响生产的主要因素有以下几种：

1）电气因素：各子系统的电气类故障导致的影响生产的因素，如变电所系统的开关跳闸、电机故障、瓦斯超限断电等。

2）机械因素：机械故障导致的影响生产的因素，如皮带托滚脱落、轴承故障等。

3）其他因素：生产过程中导致的影响生产的因素，如工作面推进延时等。

该模块主要基于自动化平台数据采集，一方面，以电气故障为主，分析设备异常停机原因、异常停机次数和时间，从而统计出生产过程中某环节的故障停机率，指导管理人员对经常影响生产的环节加强管理，降低故障发生率，为生产赢得更多的时间，保证生产正常进行；另一方面，从能耗与产量出发，分析一段时间内电量和材料的消耗量、皮带的运行时间、开机率、停机率等，从而对不同时间段的产量和能耗形成对照，指导管理人员对生产各环节进行优化控制，减少皮带空转造成的能源浪费，提高生产效率。

系统能够及时提示前一段时间内影响生产的原因和时间、故障停机率、产量与能耗、运行时间、开机率、停机率，并提供报表统计查询各环节详细信息。

（6）矿井供电网络分析

针对矿井供电系统变化频繁、故障定位难的问题，本书采用计算机网络解算技术，结合先进的专家系统，对矿井供电计算、故障定位及故障处理进行综合分析，实现供计算自动化。供电系统发生故障后，通过电网解算，定位故障位置，结合专家系统提出处理建议，从而辅助决策，提高供电系统突发故障的应变能力。

（7）矿井火灾模拟分析

本部分内容以 3DGIS 基础信息平台为基础，建立煤矿火灾仿真模拟系统，分析矿井井下火灾燃烧特性，结合矿井实际设定模拟边界条件，建立井下火灾燃烧模型。

在火灾燃烧模型建立的基础上，研究矿井通风特性与井下火灾燃烧特性数学模型，建立井下火灾发展趋势预测系统，为救灾控风和救灾决策提供快速有效的信息，最终能够自动提供最佳避灾、救灾路线。

基于矿井通信系统、自动喷淋防火系统、环境监测系统和通风设备控制系统，建立现优矿井的火灾救灾体系。

（8）矿井地质分析

利用现有钻孔资料、已揭露煤层地质资料和区域地质资料，构建高精度三维地质模型，并叠加地表影像 DEM 数据，以 3DGIS 平台为数据结构组织，能够对地质模型进行各种部切分析，生成各类剖面图，有效地组织和管理断层、陷落柱、含水层、高应力区域信息，为采掘过程中可能遇到的危险源提前预警，为安全生产提供保障。

（9）井下胶带机设备联机分析

对井下胶带机运输设备（胶带机、给煤机、煤仓、变频设备、调速设备、供电等）进行分析，得出胶带机最大运输能力、最佳产出能耗比、最佳设备速度匹配比、最佳供电匹配、设备瓶颈等。

（10）运输协调分析

针对运输整个环节的协调运行，对运输环节最大量分析计算、利用监控数据对运输环节情况进行调整推荐，为运输材料或设备提供最佳运输方案，协调运输各个环节。

（11）选煤厂流程的联机分析

对选煤设备（胶带、洗选设备、煤仓、装车、供电设备等）进行分析，得出洗选环节协调与配合，得出洗选煤源设备运行最佳方式、胶带、煤仓、洗选、装车最大产能、最佳产出能耗点、供电匹配、洗选设备瓶颈等。

（12）故障影响分析

基于 3DGIS 基础信息平台和信息整合技术，根据停电影响区域，动态提示所处环境的故障状态、故障影响的设备重要等级，对故障影响等级高的设备应要求解决时间，并关联预案。

3. 矿井辅助设计

（1）采矿辅助设计及进度演算

生产辅助设计系统主要指矿建、采掘工程辅助设计，包括巷道断面设计、交叉点设计、采区变电所设计、煤仓设计、水仓设计、采区车场设计、循环作业图表、采掘衔接计划编制、炮眼布置图和工作面设备布置图等内容。该系统包括采、掘、机、运、通等各个专业，并使各专业之间的衔接紧密联系，设计使之有效发挥最佳作用。

（2）矿井综合管网

建设以 3DGIS 基础信息平台为基础的矿用给水系统，该系统满足给水管网的数据采集、管理、图形处理、信息查询、编辑、转换等。建立基于三维可视化方法的管网分布模型，能够在该模型系统基础上进行给水网络分析，通过自动化监控系统获取各个给水节点水头压力进行供水网络优化布置，实时进行网络自诊断，及时发现供水事故点，在三维场景中定位，及时通知相关人员进行检修。

排水系统以排水管网、水泵功率、排水能力、水仓容量等为基础条件，利用排水网络分析功能做到合理控制水泵的开机，做到适时开机，最优化开机，最终实现自动化智能控制排水。

4. 信息化矿山软件平台管理系统

（1）三维矿山信息管理系统

三维矿山信息管理系统是矿山信息化建设的核心之一。该系统负责矿井专业表现算法封装，为可视化表现提供专业的算法支持。从架构上讲整个平台分为数据中心、企业管理器、空间数据采集系统和企业应用平台四个部分。

1）数据中心为核心模块，主要负责空间数据的存储组织和矿用对象的管理，是对关系数据库支持面向对象功能的专业化延伸，该功能完全从底层开发。

2）企业管理器为企业数据管理配置中心，该功能模块一方面支持从矿用对象的角度组织数据目录。这另一方面从煤矿生产系统的角度组织数据目录，两种模式从不同的角度管理数据，为数据配置管理、查询检索、可视化以及信息的挖掘分析提供工具。

3）空间数据采集系统基于数据中心以 2DGIS 为支撑平台，按照煤矿生产系统构成和业务布置流程，以可视化交互的方式完成空间数据的采集功能。

4）企业应用平台同样基于数据中心把煤矿生产系统以 3D 模型和 2D 图形的形式展示出来，并实现信息的查询、漫游、定位及 2D 和 3D 数据的联动。用户可通过企业管理器的配置实现与全矿井综合自动化的平滑集成，能够实现矿井设备、人员、环境状态的实时展示，同时根据需要客户可加载通风网络、供电网络等专业分析。

三维矿山信息管理系统包括矿山生产的各环节的全面三维化：测量、地质、凿岩、爆破、出矿、运输、提升、排水、机电等。

（2）地测数据及图件管理系统

地测数据及图形管理系统能够处理已有的地测数据、图纸，建立标准的地测数据库、地测图库。接受生产勘探和采矿作业的地质测量数据，包括勘探线数据、矿石体重数据、剖面数据、样品化验数据（包括钻孔、槽探、坑探、炮孔的取样）、测斜数据、开孔坐标等资料，自动对控制点进行坐标换算。

该系统支持全站仪、GPS、经纬仪等测控设备的数据导入。支持各种地测图件、表格自动生成（钻孔柱状图、勘探线剖面图等），实现测量数据、地质资料等原始编录的数字化，自动生成钻孔柱状图、地质剖面图、勘探线布置图、矿区地质地形图、矿体水平剖面图等各类专业图件。

（3）三维矿体模型

在数字化原始编录的基础上，采用最先进的三角网建模技术，运用控制线和分区线联合方法，任意形态的物体都可以通过一系列的散点或剖面创建地质模型，如矿体模型、夹石模型、区域地层模型、构造断层和破碎带模型、煤层模型以及其他任意实体模型，构建三维数字化地质模型。

在地质模型的基础上，通过多种储量计算方法比较（包括传统储量计算方法块段法、断面法和国际通用的地质统计学储量计算方法包括距离幂次反比法和克里格法），结合国内储量计算的现状和实际需求，采用最佳的矿体边界拟合和储量计算方法构建三维矿体模型。利用三维矿体模型，可方便地进行井下采矿工程优化设计、采矿工艺模拟、采矿制图等。

5．信息化矿山运行模拟系统

（1）采场验收与储量动态管理

煤矿储量是随矿山地质、测量以及采矿生产的推进而变化的。在三维矿体模型的基础上，可建立储量动态管理模型，同时优化三级矿量管理，从而保障生产连续、高效地进行。

采场验收包括采场采矿工程验收和矿岩量验收。结合数字矿体模型，计算生产矿量、采准（备采）矿量和保有矿量，计算损失率贫化率。根据验收结果，定期修正采场开采境界，定期修正数字矿体模型，能为下一个阶段采矿设计提供更合理的基础图件和数据。

动态储量管理包括两方面内容：根据不同的阶段补充的地质、测量、物探、化探等资料动态修订矿体边界；根据不同经济指标包括矿产品价格、开采成本、损失贫化、综合利用等情况动态修订矿体形态。

（2）采掘进度计划编制

采掘计划是矿山生产经营计划的核心。它规定下一周期计划开采的位置及具体工程量，确保上级规定的产量与质量任务的完成。采掘任务规定后，才能编制生产经营计划中的设备计划、物资供应计划、成本计划、基建计划及技术措施等。

该子系统的目标如下：

1）优化矿山中长期采掘计划及年度采掘计划，合理安排采掘计划工程的空间位置及数量；

2）落实季、月、周、日、班短期计划，确保年度计划及长期计划的实现；

3）编制矿山综合计划，充分利用企业人、财、物等资源。

该系统的功能如下：

1）编制中长期及年度采掘计划。以数字矿体模型为基础，根据设备管理子系统提供的设备状态信息，实现多方案编制计划，以便优选，保证计算机编制的计划能全面完成产量、质量、二级矿量等指标，并充分发挥设备效率，实现高效率开采工作。

2）编制月、周、日计划。在年度计划指导下，根据数字矿体模型中的水平面图及储量分布数据，在年度采掘计划的推进范围内，依据生产调度子系统传输的日实际产量、备采矿量信息及设备管理子系统传输的设备运行信息，综和采用3DMine、运筹学等方法进行计划分解，实现年上级计划规定的当月、当周、当日应完成的任务指标，落实具体开采地点、开采数量与矿石质量指标。

3）编制综合计划。在采掘计划的基础上，综合考虑企业的人、财、物等资源，从设备配置、材料供应、劳动力组织、资金保障等各方面保证采掘生产任务的顺利完成。

（3）采矿生产统计系统

该子系统负责矿山技术经济指标及生产经营状态的统计分析，为矿山挖潜改造及管理者决策提供主要依据。

该子系统的主要功能有：统计采掘计划及其他计划的执行情况；统计全矿主要技术经济指标；形成矿山企业综合统计台账，提供各种报表及信息等。

（4）模拟开采系统

该模块的主要功能是进行采矿设计、模拟采矿（现阶段主要是模拟爆破、通风等）、优化采矿作业工艺参数，为编制采掘进度计划提供工艺支撑。

1）采矿设计子系统

采矿设计子系统包括开采境界优化设计、开拓系统优化设计、采矿方法设计优化和采矿工艺参数优化设计。通过数字化矿体模型提供的相关图件和数据，结合开采工艺的要求，利用计算机技术辅助设计开拓、采准、回采工程（露天矿为开拓、穿孔、爆破），为采掘（剥）计划编制提供基础。

2）模拟爆破子系统

该系统的主要作用是通过计算机模拟矿石爆破效果的分析，优化爆破工艺参数，为采矿工艺的优化提供依据。计算机模拟爆破涉及爆炸力学、岩石力学、计算机仿真等多门学科，而且矿山个体差异很大，现场影响因素很多，本规划推荐将该子系统作为定制开发项目。

3）模拟通风子系统

该系统的主要作用是通过计算机模拟井下通风效果，优化地下各井巷的通风流量，为通风设施的布置提供依据。计算机模拟通风涉及流体力学、计算机仿真等多门学科，而且矿山个体差异很大，现场影响因素很多，本规划推荐将该子系统作为定制开发项目。

第十五章　煤矿安全监测监控技术

第一节　煤矿安全监测监控系统概述

一、矿井监测监控系统的分类及作用

矿井监测监控系统是由单一甲烷监测、就地断电控制的瓦斯遥测系统和简单的开关量监测模拟盘调度系统发展而来的。这些系统监测参数单一，监测容量小，电缆用量大，系统性能价格比低，难以满足煤矿安全生产的需要。随着传感器技术、电子技术、计算机技术和信息传输技术的发展和在煤矿的应用，为适应机械化采煤的需要，矿井监控系统已由早期的单一参数的监测系统，发展为多参数单方面监控系统。它具有模拟量、开关量、累计量采集、传输、存储、处理、显示、打印、声光报警、控制等功能。

1. 矿井监测监控系统的分类

（1）按监控目的分类

按监控目的分为环境安全、轨道运输、带式运输、提升运输、供电、排水、瓦斯抽放、人员位置、矿山压力、火灾、煤与瓦斯突出、大型机电设备健康状况等监控系统。

（2）按使用环境分类

按使用环境分为防爆型（本质安全型、隔爆兼本质安全型、隔爆型等）、矿用一般型、地面普通型和复合型（由防爆型、矿用一般型和地面普通型中两种或两种以上构成）系统。

（3）按复用方式分类

按复用方式分为频分制、时分制、码分制和复合复用方式（同时采用频分制、时分制、码分制中两种或两种以上）系统。

（4）按采用的网络结构分类

按采用的网络结构分为星形、环形、树形、总线形和复合形（同时采用星形、环形、树形、总线形中两种或两种以上）系统。

（5）按信号传输分类

按信号传输方向，分为单向、单工和双工系统；按所传输的信号，分为模拟传输系统和数字传输系统。

（6）按调制方式分类

按调制方式分为基带、调幅、调频和调相等系统。

（7）按同步方式不同分类

按同步方式不同分为同步传输系统和异步传输系统。

（8）按工作方式分类

按工作方式分为主从、多主、无主系统等。

2. 矿井监测监控系统的作用

（1）环境安全监控系统主要用来监测甲烷浓度、一氧化碳浓度、二氧化碳浓度、氧气浓度、硫化氢浓度、风速、负压、湿度、温度、风门状态、风筒状态、局部通风机开停、主通风机开停、工作电压、工作电流等，并实现甲烷超限声光报警、断电和甲烷风电闭锁控制等。

（2）轨道运输监控系统主要用来监测信号机状态、电动转辙机状态、机车位置、机车编号、运行方向、运行速度、车皮数、空（实）车皮数等，并实现信号机、电动转辙机闭锁控制、地面远程调度与控制等。

（3）带式运输监控系统主要用来监测皮带速度、轴温、烟雾、堆煤、横向撕裂、纵向撕裂、跑偏、打滑、电机运行状态、煤仓煤位等，并实现顺煤流启动、逆煤流停止闭锁控制和安全保护、地面远程调度与控制、皮带火灾监测与控制等。

（4）提升运输监控系统主要用来监测罐笼位置、速度、安全门状态、摇台状态、阻车器状态等，并实现推车、补车、提升闭锁控制等。

（5）供电监控系统主要用来监测电网电压、电流、功率、功率因数、馈电开关状态、电网绝缘状态等，并实现漏电保护、馈电开关闭锁控制、地面远程控制等。

（6）排水监控系统主要用来监测水仓水位、水泵开停、水泵工作电压、电流、功率、隔门状态、流量、压力等，并实现阀门开关、水泵开关控制、地面远程控制等。

（7）火灾监控系统主要用来监测一氧化碳浓度、二氧化碳浓度、氧气浓度、温度、压差、烟雾等，并通过风门、风窗控制，实现均压灭火控制、制氮与注氮控制等。

（8）瓦斯抽放监测监控系统主要用来监测甲烷浓度、压力、流量、温度、抽放泵状态等，并实现甲烷超限声光报警、抽放泵和阀门控制等。

（9）人员位置监控系统主要用来监测井下人员位置、滞留时间、个人信息等。

（10）矿山压力监控系统主要用来监测地音、顶板位移、位移速度、位移加速度、红外发射、电磁发射等，并实现矿山压力预报。

（11）煤与瓦斯突出监控系统主要用来监测煤岩体声发射、瓦斯涌出量、工作面煤壁温度、红外发射、电磁发射等，并实现煤与瓦斯突出预报。

（12）大型机电设备健康状况监控系统主要用来监测机械振动、油质量污染等，并实现故障诊断。

二、矿井监测监控系统的组成及技术特征

1. 矿井监测监控系统的组成

矿井监测监控系统主要由传感器、执行机构、分站、电源箱（或电控箱）、主站（或传输接口）、主机（含显示器）、打印机、模拟盘、多屏幕、UPS电源、远程终端、网络接口电缆和接线盒等组成，如图15-1所示。

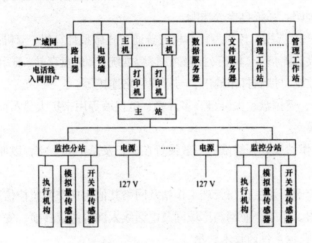

图 15-1　矿井监测控制系统的组成

（1）传感器。将被测物理量转换为电信号，经3芯或4芯矿用电缆（其中1芯用于地线、1芯用于信号线、1芯用于分站向传感器供电）与分站相连，并具有显示和声光报警功能（有些传感器没有显示或没有声光报警）。

（2）执行机构（含声光报警及显示设备）。将控制信号转换为被控物理量，使用矿用电缆与分站相连。

（3）分站。接收来自传感器的信号，并按预先约定的复用方式（时分制或频分制等）远距离传送给主站（或传输接口），同时，接收来自主站（或传输接口）的多路复用信号（时分制或频分制等）。分站还具有线性校正、超限判别、逻辑运算等简单的数据处理能力，对传感器输入的信号和主站（或传输接口）传输来的信号进行处理，控制执行机构工作。传感器及执行机构距分站的最大传输距离一般不大于2km。因此，一般采用星形网络结构（1个传感器或1个执行机构使用1根电

缆与分站相连）单向模拟传输。分站至主站之间最大传输距离达 10km，为减少电缆用量、降低系统电缆投资、便于安装维护、提高系统可靠性，通常采用 2 芯（用于单工或单向）、3 芯或 4 芯（用于双向）矿用信号电缆时分制或频分制多路复用（也有采用码分制），树形网络结构、或环形网络结构、或树形与星形混合网络结构，串行数字传输（基带传输或频带传输，异步传输或同步传输）。

（4）电源箱。将井下交流电网电源转换为系统所需的本质安全型直流电源，并具有维持电网停电后正常供电不小于 2h 的蓄电池。

（5）主站（或传输接口）。接收分站远距离发送的信号，并送主机处理；接收主机信号，并送相应分站。主站（或传输接口）主要完成地面非本质安全型电气设备与井下本质安全型电气设备的隔离。主站还具有控制分站的发送与接收，多路复用信号的调制与解调，系统自检等功能。

（6）主机。一般选用工控微型计算机或普通台式微型计算机，双机或多机备份。主机主要用来接收监测信号、校正、报警判别、数据统计、磁盘存储、显示、声光报警、人机对话、输出控制、控制打印输出、与管理网络连接等。

（7）投影仪、模拟盘、大屏幕、多屏幕、电视墙等用来扩大显示面积，以便于在调度室远距离观察。

（8）管理工作站或远程终端。一般设置在矿长及总工办公室，以便随时了解矿井安全及生产状况。

（9）数据服务器。是主机与管理工作站及网络其他用户交换监控信息的集散地。

（10）路由器。用于企业网与广域网及电话线入网等协议转换、安全防范等。

2. 矿井监测监控系统的技术特征

单方面多参数矿井监测监控系统的技术特征是：

（1）传感器及执行机构采用星形网络结构与分站相连、单向模拟传输。

（2）分站至主站间采用树形、环形或树形与星形混合网络结构，多路复用（时分制、频分制或码分制）、单工或双工（个别系统采用单向）、串行数字传输（异步传输或同步传输）。

（3）采用微型计算机（含单片机）、大规模集成电路、固态继电器及大功率电力电子器件、投影仪、大屏幕、模拟盘、多屏幕、电视墙等，具有彩色显示、磁盘记录、打印报表、联网等功能。

三、矿井监测监控系统的特点及要求

1. 矿井监测监控系统的特点

煤矿井下是一个特殊的工作环境，有易燃易爆的可燃性气体和腐蚀性气体，潮湿、淋水、矿尘大、电网电压波动大、电磁干扰严重、空间狭小、监控距离远。因此，矿井监控系统不同于一般工业监控系统，矿井监控系统同一般工业监控系统相比具有如下特点：

（1）电气防爆

一般工业监控系统均工作在非爆炸性环境中，而矿井监控系统则工作在有瓦斯和煤尘爆炸性环境的煤矿井下，因此，矿井监控系统的设备必须是防爆型电气设备，并且不同于化工、石油等爆炸性环境中的工厂用防爆型电气设备。

（2）传输距离远

一般工业监控对系统的传输距离要求不高，仅为几千米，甚至几百米，而矿井监控系统的传输距离至少要达到 10km。

（3）网络结构宜采用树形结构

一般工业监控系统电缆敷设的自由度较大，可根据设备、电缆沟、电杆的位置选择星形、环形、树形、总线形等结构，而矿井监控系统的传输电缆必须沿巷道敷设，挂在巷道壁上。由于巷道为分支结构，并且分支长度可达数千米，因此，为便于系统安装维护、节约传输电缆、降低系统成本，宜采用树形结构。

（4）监控对象变化缓慢

矿井监控系统的监控对象主要是缓变量，因此，在同样监控容量下，对系统的传输速率要求不高。

（5）电网电压波动大，电磁干扰严重

由于煤矿井下空间小，采煤机、输送机等大型设备启停和架线电机车火花等造成电磁干扰严重。

（6）工作环境恶劣

煤矿井下除有甲烷、一氧化碳等易燃易爆性气体外，还有硫化氢等腐蚀性气体，矿尘大，潮湿，有淋水，空间狭小。因此，矿井监控设备要有防尘、防潮、防腐、防霉、抗机械冲击等措施。

（7）传感器（或执行机构）宜采用远程供电

一般工业监控系统的电源供给比较容易，不受电气防爆要求的限制；但矿井监控系统的电源供给，受电气防爆要求的限制。由于传感器及执行机构往往设置在工作面等恶劣环境，因此，不宜就地供电。现有矿井监控系统多采用分站远距离供电。

（8）不宜采用中继器

煤矿井下工作环境恶劣，监控距离远，维护困难，若采用中继器延长系统传输距离，由于中继器是有源设备，故障率较无中继器系统高，并且在煤矿井下电源的供给受电气防爆的限制，中继器处不一定好取电源，若采用远距离供电还需要增加供电芯线，因此，不宜采用中继器。

2. 矿井监测监控系统的通用要求

（1）系统具有模拟量、开关量和累计量监测功能。

（2）系统具有声光报警、模拟量和开关量手动（含远程地面）与自动控制功能。

（3）系统具有备用电源。当电网停电后，系统应能对主要监控量继续监控，继续监控时间应不小于 2h。

（4）系统具有自检功能。当系统中传感器、分站、主站、传输电缆等设备发生故障时，报警并记录故障时间、故障设备，以供查询及打印。

（5）系统主机双机备份，并具有手动切换功能（自动切换功能可选）。当工作主机发生故障时，备份主机投入工作，保证系统的正常工作。

（6）系统具有实时存储功能。存储内容包括：①重要测点模拟量的实时监测值；②模拟量统计值（最大值、平均值、最小值）；③开关量动作时间及状态；④累计量值；⑤报警及解除报警时间及状态；⑥模拟量输出值；⑦模拟量输出统计值（最大值、平均值、最小值）；⑧开关量输出时间及状态；⑨设备故障/恢复正常工作时间及状态等。在这些存储项目中，除重要监测点模拟量的实时监测值和输出值存盘记录应保持 7 天外，其余均应保存 1 年以上，并且当系统发生故障时，丢失上述信息的时间长度应不大于 5min。

（7）系统应具有列表显示功能。模拟量及相关显示内容包括地点、名称、单位、报警门限、控制门限、监测值、最大值、最小值、平均值、传感器故障、闭锁与解锁等；开关量显示内容包括地点、名称、动作时刻、状态、动作次数、传感器状态、闭锁与解锁等；累计量显示内容包括地点、名称、单位、累计量值等。

（8）系统具有模拟量实时曲线和历史曲线显示功能。在同一坐标上用不同颜色显示最大值、平均值、最小值 3 种曲线。在一屏上，同时显示不小于 3 个模拟量，并设时间标尺，可显示出对应时间标尺的模拟量值。

（9）系统具有柱状图显示功能，以便直观地反映设备开机率。显示内容包括地点、名称、最后一次开/停时刻和状态、工作时间、开机率、开/停次数、传感器状态、闭锁与解锁等，并设时间标尺。

（10）系统具有模拟动画显示功能，以便形象、直观、全面地反映安全生产状况。显示内容包括工艺流程模拟图、相应设备开停状态、相应模拟量数值等。为满足大型复杂生产系统的需要，应具有漫游、总图加局部放大、分页显示等功能。为便于使用模拟图，除具有一幅显示全矿概况的总图外，一般按使用功能划分多个系统图，如通风安全系统模拟图、轨道运输系统模拟图、带式运输系统模拟图、提升运输系统模拟图、供电系统模拟图、排水系统模拟图、巷道布置图、避灾路线图等。

（11）系统具有系统设备布置图显示功能，以便及时了解系统配置、运行状况，便于管理与维修。显示内容包括传感器、执行机构、分站、电控箱、主站和电缆等设备的设备名称、位置和运行状态等。若系统庞大一屏容纳不了，可漫游、分页或总图加局部放大。

（12）系统具有报表、曲线、柱状图、模拟图、初始化参数等召唤打印功能（定时打印功能可选），以便于报表分析。

（13）系统应具有人机对话功能，以便于系统生成、参数修改、功能调用、控制命令输入。

（14）系统应有防雷措施，防止雷电击毁设备，引起井下瓦斯爆炸。

（15）系统应有抗干扰措施，防止架线电机车火花、大型机电设备启停等电磁干扰，影响系统正常工作。

（16）系统分站应具有初始化参数掉电保护功能，以防分站停电后，初始化参数丢失。

（17）系统具有工业电视图像等多媒体功能，以便于提高信息的利用率。

（18）系统宜具有网络通信功能，以便于矿领导及上级主管部门对监控信息的利用。

（19）地面设备具有防静电措施。

（20）系统工作稳定，性能可靠，出厂前要进行连续7天的稳定性试验，系统软件死机率应小于1次/720h。

（21）系统调出整幅实时数据画面的响应时间小于5s。

（22）电源波动适应范围：① 90%～110%（地面）；② 75%～110%（井下）。

3. 矿井监测监控信息的传输要求

矿井监测监控信息的传输要求对矿井监控系统的传输介质、网络结构、工作方式、连接方式、传输方向、复用方式、信号、同步方式、调制方式、字符、帧格式、输入输出方式、传输速率、误码率、传输处理误差、最大传输距离、最大节点容量等进行了规定。

（1）传输介质

煤矿井下的特殊环境制约了井下无线通信的发展，因此，除移动设备的监控外，一般都采用便于安装维护的双绞线矿用电缆，也可采用光缆，以适应多媒体综合监控的需要。

（2）网络结构

矿井监控系统的传输电缆必须沿巷道敷设，挂在巷道壁上，由于巷道为分支结构，并且分支长度可达数千米，因此，为便于安装维护，节约传输电缆，降低系统成本，宜采用树形网络结构，也可采用环形、总线形、星形或其他网络结构。

（3）工作方式

现有矿井监控系统均为主从工作方式。主从工作方式与无主工作方式相比，具有抗故障能力差等缺点。但考虑到环境安全、轨道运输、带式运输等单方面集中监控的需要，矿井监控系统宜采用多主或无主工作方式，也可采用主从等其他工作方式。

（4）连接方式

为满足环境安全、轨道运输等就地监控的需要，矿井监控系统的连接方式既可单层连接（图 15-2），又可多层连接（图 15-3）。

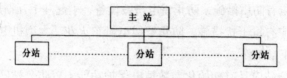

图 15-2　矿井监控系统单层连接示意图

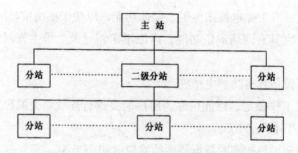

图 15-3　矿井监控系统多层连接示意图

（5）传输方向

矿井监控系统宜采用半双工传输，也可采用全双工传输。

（6）复用方式

常用的复用方式有频分制、时分制、码分制和混合方式。3 种复用方式的比较见表 15-1。频分制各项指标均不如其他两种，码分制在信道自适应方面优于时分制，但模拟量和开关量共同传输和设备复杂性方面劣于时分制，因此，矿井监控系统宜采用时分制复用方式，也可采用频分制或码分制复用方式。

表 15-1　频分制、时分制和码分制性能对比表

复用方式	本质安全防爆	模拟量与开关量共同传输	各路信号之间的干扰	自适应能力	设备复杂程度	利用路数
频分制	差	差	大	无	简单	低

续表

复用方式	本质安全防爆	模拟量与开关量共同传输	各路信号之间的干扰	自适应能力	设备复杂程度	利用路数
时分制	好	好	小	无	简单	高
码分制	好	一般	小	有	复杂	高

（7）信号

表示模拟量的信号可以是模拟信号和数字信号两种。

数字信号同模拟信号相比，具有抗干扰能力强；传输中的差错可以控制、传输质量高；可以传递各种消息，灵活通用；便于计算机存储、处理、传输；便于本质安全防爆隔离等特点。因此，分站至主站之间、传感器及执行机构至分站之间，宜采用数字信号传输。在同样传输速率情况下，不归零信号比归零信号的脉冲持续时间长、抗干扰能力强、传输距离远；矩形信号较其他波形信号设备简单。因此，矿井监控系统宜采用不归零矩形脉冲数字信号传输，也可采用频率型等模拟信号传输。

（8）同步方式

串行传输与并行传输相比，具有使用传输通道少、适宜远距离传输等优点。矿井监控的监控点分散，每一分站、传感器（或执行机构）每次需发送或接收的数据（或状态）较少，并且信号变化较慢，宜采用适宜低速、小容量、设备简单的串行异步传输方式Q现有矿井监控系统大多数采用性价比较高的 MCS-51 系列单片机及其改进的兼容系列，这些单片机均提供了串行异步传输方式。因此，矿井监控系统宜采用串行异步传输方式，也可采用串行同步传输方式。

（9）调制方式

基带传输与频带传输相比，具有设备简单、成本低、便于本质安全防爆、便于树状系统使用（传输频带在低频段）等优点，而调频和调相具有抗干扰能力强的优点。因此，矿井监控系统宜采用基带调频和调相传输。

（10）字符

字符长度通常有 5、6、7、8 位等，但在实际使用中，为提高编码效率一般采用8 位。在广泛应用的 MCS-51 系列单片机及其兼容系列中，为便于多机通信，可将 8 位数据后的第 9 位用作地址 / 数据标志位。停止位有 1、1.5、2 位，为提高编码效率，一般采用 1 位停止位。因此，矿井监控系统的字符长度宜为 8 位，由 1 位逻辑"0"表示开始，1 位逻辑"1"表示停止，任意长度的逻辑"1"表示空闲。字符最高位与停止位之间设 1 位地址 / 数据标志位，如图 15-4 所示，该位为逻辑"1"表示该字符为地址字符，该位为逻辑"0"表示该字符为数据（除地址之外的各种信息）字符。

字符最高位与停止位之间也可设 1 位奇偶校验位，宜采用奇校验，如图 15-5 所示。

空闲位	起始位	数据或地址								标志位	停止位	空闲位
1	0	D_0	D_1	D_2	D_3	D_4	D_5	D_6	D_7	A/D	1	1

图 15-4 带有地址/数据标志位的字符

空闲位	起始位	数据或地址								校验位	停止位	空闲位
1	0	D_0	D_1	D_2	D_3	D_4	D_5	D_6	D_7	P	1	1

图 15-5 带有校验位的字符

（11）帧格式

为标明一帧信息的接收地址、长度和类别等，并保证可靠传输，在一帧中通常包括地址场、控制场、数据场和校验场，还有标志帧开始和结束的开始标志和结束标志。在采用具有地址/数据标志位字符的帧格式中，地址场可兼作帧开始标志，停止位兼作结束标志。在信号的远距离传输过程中，会受到各种干扰而发生差错，为保证装置的传输质量，除提高装置的信噪比外，采用差错控制措施是十分有效的方法。常用的方法有检错法和纠错法。在计算机通信和工业监控系统中，通常采用奇偶校验和循环冗余校验，以提高编码效率和降低设备的复杂性。因此，矿井监控系统的差错控制方法宜采用奇偶校验或循环冗余校验。

（12）传输速率

使用矿用电缆作传输媒介，采用树形网络结构，无中继传输，传输距离为10km时，最大传输速率为4800bps。因此，矿井监控系统的传输速率宜在1200bps、2400bps、4800bps中选取。

（13）误码率

用于监测的矿井监控系统的误码率应不大于 10^{-6}，用于监控的矿井监控系统的误码率应不大于 10^{-8}。

（14）传输处理误差

模拟量一般都采用8位字符长来表示，在 A/D 转换过程中的处理误差 ≤ 1/256，因此，矿井监控系统的传输处理误差应不大于 0.5%。

（15）最大巡检周期

矿井监控信号的变化比较缓慢，为保证监控信号的实时性，矿井监控系统的最大巡检周期应不大于30s，并应满足监控要求。

（16）最大传输距离

煤矿井下工作环境恶劣、维护困难，若采用中继器延长矿井监控系统的传输距离，由于中继器是有源设备，故障率较无中继系统高，并且在煤矿井下矿井监控系统的供电受电气防爆限制，在中继器处不一定好取电源，若采用远距离供电还需要增加供电芯线。因此，矿井监控系统不宜采用中继器延长传输距离。根据我国煤矿的具体情况，为满足大、中、小各类矿井的监控需要，主站至分站、分站至分站之间的最大传输距离应不小于10km，传感器及执行机构至分站的最大传输距离应不小于2km。

（17）最大节点容量

一个网段的节点容量一般由译码能力、接口的驱动能力、传输距离等决定。译码能力一般与地址场的字长有关，因此，决定节点容量的关键因素是物理层。根据RS-485、CAN等有关标准严格分析及测试，无中继传输距离达10km的网段，其最大节点容量为128。因此，矿井监控系统的最大节点容量宜在8、16、32、64、128中选取，取上述值除考虑物理层外，还要考虑便于二进制编码的问题。

第二节 矿用传感器

一、甲烷传感器

1. 催化燃烧式原理

催化燃烧原理又称热催化原理。利用该原理的甲烷测定是当前国内外测量低浓度甲烷的检测仪器中采用最广泛的一种，而且还在不断地提高和发展。其基本原理是根据甲烷在一定的温度条件下氧化燃烧，且在一定的浓度范围内，定量的甲烷在燃烧过程中要放出定量热的特性，来达到测定甲烷浓度的目的。

甲烷在空气中燃烧的反应式如下：

$$CH_4 + 2O_2 \rightarrow CO_2 + 2H_2O + 892kJ$$

即1mol的甲烷在空气中燃烧会放出892kJ的热量。因此，可以通过测量热量或温度的方法来间接反映甲烷含量的多少。

（1）载体催化元件的结构

载体催化元件一般由一个带催化剂的敏感元件（俗称黑元件）和一个不带催化剂的补偿元件（俗称白元件）组成，如图15-6所示。白元件与黑元件的结构尺寸完全相同。白元件表面没有催化剂，仅起环境温度补偿作用。

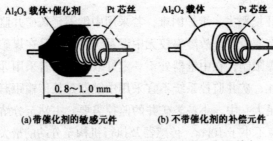

(a) 带催化剂的敏感元件　　　(b) 不带催化剂的补偿元件

图 15-6　载体催化元件结构（黑、白元件）

黑元件由铂丝线圈、Al_2O_3 载体和表面的催化剂组成。其中铂丝线圈用来给元件加温，提供甲烷催化燃烧所需要的温度，Al_2O_3 载体用来固定钼丝线圈，增强元件的机械强度。涂在元件表面的铂（Pt）和钯（Pb）等重金属催化剂，可以降低开始燃烧反应的温度，使吸附在元件表面的甲烷无焰燃烧。载体催化元件（黑元件）既起加热器又起量热器的作用。

当一定的工作电流通过元件的铂丝时，元件的表面加热到一定温度，含甲烷的空气接触到黑元件的表面后，被催化燃烧。燃烧放出的热量反过来增加了元件的温度，从而使铂丝线圈的电阻增大，通过电桥就可测出由于甲烷无焰燃烧使铂丝线圈电阻增大的值。

（2）测量电桥

利用载体催化元件测量甲烷浓度的原理如图 15-7 所示。测量电桥中，R_1 为黑元件，R_2 为白元件，两只元件放在同一个待测气样将通过的气室内，由于黑、白元件的结构相似，故对于测量电桥的电源电压以及环境温度、气流速度等因素变化能起到补偿作用，减少测量误差。固定电阻 R_3 和 R_4 组成电桥的另外两个桥臂，采用的是温度系数很小的电阻，以便提高电桥在高温时的稳定性能。

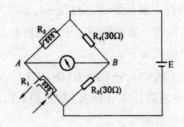

图 15-7　测量电桥示意图

在外界空气中甲烷浓度为零时，电桥处于平衡状态，输出电压 U_{AB} 为 O，此时在工作电流加热下，元件温度达 500℃ 左右。当外界空气中有甲烷存在时，甲烷与氧气在黑元件表面进行燃烧，放出的反应热被元件吸收引起温度升高，使铂丝的电阻值增大，结果破坏了电桥原来的平衡条件，产生一个与甲烷浓度成正比的输出电压信号 U_{AB}。

（3）载体催化元件的主要技术性能

1）活性

元件的活性是指元件对甲烷氧化燃烧的速率。元件活性高，通过电桥测量甲烷时，可以得到较高的电压输出。其单位是 mV/（l%CH$_4$）。一般元件应不低于 15mV/（l%CH$_4$）。

2）稳定性

元件的稳定性是指元件在新鲜空气与一定浓度甲烷中，在规定的连续工作时间里的活性下降率。要求其值越低越好，活性下降率越低，表明元件工作性能越稳定。

3）工作点与工作区间

元件工作点是指元件的标准工作电压和电流值。实际使用中，为了便于组成电桥和选定电流，通常是指一对元件（即一只黑元件和一只白元件）的标准工作电压或电流值。在工作点上，元件具有较大的输出，较好的稳定性和最小的零点飘移。目前，国内元件的工作点有直流 1.2V、2.2V、2.4V 及 320mA 等几种。

当元件的工作电压或工作电流变动时，在同一甲烷浓度下输出的活性大小是不相同的。只有当工作电压或工作电流在某一范围内变动时，输出活性才接近于直线。这个电压或电流的变动范围称为元件的工作区间，区间越宽越好。目前，元件工作区间只能达到标准电压的 ±10%。

4）输出特性

元件的输出特性，是指在不同的甲烷浓度下，元件的活性与甲烷浓度的关系。图 15-8 所示为一般元件的输出特性曲线。此曲线表明：在 0 ~ 5%CH$_4$ 范围内，电桥输出信号 V_x 与甲烷浓度呈线性关系。当甲烷浓度在 9.5% 处时，曲线出现拐点，以后随着甲烷浓度的增大，V_x 不断下降。出现了高浓度和低浓度输出信号相同的现象。例如，曲线中甲烷浓度为 80% 和 2% 的输出几乎一样，这就是所说的"元件双值性"。产生的原因是高浓度甲烷气样中缺氧使燃烧不完全所造成的。

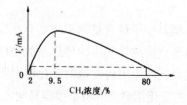

图 15-8　元件的输出特性曲线示意图

5）元件的寿命

元件的寿命是指元件在使用过程中，其活性下降到某一规定值的时间。

6）元件的"中毒"现象

矿井空气中的硫化氢、二氧化硫等气体会使元件产生中毒现象，使活性降低。其原因主要是由于这些毒性气体与元件催化剂钯在高温下发生化学反应生成不能分解的硫化钯包围了元件表面，引起元件活性下降。此外，井下电气设备用的硅油、硅绝缘材料等挥发物，也会使元件中毒。这主要是由于硅分子量大，一旦吸附在元件表面，就会阻止甲烷进入而影响元件的氧化速率，致使活性下降。为防止元件中毒，可以使用碱性物质活性炭吸收剂吸附硫化氢、二氧化硫等气体，但必须注意定期更换吸收剂。

7）元件的激活

元件工作一段时间（一般工作 $5 \times 24h$ ）后，遇到较高浓度（恒流源供电大于 $5.5\% CH_4$ ，恒压源供电大于 $6\% CH_4$ ）且工作数分钟后，元件的活性将升高，高浓度消失后，元件在几十小时内活性才会逐步下降到原值附近，以后又保持稳定的活性。这种现象称为元件被高浓度甲烷激活。由于被激活的元件在一段时间内会造成输出不稳，为避免元件被激活，低浓度甲烷传感器应具有高浓度保护功能。

8）响应时间

响应时间是指甲烷浓度发生阶跃变化时，电桥输出信号值达到稳定值90% 时所需要的时间。一般要求连续式响应时间为20s，间断式响应时间为6s。催化元件的响应时间除与元件尺寸、形状有关外，还与气室结构及通气方式有关。响应时间包括甲烷空气混合气体通过扩散孔（烧结金属孔）充满气室，并到达元件表面的整个扩散过程所需的时间和甲烷在催化元件表面燃烧，产生热量，使元件升温并稳定所需的时间。

9）气体流量

进入检测气室的气体流量影响催化元件的灵敏度，如图 15-9 所示。因此，对于扩散式甲烷传感器，在校准时的流量应与甲烷传感器在井下安装地点的风速机吻合，否则会造成测量误差。

2. 热导式原理

根据空气的导热系数随其中甲烷含量的不同而有所变化，测量这个变化来达到测定甲烷含量的目的。但要直接测量气体的导热系数是比较困难的，因此，一般是借助于某种热敏元件将混合气体中甲烷含量的变化所引起的导热系数的变化转换成电阻值的变化，而电阻值的变化用测量电桥是很容易测定的。

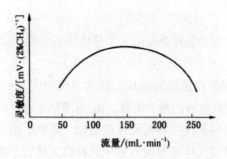

图15-9　元件灵敏度与流量变化示意图

矿井空气中主要气体成分的热导率见表15-2。热导式甲烷传感器的选择性较差，空气中其他气体的浓度变化会影响甲烷浓度的测量。例如，二氧化碳浓度的增加会使热导率降低，湿度的增加将使热导率增大。因此，热导式甲烷传感器要排除二氧化碳和空气湿度的影响。

由于气体的热导率随温度的增大而增大，环境温度的变化也将影响热导式甲烷传感器的测量精度。所以，热导式甲烷传感器必须对环境温度进行补偿，并保持气室温度恒定。热传导、热对流和热辐射决定了气室内的热交换，当温度不高时，热交换主要取决于热传导和热对流。并且气室尺寸和气体流速对对流的影响，会进一步造成对热导式甲烷传感器测量值的影响。由于空气中甲烷浓度的微量变化很难通过甲烷空气混合物热导率的变化测得。因此，热导式甲烷传感器目前主要用于高浓度甲烷检测。

表15-2　矿井空气中主要气体成分的热导率

气体名称	$K \times 10^{-2}$（273K）	$K \times 10^{-2}$（373K）	$\dfrac{K(273K)}{K(273K)\text{空气}}$
空气	2.43	3.14	1.0
氧	2.47	3.18	1.016
氮	2.43	3.14	1.0
甲烷	3.013	4.56	1.24
氢气	17.4	22.34	7.115
一氧化碳	2.34	3.013	0.96
二氧化碳	1.464	2.22	0.707
乙烷	1.8	3.05	0.74
丙烷	1.5	2.636	0.839

（1）测量元件

测量热导率的元件有金属丝热电阻、半导体热敏电阻、固体热导元件等。

（2）测量电桥

利用热导元件测量甲烷浓度的原理，测量电桥如图 15-10 所示。R_1 和 R_2 为阻值相同的固定电阻，组成电桥的两个桥臂，R_D 为测量元件，R_c 为补偿元件，组成电桥的另外两个桥臂，测量元件与补偿元件的结构、形状、电参数完全相同，测量元件与补偿元件处于与被测气体连通的气室中，补偿元件置于密封的空气室中。在外界空气中甲烷浓度为零时，测量元件与补偿元件散热状态相同 $R_D=R_c$，电桥处于平衡状态，输出电压为 0。当气室中通入甲烷空气混合气体时，由于甲烷空气混合气体的热导率大于新鲜空气的热导率。因此，测量元件传导出的热量大于补偿元件传导出的热量，R_D 变小，$R_D \neq R_C$ 结果破坏了电桥原来的平衡条件，产生一个与甲烷浓度成正比的输出电压信号 U_{AB}。

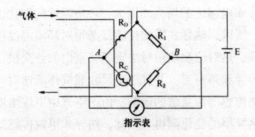

图 15-10　测量电桥示意图

3. KG9001B 型高低浓度甲烷传感器

（1）用途

KG9001B 型高低浓度甲烷传感器用于监测煤矿井下采掘工作面、机电硐室、回风巷道等处的瓦斯浓度变化情况，可在低浓度和高浓度瓦斯环境中连续工作，能在有瓦斯爆炸的危险场所使用。

（2）工作原理

KG9001B 型高低浓度甲烷传感器其测量低浓度瓦斯时采用热催化原理，测量高浓度瓦斯时采用热导原理，它由敏感元件、金属膜电阻、调零电位器等组成测量电桥。工作时，被测环境中的瓦斯以扩散方式进入传感器探头气窗与敏感元件发生反应，并产生与甲烷浓度相应的电信号，该信号经放大后进入 A/D 转换器进行模数转换，，然后送往中央处理单元 89C51 单片机进行数据处理后发往与之相连的井下监控分站以及地面中心站，实现井下联网监测监控、就地数字显示和声光报警。

（3）主要技术指标

1）工作温度：0 ~ 40℃。

2）相对湿度：≤ 98%。

3）大气压力：80 ~ 110kPa。

4）风速：0 ~ 8m/s。

5）矿井环境中 H_2S 气体浓度：$< 6 \times 10^{-6}$。

6）防爆类型：矿用本安兼隔爆型。

7）防爆标志：Exibdi。

8）整机工作电压：12 ~ 24VDC（本安电源）。

9）整机工作电流：≤ 100mA。

10）测量范围：0% ~ 40.00%CH_4。

11）测量精度：0% ~ 1.00%CH_4，±0.10%CH_4（基本测量误差）；1.00% ~ 2.00%CH_4，±0.20%CH_4（基本测量误差）；2.00% ~ 4.00%CH_4，±0.30%CH_4（基本测量误差）；4.00% ~ 40.00%CH_4，±10.00%CH_4（相对误差）。

12）显示方式：4位红色数码管。

（13）显示定义。左起第1位功能显示含义如下：1—热催化调零；2—热催化灵敏度调节；3—热导调零；4—热导灵敏度调节；5—调报警点；6—调断电点；7—调复电点；8—自检。后3位：测量值显 tk（单位：%）。

14）信号输出类型：频率型。

15）信号输出范围：低浓度段，200 ~ 1000Hz（线性对应0% ~ 4.00%CH_4）；低浓度段：1200 ~ 2000Hz（线性对应0% ~ 40.00%CH_4）。

16）信号带负载能力：0 ~ 40Ω。

17）报警方式，二极管间歇式声光报警；声音强度，≥ 80dB；光强，能见度大于20m。

18）报警点设置：0.50% ~ 2.50%CH_4 连续可调。

19）断电信号点设置：0.50%CH_4、0.75%CH_4、1.00%CH_4、1.25%CH_4、1.50%CH_4。相应的复电点设置：0.40% ~ 2.40%CH_4。

20）信号传输距离：2km。

21）采样方式：扩散方式。

22）检测响应速度：≤ 30s。

23）热催化元件寿命：一年以上。

24）热导元件寿命：3年。

（4）调校

1）零点调校

①热催化部分零点调校。其调校方法与 KG9701 型低浓度甲烷传感器的零点调校方法相同。

②热导部分零点调校。传感器进入正常工作状态，预热 20min 后，在新鲜空气中观察传感器显示窗内的 LED 数字显示是否为零。若有偏差，将配套遥控器对准传感器显示窗，按动遥控器上的"选择"键，使显示窗内的小数码管显示"3"，然后通过按动遥控器的"上升"键和"下降"键，使传感器显示窗的显示为零，完成零点的校零工作。

2）精度调校

①热催化部分精度调校。其调校方法与 KG9701 型低浓度甲烷传感器的精度调校方法相同。注意：调校过程中，若用此方法仍无法将传感器的精度调节准确，则说明此传感器的热催化元件灵敏度下降过大，需要更换新的热催化元件。

②热导部分精度调校。其调校方法与热催化精度调校方法相同，要求通气流量应控制在 200mL/min，当传感器显示窗内的数字显示与通入的甲烷气体浓度值有偏差时，则将遥控器对准传感器显示窗，按动遥控器上的"选择"键，使显示窗内的小数码管显示"4"，然后再根据需要分别按动遥控器的"上升"键或"下降"键，直至显示窗内的显示值与实际通入的甲烷气体浓度值相同。

3）报警值设定

其设定方法与 KG9701 型低浓度甲烷传感器的报警值设定相同，只是显示窗内的小数码管显示为"5"，然后再根据需要分别按动遥控器的"上升"键或"下降"键，将显示窗内的数字（即报警值）调节为所需要的数值，即可完成传感器报警值的设定。

4）断电设定

其设定方法与 KG9701 型低浓度甲烷传感器断电值的设定与调校相同，只是显示窗内的小数码管显示为"6"。其后操作方法一致。

5）复电值设定

按动遥控器的"选择"键，使显示窗内的小数码管显示"7"，然后再根据需要分别按动遥控器的"上升"键或"下降"键，将显示窗内的数字调节为所需要的复电值，即可完成传感器复电值的设定。

本传感器复电值的允许范围为 0.40% ~ 2.40%CH_4，不能大于所设置的断电值。

6）自检

为了方便检查传感器功能是否正常，传感器专门设计了自检功能。自检方法：将遥控器对准传感器显示窗，按动遥控器上的"选择"键，使显示窗内的小数码管显示"8"，此时正常情况传感器的显示值应为"2.00"，并伴有声光报警及断电信号输出，对应的输出信号值应为600Hz（或3.00mA）。如与上述特征不符则说明传感器损坏。

注意：一旦对传感器部分参数进行调节后，断电之前，务必再次按动遥控器上的"选择"键，使显示窗内的小数码管显示的数字循环至消隐，方可使调校后的参数存入传感器的存储器内，否则将导致此次调校无效。

4. GJC4型智能甲烷传感器

（1）用途

GJC4型智能甲烷传感器用于监测煤矿井下采掘工作面、机电硐室、回风巷道等处的瓦斯浓度变化情况，可以与国内各种类型的监测系统配套。它是一种智能型检测仪表，具有自动稳零、低功耗、缓启动以及RS485或CAN通信功能。对传感器的调校、设置等操作由遥控器来实现。

（2）技术特点

1）采用新型单片机和高集成数字电路，使电路结构简单，性能可靠。

2）实现红外遥控调校零点、灵敏度、报警点等功能，调校简单。

3）增加了传感器断电控制功能。

4）采用新型开关%源，降低了整机功耗。

5）具有缓启动功能，减少启动冲击电流。

6）具有RS485或CAN通信功能，可与井下CAN总线监测系统直接配接。

（3）工作原理

GJC4型智能甲烷传感器由电源电路、缓启动电路、检测电桥、放大电路、A/D变换电路、红外接收、单片机电路、显示电路和通信电路组成。

1）传感头

传感头由气室、热催化元件等组成，热催化元件与金属膜电阻组成电桥并加工作电压，在新鲜空气中电桥处于平衡，输出信号为零。当甲烷气体进入气室，在黑元件表面进行无焰燃烧，元件温度升高，阻值增大，检测电桥输出正比于甲烷浓度的电压信号。

2）电源

传感器的电压范围是9～21VDC，对电路的供电采用DC/DC电源模块，把输入电压变换成传感器需要的电压。DC/DC电源模块为宽电压输入隔离型，输入电压范围为9～36V，输出电压为3.3V和12V两组。3.3V供给电桥和CPU及外围电路，12V供给声光报警电路，并通过低压差稳压器输出5V电压供给放大器和其他电路。

3）缓启动电路

缓启动的目的是减少传感器加电时对电源的冲击。缓启动电路由比较器、场效应管、稳压管等电路元件组成。场效应管的 D 极加 3.3V 电压，栅极 G 和比较器的反向端通过稳压管加 6.8V 电压，使场效应管 D 极输出 3.0V 电压供给桥路。比较器的同向端为 RC 充电电路，加入电源后，电容充电其电压按 RC 充电指数逐渐上升，比较器的输出电压也逐渐升高，当比较器同向端的电压大于反向端电压时，比较器输出 6.8V 电压，场效应管栅极为 6.8V，此时场效应管输出 3.0V 电压向桥路供电，缓启动的时间决定于 RC 时间常数。向桥路加的电压是缓慢加的，这就减少了因催化元件冷态电阻小，上电时形成较大的冲击电流，使桥路电压缓慢上升减少冲击电流。

4）信号放大

检测桥路输出的信号为差动信号，采用放大器 AD623 将差模信号放大，经直流放大后变成单值信号输出，送 A/D 转换单元，进行模数转换。

放大器 AD623 的特点：使用一个外接电阻设置增益（G），高达 1000；具有优良的直流特性，输入失调电压小；具有优良的共模抑制比；单电源供电；低功耗；有优良的线性度；外围器件少。

5）红外遥控接收

红外接收电路由红外接收器、解码电路组成，把遥控器发送来的红外信号转换成数字信号送给单片机处理。

6）单片机电路

单片机核心部件 CPU，采用 CYGNAL 公司最新推出的一种混合信号 ISPFLASH 微处理器 C8051F310。该芯片内含与 MCS–51 完全兼容的高速微处理器，时钟频率可达 25MHz，64K 片内 FLASH，4 组 32 个 I/O 口，可通过数字交叉开关配置引脚，10 位 ADC 可选择差分或单端输入模式，增益可调节；4 个 16 位定时器，PWM 信号输出。该芯片带 JTAG 接口，支持在线调试。

单片机对 A/D 转换的数字信号进行数据处理、运算，并把结果进行显示，输出 200 ~ 1000Hz 的信号。当达到设定报警值时启动报警电路报警，达到断电设定值时输出断电控制电平。当甲烷浓度达到 4%014 时进行元件保护，切断桥路电源。

为满足监测系统井下总线数字通信的需要，设计有 RS485 或 CAN 通信，使该传感器既可使用在现行煤矿安全监测系统上，也可使用在现场总线的监测系统上。

7）声光报警电路

报警电路由 4066 分频振荡器和驱动电路组成。当不超限时，单片机输出高电平，4066 的 R 端为复位状态，振荡器不振，无声光报警；达到设定的报警值时，单片机输出低电平，4066 为计数状态，振荡器振荡，报警器发出声光报警。

（4）调校

1）零点调校

按动遥控器功能键一下，功能位显示"A"，在此功能下完成对传感器的零点调校。若传感器的显示不为零，按动"▼"或"▲"键，使显示值为"0.00"。自动存储数据并转换到正常检测状态。当传感器显示"–0.00"时，表示传感器负漂移，按动一下功能键，再按"▲"键，使传感器的显示值为"A0.00"，过一会自动保存并返回到检测状态。

2）灵敏度调校

按动遥控器功能键两下，功能位显示"b"，在此功能下完成对传感器的灵敏度调校。向传感器送入调校的标准气样，若显示值与标准气样值不同，使用"▲"或"▼"键使显示值与标准气样的值相同，自动保存并返回到检测状态。

3）报警点设置

按遥控器功能键3下，功能位显示"c"，在此功能下完成对传感器报警点的设置。使用"▲"或"▼"键使显示值为报警值，自动保存并返回到检测状态。

4）断电值设置

按遥控器功能键4下，功能位显示"d"，在此功能下完成对断电点的设置。使用"▲"或"▼"键使显示值为断电值，自动保存数据后输出4.5VDC电平，5s后返回检测状态。

5）断电复位值设置

按遥控器功能键5下，功能位显示"E"，在此功能下完成对断电复位值的设置。使用"▲"或"▼"键使显示值为断电复位值，自动保存数据后返回到检测状态。

6）传感器地址设置

按遥控器功能键5下，功能位显示"e"，在此功能下完成对传感器地址的设置。使用"▲"或"▼"键使显示值为定义的地址，肖动保存数据后返回到检测状态。

7）电位器调零

当传感器使用一段时间后，黑白元件发生零点漂移。当漂移范围在软件跟踪范围内时自动修正。当偏移较大，用遥控器不能调整时，需打开传感器后盖，进行硬件调零。按遥控器的功能键6下，功能位显示"F"，在此功能下调整电路板桥路平衡电位器RP1，进行电位器调零，显示器显示为500。若显示值不为500，调整电位器RP2，使显示值为500。

（5）传感器故障处理

GJC4型智能甲烷传感器常见故障与处理方法见表15–3。

表 15–3　GJC4 型智能甲烷传感器常见故障与处理方法

故障现象	故障原因	处理方法
显示负值，零点无法调整	催化元件损坏或元件断路	更换元件或检查元件桥路电压是否正常
显示值不正常，零点调整不了	元件桥路电压低	检查缓启动电路稳压管是否为 6.8V，高浓保护三极管是否短路
报警器不报警	驱动三极管损坏	更换三极管
无输出频率	CPU 芯片损坏或驱动三极管损坏	更换 CPU 芯片或三极管
传感器无显示	电源模块损坏或 CPU 芯片损坏	更换元件
遥控器信号指示灯不亮	电池没电	更换电池
传感器的发光二极管不亮	传感器的信号线没接对或发光二极管损坏	重接传感器的信号线或更换发光二极管

（6）维护和保养

1）传感器在使用过程中要定期进行零点和灵敏度标定。

2）井下安装时应注意安装在不被水滴淋的场所。

3）根据使用分站输入信号的类型，正确选择传感器输出信号的跳线位置。

4）传感器进行标校时送入气样的流量应不大于厂家提供的流量值。

5）定期清扫气室及传感器外部的煤尘；不得用于含硫化氢的矿井。

6）传感器不能与其他设备连接使用，若与其他设备连接，须经防爆检验；遥控器不得使用其他型号的干电池，井下严禁更换电池。

二、一氧化碳传感器

1. 定位电化学原理

（1）电极电位与一氧化碳的氧化电流

各种物质在电解池中的氧化还原反应均在一定的电位下进行，某种物质的标准电极电位是在规定的浓度、温度条件下该物质的电极电位，当电位高于该标准电位时，产生氧化反应，反之，则产生还原反应。CO_2/CO 的标准电极电位是理论值为 $-0.12V$，而实验证明值为 $0.9 \sim 1.1V$，如图 15–11 所示。产生的原因：电位在 $0.9 \sim 1.1V$ 时，催化销电极大量吸附一氧化碳和水，水被氧化成 Pt（O）；Pt（O）中的单原子氧有强烈的活性，它将一氧化碳氧化成二氧化碳；随着电位的增加，一氧化碳和水的吸附量减少，生成 Pt（O）的速度减慢，因而一氧化碳氧化成二氧化碳的电流随之减少。

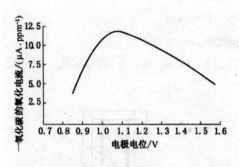

（注：ppm＝10⁻⁶）

图 15-11　电极电位与一氧化碳的氧化电流关系曲线示意图

（2）一氧化碳传感元件

一氧化碳传感元件结构如图 15-12 所示，传感元件内装 H_2SO_4 电解液和 3 个相同的扩散贵金属催化电极：工作极 W、对极 C 和参比极 R。扩散电极由一层憎水透气的聚四氟乙烯薄膜和含有铂黑催化剂的多孔亲水膜组成。参比极是将工作极电位控制在 0.9～1.1V。当含一氧化碳的气体渗透扩散进入防水膜，再通过催化膜上的微孔与工作极、电解液接触形成三相界面，在气液固三相界面上产生电化学反应，生成二氧化碳，在对极上产生氧气的还原。其反应方程式如下：

工作极上：

$$CO+H_2O \rightarrow CO_2+2H^++2e$$

对极上：

$$\frac{1}{2}O_2+2H^++2e \rightarrow H_2O$$

总化学反应式：

$$CO+O_2 \rightarrow CO_2$$

在工作电极 W 和对极 C 间产生的电流 I 与一氧化碳的浓度 C、扩散层面积 A 和薄膜的扩散系数 D 成正比，而与扩散层的厚度 δ 成反比，其表达式为

$$I = \frac{nFAD}{\delta} \cdot C$$

式中　n——1mol 质量气体所产生的电子数；

　　　F——法拉第常数；

　　　D——薄膜的扩散系数；

　　　C——氧化碳的浓度；

　　　S——扩散层的厚度；

I——两极间产生的电流；

A——扩散层面积。

当传感元件制造后，A、D、F、n、δ 均为常数，故电流 I 与一氧化碳的浓度 C 成正比。

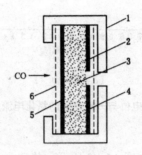

图 15-12　一氧化碳传感元件结构示意图

1—电解槽；2—对极 C；3—电解液；4—参比极 R；5—工作极 W；6—透气薄膜

2. GTH500（A）型一氧化碳传感器

（1）用途

GTH500（A）（原名 KG9201）型一氧化碳传感器主要用于煤矿井下的一氧化碳气体浓度监测，适用于井下巷道、工作面瓦斯抽放管道等有必要进行一氧化碳监测的场所。

（2）结构与工作原理

实际测量时，环境中扩散的一氧化碳气体通过过滤尘罩、透气膜扩散进入具有恒定电位的工作极上，在电极催化剂作用下与电解液中的水发生氧化反应，在工作电极上所释放的电子产生与一氧化碳浓度成正比的电流，经检测电路温度补偿在经 A/D 转换器转换后进入单片机处理成与被测一氧化碳值线性一致的频率（电流）信号送往井下系统分站，同时实现本机就地一氧化碳数字显示。送达分站的一氧化碳信号经专用通信接口装置和电缆送到地面控制中心站实现井下一氧化碳的连续实时监控。

（3）调校

1）零点调校

将传感器与分站正确连接后，启动分站电源箱，或将输出为 12～24VDC 电源用专用电缆与传感器相连，传感器即进入工作状态。在新鲜空气中预热 20min 后，观察传感器显示窗内的 LED 数字显示是否为零，若有偏差，可将配套遥控器对准传感器显示窗，按动遥控器上的"选择"键，使显示窗小数码管显示"1"，然后再通过按动遥控器上的"上升"或"下降"键至传感器显示窗内的显示值为零。当此项操作无法实现零点调校时，可打开传感器机壳后盖，使传感器的数字显示为零，调节时，若显示窗内的小数码管显示为"–1"，则说明传感器的零点已经偏负，此时需反向调节 P1。

2）精度调节

在零点调校后，将气罩罩在传感器的气室上，通入一氧化碳标准气样，气体流量控制在 200mL/min 以内。若传感器的显示值与标准气样值不同，用遥控器对准传感器显示窗，按动遥控器上的"选择"键，使显示窗小数码管显示"2"，传感器即进入精度调校状态，然后再通过按动遥控器上的"上升"或"下降"键直至传感器的显示值与一氧化碳标准气样值相同为止。

3）自检

当传感器进入工作状态时，用遥控器对准传感器显示窗，按动遥控器上的"选择"键，使传感器显示窗内的小数码管显示"3"，此时传感器应显示 30.0，然后分别按动"上升"或"下降"键，可调节报警点，其变化范围为（10 ~ 25）× 10^{-6}%。否则传感器可能出现故障需检修。

注意：每次对传感器部分参数进行调节后，断电之前，都必须再次按动遥控器上的"选择"键，使显示窗内的小数码管显示的数字循环至消隐，此时传感器即将重新调校后的参数存入单片机，否则，将导致此次调校无效。

3．KGA8 型矿用一氧化碳传感器

（1）用途

KGA8 型矿用一氧化碳传感器用于检测煤矿井下空气中和火区的一氧化碳含量，适用于监测煤矿井下自然发火、运输胶带和火灾早期预测预报，可与国内各种类型监测系统配套。

（2）技术特点

1）采用新型单片机和高集成数字电路，使电路结构简单，性能可靠。

2）实现红外遥控调校零点、灵敏度、报警点等功能，调校简单。

3）有 RS485 或 CAN 通信功能，可与井下 CAN 总线监测系统配接。

（3）工作原理

KGA8 型矿用一氧化碳传感器由电源电路、定电位电路、放大电路、A/D 转换电路、红外接收、单片机和显示电路、通信电路组成，其原理如图 15–13 所示。

1）传感头

传感头由气室、电化学一氧化碳元件、防尘罩等组成。一氧化碳元件与定电位电路组成检测电路。

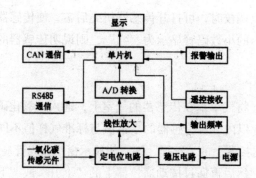

图 15-13　KGA8 型矿用一氧化碳传感器原理框图

2）电源

传感器的电压范围是 9 ~ 21VDC。

3）信号放大

利用运放器将一氧化碳传感元件工作极与参比极之间获得恒定电位，当一氧化碳气体进入气室后，在工作极与对极之间产生电流，电流与一氧化碳浓度成正比，电流在参比极上产生电压，此电压反映一氧化碳气体浓度。该电压经放大、滤波等处理输出电压，经 A/D 转换，至 CPU 进行处理。

4）红外遥控接收

红外遥控器把各种指令转换成串行红外编码并发送出去，接收器把串行红外光编码信号转换成串行数字信号送单片机处理。

5）单片机电路

单片机对 A/D 转换的数字信号进行数据处理、运算，并把结果进行显示，输出 200 ~ 1000Hz 的频率信号。当达到设定报警值时，启动报警电路声光报警。为满足监测系统井下数字总线的需要，设计有 RS485 或 CAN 数字通信接口，使传感器既可使用在现行的监测系统上，也可使用在数字化现场总线的监测系统上。

（4）调校

1）零点调校

仪器进入工作状态预热 30min 后，在新鲜空气中观察 LED 的显示值是否为零。若显示 "-000" 或大于零时，用遥控器对准传感器的显示窗口，按动功能键 "A" 键一下，使传感器数码管第一位显示 "A"；然后按 "B"（+）键或 "C"（-）键，进行加、减，使传感器的显示值为 "000"。

2）精度调节

在零点调校后，将气罩罩在传感器的气室上，通入一氧化碳标准气样，气体流量控制在 200mL/min 以内。若传感器的显示值与标准气样值不同，使用遥控器按 "A"

键两下，传感器数码管第一位显示"B"，然后按"B"（＋）键或"C"（－）键，进行加、减，使传感器的显示值为一氧化碳标准气样值。

3）报警点调节

按动遥控器功能键"A"3下，传感器数码管第一位显示"C"，然后按"B"（＋）键或"C"（－）键，进行加、减，使传感器的显示值为报警值。同时发出声光报警信号（出厂时设定为24ppm）。

（5）维护和保养

1）根据现场需要，传感器可安装在工作面进风或回风巷、带式运输巷、重要硐室及内、外有火灾危险的地点，传感器应牢靠地垂直悬挂在巷道内。

2）传感器在使用过程中要定期进行零点和灵敏度标定，进行标定时的送气流量控制在不大于200mL/min。初期校验传感器运行一两天后，应用新鲜空气进行调零及一氧化碳标准气样进行通气校验，反复标校零点。若标零后，过段时间又出现"－"，说明一氧化碳元件未激化平衡，应重新标零点。

3）井下安装时应注意安装在不被水直接滴淋的场所。

4）定期清扫气室及传感器外部的煤尘。

5）检修时更换元器件，不得改变元器件的型号、参数及规格。

6）一氧化碳传感器在地面调试好后至下井前应一直在通电工作状态下，井下安装的时间间隔应不大于8h。

7）遥控器的电池不得使用其他型号的干电池，井下严禁拆装电池；该传感器只能与说明书中规定的设备配接使用，与其他产品配接时，需进行关联设备防爆检验。

三、温度、风速、压力、流量传感器

1. GW50（A）型温度传感器

（1）用途

GW50（A）（原名 KG930l）型温度传感器主要用于煤矿井下的温度监测。

（2）结构与工作原理

工作时，通过由温度敏感元件构成的电桥电路将环境温度的变化量转换成相应的电压信号，经 A/D 转换，再送入单片机进行数据处理，实现与被测温度值线性一致的频率（电流）信号送往井下系统分站，由分站进行信息处理后传送给地面中心站，实现井下温度的连续实时监控，同时实现本机就地温度数字显示。

（3）调校

1）零点调校

将传感器与分站正确连接后，启动分站电源箱，或将输出为 12 ~ 24VDC 电源

用专用电缆与传感器相连，传感器即进入工作状态。在新鲜空气中预热 20min 后，将测温头浸入冰水混合物中，观察传感器显示窗内的 LED 数字显示是否为零，若有偏差，则可打开传感器机壳后盖，轻轻按动仪器内的"选择"键，使显示窗内的小数码管显示"1"，然后调节电位器 P1 使传感器的数字显示为零，即可完成本传感器的校零工作。

2）精度调节

零点调校后，用遥控器对准传感器显示窗，按动遥控器上的"选择"键，使显示窗小数码管显示"2"，传感器即进入精度调校状态，然后再通过按动遥控器上的"上升"或"下降"键，直至传感器的显示值与被测环境的实际温度值相同为止。

3）自检

用遥控器对准传感器显示窗，按动遥控器上的"选择"键，使传感器显示窗内的小数码管显示"3"，此时传感器应显示 30.0，输出的对应信号应为 680Hz 或 3.40mA。否则传感器可能出现故障需检修。

注意：每次对传感器部分参数进行调节后，断电之前，都必须再次按动遥控器上的"选择"键，使显示窗内的小数码管显示的数字循环至消隐，此时传感器即将重新调校后的参数存入单片机，否则，将导致此次调校无效。

（4）典型故障处理

1）传感器接收不到遥控信号

当出现传感器接收不到遥控信号现象时，首先应确认遥控器内的电池是否有电。如有电，则应及时将传感器带回地面，检查、更换传感器线路板上数码管旁的（SFH）红外接收头。

2）小数码管显示的功能位数字乱跳且无法控制

当传感器显示窗内的小数码管（功能位）出现数字乱跳且无法控制时，可更换传感器线路板上数码管旁的（SFH）红外接收头。

3）传感器显示"8.88"或其他不明字符

传感器在井下如显示"8.88"等其他不明字符或反复显示"00.00"时，应首先检查传感器与分站间的距离是否过长。如传感器离分站过远，二者间铺设的电缆距离过长有可能造成上述故障。此时，只需适当缩短二者间的距离或在二者间增加分站即可使传感器恢复正常。若出现上述故障时传感器的位置就在分站附近，则需将传感器取下带回地面检修。

（5）维护和保养

1）传感器的零点、测试精度都需要定期调校，调校期限为一月一次。若无超差则可继续使用。

2）经常擦拭仪器外部的煤尘、污垢，尤其是传感头部位。保持传感器的清洁、美观。

2. KGW13 型温度传感器

（1）用途

KGW13 型温度传感器适用于煤矿井下采掘工作面、巷道、硐室等有甲烷爆炸性气体的环境，用于检测煤矿井下环境温度和监视火区温度，可与国内各种类型监测系统配套。

（2）技术特点

1）采用新型单片机和高集成数字电路，使电路结构简单，性能可靠。

2）具有 RS485 或 CAN 通信功能，可与井下 CAN 总线监测系统直接配接。

3）FYF（A）红外遥控器设定 CAN 通信地址。

（3）工作原理

利用 Pt100 电阻随温度的变化而变化的特性，设计了电源电路、检测电桥、放大电路、信号变换电路、单片机和显示等电路。将铂电阻变化量转换为对应温度的电压变化量，从而显示测量温度值，其原理如图 15-14 所示。

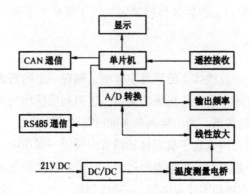

图 15-14　KGW13 型温度传感器原理框图

1）传感头

传感头由铂电阻 Pt100 与其他金属膜电阻构成测量电桥。

2）电源

传感器的电压范围是 9 ～ 21VDC。

3）信号放大

检测桥路输出的差动信号，经直流放大并变成单值信号输出，送单片机进行 A/D 转换，进行数字处理和运算。

4）红外遥控接收

红外遥控器把各种指令转换成串行红外编码并发送出去，接收器把串行红外光编码信号转换成串行数字信号送单片机处理。

5）单片机电路

单片机对 A/D 转换的数字信号进行数据处理、运算，并把结果进行显示，输出 200 ~ 1000Hz 的信号。为满足监测系统井下总线的需要，设计有 RS485 或 CAN 通信，使该传感器既可使用在现行煤矿安全监测系统上，也可使用在现场总线的数字化安全监测系统上。

（4）维护和保养

1）井下安装时应注意安装在不被水直接滴淋的场所。

2）使用过程中应定期清除探头表面的积尘。

3）维修时不得改变本安电路和与本安电路有关的元器件参数、规格和型号；该传感器只能与说明书规定的配接设备使用，与其他产品配接时，需进行防爆关联检验。

3. KGF15 型风速传感器

（1）用途

KGF15（原名 CW-1）型风速传感器主要用于煤矿井下进、回风巷道通风风速的监测。

（2）工作原理

在流体中插入一非流线体（旋涡发生体），则在一定的雷诺数范围内，在旋涡体的两边产生两列方向相反交替出现的旋涡，这两列旋涡称为卡门旋涡。产生的旋涡频率 f 与流速成线性关系。测出旋涡频率即可得到流速值。

在旋涡体一定距离内垂直于旋涡体轴线方向设置一对压电超声换能器，发射换能器发出等幅连续的超声波，当旋涡经过时，使等幅连续的超声波束发生折射、反射和偏转，即旋涡频率被超声波束调制，在接收到调制声波后，输出已调制的电信号。这个被调制后的信号经放大滤波整形变成直流脉冲信号，如图 15-15 所示。

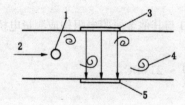

图 15-15　KGF15 型风速传感器原理示意图

1—旋涡杆；2—风向；3—发射换能器；4—旋涡；5—接收换能器

（3）技术特点

1）KGF15 型风速传感器采用超声波旋涡原理，无转动部件，性能可靠，可长时间连续工作。

2）传感器的零点、灵敏度及报警点皆采用红外遥控器调节。

3）该传感器具有故障自检功能，使用、维护方便；该传感器的外壳采用了高强度结构设计，煤矿井下使用时防尘防水能力强。

（4）调校

1.）精度调校

安装前，首先用其他测风仪表测量出巷道平均风速，在巷道中选取合适位置进行安装传感器，安装完毕后将航空插头接入传感器，通电 30s 后，用遥控器对准传感器显示窗口；按遥控器"选择"键，显示窗口第四位数码管显示为"2"，然后按遥控器"上升"或"下降"键使显示值为巷道平均风速即可。

2）输出检测

用遥控器对准传感器显示窗口，按"选择"键，传感器第四位显示为"3"时，传感器数码管显示为"3- -.-"则正常；否则，传感器损坏。注意：传感器一旦进行了参数调节，在断电前，必须按遥控器"选择"键，使第四位小数码管显示数字循环至消隐，否则，调节后的参数未存入存储器中，导致此次调校无效。

（4）典型故障处理

KGF15 型风速传感器故障分析与处理见表 15-4。

表 15-4　KGF15 型风速传感器故障分析与处理

故障现象	故障原因	处理方法
传感器显示为零，有信号输出	敏感元件损坏	更换传感头敏感元件
传感器无输出，传输指示灯灭	LED 指示灯损坏	更换 LED 指示灯
显示为零有信号输出，有风时无反应	敏感元件损坏	更换传感头敏感元件即可

（5）维护和保养

1）传感器安放地点无明显淋水，安装要牢固，不得摆动，传感器测风面一定要垂直风流方向。

2）在煤矿井下使用中严禁打开传感器。

3）维护和使用时不得擅自改变传感器的本安性能参数。

4）与本传感器配套的设备必须经防爆检验机关联检合格后方可接入＾

4. GF 型风流压力传感器

（1）用途

GF（原名 KG9501B）型风流压力传感器用于监测煤矿井下巷道风压及瓦斯抽放管道负压，适用于井下煤尘巷道、回风巷的通风配风、瓦斯抽放管道的负压监测。

（2）结构与工作原理

GF 型风流压力传感器其采用压阻应变测力原理，监测井下被测环境中的负压状况。探头为压阻扩散硅组成的全桥，当被测环境中的风压变化量进入探头后，测量电桥将变化量转换为对应的电压信号，经 A/D 变换，再送入单片机处理，实现就地风压数字显示，同时以频率信号的形式送往井下系统分站，由分站进行信息处理后传送给地面中心站，实现井下负压连续实时监测。

（3）调校

1）零点调校

将传感器与分站正确连接后，启动分站电源箱，或将输出为 12 ~ 24VDC 电源用专用电缆与传感器相连，传感器即进入工作状态。在新鲜空气中预热 20min 后，观察传感器显示窗内的 LED 数字显示是否为零，若有偏差，则可打开传感器机壳后盖，轻轻按动仪器内的选择键，使显示窗内的小数码管显示"1"，然后调节电位器 P1 使传感器的数字显示为零，即可完成本传感器的校零工作。

2）自检

传感器进入工作状态后，按动遥控器上的"选择"键，使传感器显示窗内的小数码管显示"3"，此时可分别按动"上升"或"下降"键，调节报警点。否则传感器可能出现故障需检修。

注意：每次对传感器部分参数进行调节后，断电之前，都必须先再次按动遥控器上的"选择"键，使显示窗内的小数码管显示的数字循环至消隐，此时传感器即将重新调校后的参数存入单片机。否则，将导致此次调校无效。

（4）典型故障处理

1）传感器接收不到遥控信号

当出现传感器接收不到遥控信号现象时，首先应确认遥控器内的电池是否有电。如有电，则应及时将传感器带回地面，检查、更换传感器线路板上数码管旁的（SFH）红外接收头。

2）小数码管显示的功能位数字乱跳且无法控制

当传感器显示窗内的小数码管（功能位）出现数字乱跳且无法控制时，可更换传感器线路板上数码管旁的（SFH）红外接收头。

3）传感器显示"8.88"或其他不明字符

传感器在井下如显示"8.88"等其他不明字符或反复显示"00.00"时，应首先检查传感器与分站间的距离是否过长。如传感器离分站过远，二者间铺设的电缆距离过长有可能造成上述故障。此时，只需适当缩短二者间的距离或在二者间增加分站即可使传感器恢复正常。若出现上述故障时传感器的位置就在分站附近，则需将传感器取下带回地面检修。

（5）维护和保养

1）传感器的零点、测试精度都需要定期调校，调校期限为一月一次。若无大偏差则可继续使用。

2）应经常擦拭仪器外部的煤尘、污垢，尤其是传感头部位。保持传感器的清洁、美观。

5. GLW100 型管道流量传感器

（1）用途

GLW100 型管道流量传感器主要用于监测煤矿井下或地面瓦斯抽放管道的标况流量，适用于煤矿井下或地面瓦斯抽放管道。

（2）工作原理

工作原理：当被测流体介质以平均流速。流过迎面宽度 d 的三角柱旋涡发生体，产生有规律的卡门旋涡，如图 15-16 所示。漩涡频率与流体的平均速度之间符合下列关系式：

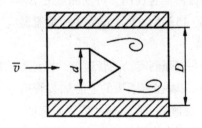

图 15-16　GLW100 型管道流量传感器原理示意图

$$\square = \frac{\bar{v}}{(1-1.25\square/\quad)}$$

式中 f——旋涡频率；

　　Sr——斯特罗哈尔数；

　　d——三角柱旋祸发生体直径；

　　D——管道直径；

$\bar{\upsilon}$——平均流速。

当时，旋涡频率与流体平均速度成正比。即通过测定旋涡频率来得出流体的平均速度。在旋涡发生体中装有检测探头检测到旋涡频率，通过相关电路处理给传感器输出电信号，该信号经 A/D 转换器转换后，再由单片机进行数据处理，来完成传感器就地显示，传感器同时输出 200 ~ 1000Hz（线性对应 0 ~ 100m³/min）的频率信号。

（3）传感器的安装

1）传感头应水平或垂直安装（气体的流向自下而上）在与其公称通径相应的管道上。

2）传感头的上游和下游应配一定长度的直管，其长度应满足表 15-5 的要求。

表 15-5　传感头上、下游所配直管的长度要求

上游阻流件形式	上游直管段长度	下游直管线段长度
同心收缩全开闸阀	≥ 15D	
一个 90° 弯头	≥ 20D	
同一平面两个 90° 弯头	≥ 25D	≥ 5D
不同平面两个 90° 弯头	≥ 40D	

3）在传感头的上游侧不应设置流量调节阀。

4）如上游直管段长度不能满足要求，应在上游侧管道中安装流体整流器。

5）传感头与变径整流器配合使用，可使测量的下限降低（液体 < 0.3m/s，气体 < 3m/s），量程比扩大到 15：1 以上，安装变径整流器应先安装下游段整流喷嘴，而后安装上游段整流喷嘴。

6）传感头不要安装在有强烈震动的管道上，以免影响精度，如传感器在有震动的管道上安装使用时，可采取在传感头的上游加装管道固定支撑点；在满足直管段要求的前提下，加装软管过渡等方法来减小震动带来的干扰。

7）传感头安装过程中不允许用硬物撞击，否则将影响计量精度甚至损坏仪表。当预留安装空间小于仪表厚度时，可先用随表附带的两根全螺纹螺栓将安装空间撑大到能把传感头放下，然后再用双头螺栓紧固。

（4）传感器的调校

传感头安装、接线后，应仔细检查各部分接线是否正确、可靠，对使用在爆炸场所的传感器，要特别注意接地部分是否正确、可靠，然后才能通电运行。传感器出厂时，各部件均调试完毕，一般不再需要现场调试。

传感器（二线制涡街）输出电流与频率及工况流量的换算关系，传感器输出电

流与频率的关系应符合下式：

$$I = 4 + \frac{16 \times f}{F}$$

或

$$q = \frac{(I-4) \times f}{16}$$

式中 I——输出电流值，mA；

F——满度频率，Hz；

q——工况实际流量，m³/h；

f——仪表输出频率。

1）零流量检查

将电流表串入输出回路中，在流量为零时，电流表指示值应为（4.00±0.01）mA，如果电流有跳动应检查 TP2（电路板上面的标志测点）是否有脉冲输出，若有脉冲输出，调整电位器使无脉冲输出为止。

2）正常流量检查

F/I 转换电路在出厂时按用户要求调整好，在现场不允许进行调整，变送器由两块电路板组成，外面的一块为传感器的信号处理电路，里面的一块为 F/I 转换电路。信号处理放大板上有 TP1、TP2（电路板上面的标志测点）两测点，作为现场检查脉冲信号用，信号正常时 TP2 应输出一系列均匀的脉冲，当输出脉冲不正常时，可调整电位器，直到信号正常为止。

第三节 监控分站与电源箱

一、KDF-2 型井下监控分站

1. 监控分站的功能与用途

（1）监控分站的功能

井下监控分站是煤矿综合监控系统的关键配套设备，其主要功能如下：

1）提供各种传感器和馈电断电器本安电源。

2）接收中心站和各类传感器传送的各种信息，对传感器的信息进行实时处理、显示与存储，对中心站的各种控制命令进行判别与执行。

3）当中心站巡检到该分站时，向中心站发送所存储的信息。

4）按所设置的控制值进行报警与断电控制，实现瓦斯断电仪和瓦斯风电闭锁装置的全部功能。

（2）KDF-2 型井下监控分站的用途

KDF-2 型井下监控分站是 KJ90 煤矿安全生产监控系统中的一个重要配套部件，可使用于煤矿井下有瓦斯、煤尘爆炸危险的场所，通过挂接多种类型传感器实现对井下瓦斯、风速、一氧化碳、负压等环境参数及机电设备状态进行连续监测，具有多通道、多制式的信号采集和通信功能，能将监测到的各种参数传送到地面中心站，并执行中心站发出的各种命令，及时发出报警和断电控制信号。

2. KDF-2 型井下监控分站的工作原理

KDF-2 型井下监控分站是一个以单片机为核心的微型计算机系统。主要由89C52 单片机、初始化设置单元、看门狗自动复位单元、输入数据采集单元、数据存储单元、控制输出单元、通信单元、状态显示单元、隔离电源等部分组成，其原理如图 15-17 所示。

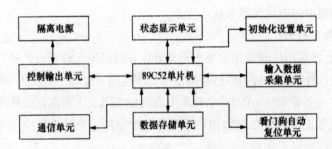

图 15-17　KDF-2 型井下监控分站原理框图

分站工作时，首先根据分站各输入通道上所挂接的传感器类型，利用 DPSK 或 RS485 两种通信方式接收地面中心站初始化数据对分站的各个通道分别进行定义、设置（也可用红外遥控器就地手动完成）。工作中，，分站通过数据采集电路对输入通道进行不间断的循环信号采集，使系统内部的各模拟开关根据设立、定义的指令自动切换到相应的转换电路上。当分站对各类传感器的输入通道进行连续、不间断数据采集时，来自传感器的频率或电流信号在经过相应的交换后进入施密特整形及分频电路进行二次处理，最后送 89C52 定时器供单片机进行采集、运算、分析、判断。

（1）89C52CPU 中央处理单元

中央处理器是分站的核心，负责分站的数据处理。该分站采用的是 PHLIPS 公司生产的 89C52 大容量单片机，芯片内有 256 个字节的 RAM 随机存储器，32K 字节的程序存储器，共有 64K 数据字节的地址空间（分站用 8K 字节），8 位数据总线，低 8 位地址总线与数据线分时共用。地址线 A0 ~ A12 提供片外数据存储器地址。

（2）看门狗自动复位电路

本电路用于分站出现异常时的自动复位。以大规模集成电路 X25045 为主体的看门狗电路单元，在工作中的主要功能是看护分站的电源及程序运行情况，当出现电源过低或因意外造成分站程序跑飞时，及时向单片机输出复位信号使之自动复位，恢复正常工作。

（3）数据存储单元

本单元主要用于设置参数和保存初始化参数，由存储量 512 字节、擦写次数 100000 次的带电可擦除芯片 X25015 构成，所需的输入输出数据及时钟信号均由单片机的 P1.0、P1.1、P1.6、P1.7 提供，掉电后，数据可保存 2 年。

（4）输入数据采集单元

本单元主要用于采集传感器的监测数据。数据采集电路共 16 个通道，分别由取样电阻、滤波及限幅保护、跟随器、模拟多路选择开关、信号变换、整形、二分频、光电隔离等电路组成。通过跳线设置，它可支持 200 ~ 1000Hz、200 ~ 2000Hz、1mA/5mA、4mA/20mA 等信号制式。由 89C52 单片机控制相应的 4051 多路选择开关和 4066 选择开关进行输入通道和信号制式的切换，频率型信号直接经过 74HC14 施密特整形电路、74HC74D 触发器二分频电路、光电隔离电路进入单片机的定时器输入端；非频率型信号需经过 LM331 进行 V/F 变换，再经过 74HC14 施密特整形电路、74HC74D 触发器二分频电路、光电隔离电路进入单片机的定时器输入端，然后单片机就能测到输入信号值。如果在智能口接入智能传感器，通过 RS485 通信将传感器信号采集到分站，智能口采集的数据经 CPU 处理将处理后的数据传输到地面中心站。

（5）控制输出单元

本单元主要用于分站控制信号的输出。分站有 Cl、C2、C3、C4、C5、C6、C7、C8 共 8 路控制输出。工作时 8 路控制信号分别由 81C55 的 I/O 口 PB 并行输出，经 7404 反相器反相后，前 4 路输往分站电源箱，驱动电源箱中的继电器完成对本地用电设备的断电控制；后 4 路就地驱动分站主板上的功率继电器，以驱动信号的方式驱动外接断电器，实现远程或本地用电设备的断电控制。

（6）通信单元

本单元主要完成分站与地面接口的数据通信。通信单元中的 DPSK 方式经由通信板，通过 KJJ46 数据传输接口（DPSK 型）与地面中心站进行实时通信，通信速率为 1200bps，通信方式为两线半双工，最远传输距离为 25km。分站在发送状态时通信板的发送电路将 89C52 发出的异步通信信号转化成差分二相码，经驱动电路驱动，变压器耦合，再经传送线传送至地面中心站的数据传输接口装置。分站在接收状态时，通信板将中心站的差分二相码信号，经变压器耦合主收端，主接收出放大电路将其放大整形，再由接收电路将其还原为异步通信信号，送至 89C52 通信接收端。

RS485 方式为半双工基带有极性通信，该部分电路已直接设计在分站主板上，无须专门通信板。只经由线驱动及信号变换 MAXIM1487 芯片，通过 KJJ46 数据传输接口（RS485 型）与地面中心站进行实时通信，通信速率为 1200bps，通信方式为两线有极性半双工，最远传输距离为 15km。分站在发送状态时，由发送电路将 89C52 发出的异步通信信号转化为差分信号，经驱动电路、保护电路、光电隔离电路、传送线传送至地面中心站的数据传输接口装置。分站在接收状态时，通信电路将中心站的差分信号，经光电隔离电路、接收端放大电路将其放大整形，再由接收电路将其还原为异步通信信号，送至 89C52 通信接收端。

（7）状态显示单元

本单元主要负责分站的数值及状态显示，通过自动背光点阵显示、中文菜单提示，实时显示井下各种监测监控参数。显示电路主要由数码显示电路和状态显示电路组成，核心器件为 MAXIM7219 控制芯片，采用串行的显示方式。数码显示电路负责显示所挂接的传感器的遥远信号、传感器的类型、工作状态及实测参数。状态显示电路以指示灯的方式显示分站各通道的控制状态、供电状态、通信状态及输入分站的信号制式和各路电源的工作情况。

（8）初始化设置单元

本单元主要用在使用红外遥控器对分站初始化设置时的控制管理。分站初始化设置除了可在系统地面中心站用软件对分站进行定义设置外，还可以通过分站主板上以 BL9149 为核心的遥控电路，使用红外遥控器对分站进行就地手动初始化设置，无须打开机盖。

（9）隔离电源

本单元用于保证分站的用电安全。分站的核心是单片机电路，单片机电路对电源要求较高，为了提高分站的可靠性，在电路中设计了电源隔离变换单元。它主要由稳压器和 DC/DC 隔离电路组成，主要功能是确保单片机、数字电路、模拟电路为核心的电路单元与电源间的有效隔离，提高井下分站工作时的可靠性。

3. KDF-2 型井下监控分站的主要技术参数

（1）防爆类型与标志

防爆型式为本质安全兼隔爆型，防爆安全标志规定为 ExdibI。

（2）交流输入电压与电源

交流输入电压为 660V/380V/220V/127V/36V，波动范围为 -25% ~ 10%。输出电压偏离值应不超过标称值的 5%。分站备用电源采用内置备用电池，电池参数为铅酸蓄电池 12V/Ah×2 节；在满负载条件工作时间 ≥ 2h。

（3）信号端口

该分站有 16 路信号输入端口（模拟量端口与开关量端口通过设置可以互换）、4 路近程断电控制口、4 路远程断电控制口（本安）和 1 路通信口。

（4）控制信号类型

1）模拟量信号。系统的模拟量信号为 200 ~ 1000Hz 的频率量信号，高电平大于 3V，低电平小于 0.2V，脉冲宽度为 0.3ms。井下分站电源箱数据处理精度不大于 1%（不包括传感器误差）。

2）开关量信号。系统的开关量信号为 1mA/5mA 的电流信号。电流 ≤ 1.2mA 时，表示为停；电流 ≥ 4mA 时，表示为开。

3）控制量信号。控制采用无源机械接点，本安触点为 5V/100mA，非本安触点为 36V/5A0

（5）传输距离

1）分站至地面通信接口之间的通信距离 ≤ 25km。

2）分站到传感器之间的信号传输距离 ≤ 2km。

3）分站到控制执行器之间的信号传输距离 ≤ 2km。

（6）传输速率

分站至地面中心站之间的数据传输速率为 1200bps。

（7）传输方式

1）分站与 KJJ45 数据接口的信号传输方式：A 型为 RS485 通信方式，B 型为 DPSK 通信方式。

2）RS485 通信方式；直流最大工作电压直流幅值 ≤ 5V，直流最大工作直流幅值 ≤ 150mA。

3）DPSK 通信方式：直流最大工作电压直流幅值 ≤ 7V，直流最大工作电流幅值 ≤ 150mA。

（8）分站显示功能

1）能显示模拟量信号的输入与输出。

2）能显示开关量信号的输入与输出。

3）能显示各个传感器的通道信号。

4）能显示控制量的状态。

5）能显示各个传感器的故障状态。

（9）断电控制功能

1）手动控制：在监控主机上进行控制操作，在规定的时间（30s）内，控制执行器动作，系统中心站发出相应的显示和声光报警信号。

2）自动控制：初始化设置后，当模拟量和开关量发生异常或与设置一致时，在规定的时间（15s）内，控制执行器动作，系统中心站发出相应的显示和声光报警信号。

3）异地控制：通过一台分站设备控制另一台分站设备执行控制动作，在规定的时间（60s）内，被控的异地控制执行器动作，系统中心站发出相应的显示和声光报警信号。

（10）风电甲烷闭锁功能系统

当与闭锁控制有关的监控设备未投入正常工作或出现异常情况时，监控设备所监控区域的全部非本质安全型电气设备的电源将被监控执行器切断；当与闭锁控制有关的监控设备工作正常或异常情况得到解决，并且工作稳定后，监控系统的闭锁装置才自动解锁，恢复正常。

4．KDF-2型井下监控分站的使用

（1）使用前的准备

1）交流电源输入

分站的交流接线端分别接660V/380V/220V/127V/36V的一种，接线端子上都有明显的电源等级标志。与外接交流电源相接时，需选择与外接交流电源电压等级相同的接线端子，正确、可靠连接。

2）本安口输出

本安输出口对外输出本安电源的同时，还将备用电源的投入信号输出到分站（本安）部分，分站控制的就地断电信号，也从本安口接入，本安接线端子上有明显的接线标志，根据接线标志接入。

3）备用电源

备用电源的充放电为智能化充放电电源，备用电源的充电与投入是由电路板自动检测，使用时将备用电源开关打开即可。

4）断电连接方法

断电连接方法如图15-18所示。连接时严禁将断电控制的非本安设备电缆直接连接到本安输出断电控制接线端子上。

图15-18　断电连接方法示意图

5）初始化定义

通过地面中心站或红外遥控器（手动）对分站进行初始化定义设置，完成分站输入通道类型的设定（即所选定的通道是定义为模拟量还是开关量）。

6）通道类型设定

通过地面中心站或就地手动的初始化定义设置，可实现分站输入通道的模拟量或开关量类型选择。无须跳线，即可任意互换。

（2）分站的红外遥控设置

分站连接上以后显示分站为 xx 号（xx 表示分站号，范围为 1～255，目前有效范围为 1～64，其他预留今后扩展用），延时大约 2s 后，整屏分 4 行显示 4 个通道采样情况，翻四屏显示完 16 通道信息，当定义智能开停以后，智能开停信号在显示完普通通道信息后，接着显示两屏智能开停信息，同时按下遥控器的"上升"键及"下降"键，进入设置分站信息功能。任何功能设置都可通过"选择"键切换到相应分站最后一个功能上，同时按遥控器的"上升"键及"下降"键可结束红外遥控，返回分站正常显示状态，同时存储设置参数。

功能 1：改变分站号，▲光标移动到该行时，相向分站号会闪烁等待改动，按遥控器的"上升"键增加分站号，按住遥控器的"下降"键减小分站号，如果分站号为所选择的分站号时，按住遥控器的"选择"键移动到下一功能，即功能 2。

功能 2：设置 xx 端口号（xx 为口号，范围为 1～16），在该状态按遥控器的"上升"键增加分站口号，按住遥控器的"下降"键减小分站口号，如果分站口号为所需选择的口号时，按住遥控器的"选择"键将光标▲移动到下一功能，即功能 3。

功能 3：该口打开或关闭，如果显示打开表示功能 2 时设置的口号可用，如果显示关闭表示功能 2 时设置的口号不可用。在该状态按遥控器的"上升"键或"下降"键选择打开或关闭，如果所选择的状态为关闭时，按住遥控器的"选择"键进入功能 19；如果所选择的状态为打开时，按住遥控器的"选择"键将光标▲移动到下一功能，即功能 4。

功能 4：传感器类型 x（x 为所选口所接传感器类型编码，见表 15-6），按遥控器的"上升"键或"下降"键选择改变所接传感器类型编码，按住遥控器的"选择"键将光标▲移动到下一功能即功能 5。

表 15-6 量程范围与量程代号的对应关系

量程代号	量程范围	适用范围
0	0～4	通常适应低浓度瓦斯传感器
1	0～5	通常适应于水位或负压传感器

量程代号	量程范围	适用范围
2	0 ~ 15	通常适用于风速传感器
3	0 ~ 20	不是太常用
4	0 ~ 25	通常适用于氧气传感器
5	0 ~ 30	不是太常用
6	0 ~ 40	通常适用于温湿度传感器
7	0 ~ 50	通常用于温度传感器
8	0 ~ 100	通常适用于负压传感器
9	0 ~ 500	通常适用于负压、差压、一氧化碳传感器
A	0 ~ 40	只适用于高、低浓度瓦斯传感器
B	0 ~ 10	通常适用于瓦斯抽放类传感器
C	0 ~ 8	通常适用于瓦斯抽放类传感器
D	0 ~ 16	通常适用于瓦斯抽放类传感器
E	0 ~ 200	通常适用于瓦斯抽放类传感器
F	0 ~ 1000	通常适用于瓦斯抽放类传感器
0	0 ~ 300	通常适用于瓦斯抽放类传感器
1	0 ~ 400	通常适用于瓦斯抽放类传感器
2	0 ~ 600	通常适用于瓦斯抽放类传感器
3	0 ~ 700	通常适用于瓦斯抽放类传感器
4	0 ~ 800	通常适用于瓦斯抽放类传感器
5	0 ~ 900	通常适用于瓦斯抽放类传感器
6	0 ~ 40	通常适用于 KJ3019 瓦斯传感器
7	0 ~ 0	备用，留待扩充时使用
8	0 ~ 0	备用，留待扩充时使用
9	0 ~ 0	备用，留待扩充时使用
A	0 ~ 0	备用，留待扩充时使用
B	0 ~ 0	备用，留待扩充时使用
C	0 ~ 0	备用，留待扩充时使用
D	1mA/5mA	适用于设备开停及风门开关传感器
E	0 ~ 0	备用，留待扩充时使用
F	0 ~ 0	备用，留待扩充时使用

功能 5：所选口所接传感器制式为频率型。按"下降"键变为所选口所接传感器制式为非频率型，按住遥控器的"选择"键将光标▲移动到下一功能，即功能 6。

功能 6：该口上限断电值为 xxx（xxx 表示所选口所接传感器测值大于该值时将断电，具体断哪几个控制口由功能 8 时设置），按遥控器的"上升"键或"下降"键可增加或减少该值，按住遥控器的"选择"键将光标▲移动到下一功能，即功能 7。

功能 7：该口上限复电值为 xxx（xxx 表示所选口所接传感器测值小于该值时将复电，具体哪几个控制口将复电由功能 8 时设置），按遥控器的"上升"键或"下降"键可增加或减少该值，按住遥控器的"选择"键将光标▲移动到下一功能，即功能 8。

功能 8：设置上限断电口 xxx（设置功能 6 或功能 7 需要控制的控制口，xxx 表示控制口组合的十进制数），按遥控器的"上升"键或"下降"键可增加或减少该值，按住遥控器的"选择"键将光标▲移动到下一功能，即功能 9。

功能 9：该口上限报警值为 xxx（xxx 表示所选口所接传感器的测值大于该值时传感器将报警），按遥控器的"上升"键或"下降"键可增加或减少该值，按住遥控器的"选择"键将光标▲移动到下一功能，即功能 10。

功能 10：报警值对应控制口 x（x 表示控制口组合的十进制数），按遥控器的"上升"键或"下降"键可增加或减少该值，按住遥控器的"选择"键将光标▲移动到下一功能，即功能 11。

功能 11：设置下限断电值为 xxx（xxx 表示所选口所接传感器测值小于该值时将报警，分站实施断电，具体哪几个控制口将断电由功能 12 时设置），按遥控器的"上升"键或"下降"键可增加或减少该值，按住遥控器的"选择"键将光标▲移动到下一功能，即功能 12。

功能 12：设置功能 11 对应控制口 x（x 表示控制口组合的十进制数），按遥控器的"上升"键或"下降"键可增加或减少该值，按住遥控器的"选择"键将光标▲移动到下一功能，即功能 13。

功能 13：设置下限断电值为 xxx（xxx 表示所选口所接传感器测值小于该值时将断电，具体哪几个控制口将复电由功能 15 时设置），按遥控器的"上升"键或"下降"键可增加或减少该值，按住遥控器的"选择"键将光标▲移动到下一功能，即功能 14。

功能 14：下限复电值 xxx（传感器测值小于该值时将复电，具体哪几个控制口将复电由功能 15 时设置），按遥控器的"上升"键或"下降"键可增加或减少该值，按住遥控器的"选择"键将光标▲移动到下一功能，即功能 15。

功能 15：下限断电值和复电值对应的控制口 x（x 表示控制口组合的十进制数），按遥控器的"上升"键或"下降"键可增加或减少该值，按住遥控器的"选择"键将光标▲移动到下一功能，即功能 16。

功能 16：设置模拟量传感器上溢或开关量传感器开时需要控制的控制口 x（x 表示控制口组合的十进制数），按遥控器的"上升"键或"下降"键可增加或减少该值，按住遥控器的"选择"键将光标▲移动到下一功能，即功能 17。

功能 17：设置模拟量传感器负漂或开关量传感器停时需要控制的控制口 x（x 表示控制口组合的十进制数），按遥控器的"上升"键或"下降"键可增加或减少该值，按住遥控器的"选择"键将光标▲移动到下一功能，即功能 18。

功能 18：设置模拟量传感器断线或开关量传感器断线时需要控制的控制口 x（x 表示控制口组合的十进制数），按遥控器的"上升"键或"下降"键可增加或减少该值，按住遥控器的"选择"键将光标▲移动到下一功能，即功能 19。

功能 19：选择下一端口号进行设置还是结束红外遥控，同时按遥控器的"上升"键及"下降"键可结束红外遥控，返回分站正常显示状态，·同时存储设置参数，按住遥控器的"选择"键进入功能 1 再次循环。

智能传感器设置与普通传感器设置前 4 步相同，遥控进入方法为先按"选择"键，再按"上升"键，再按"下降"键，，然后同时按"选择"键和"上升"键进入智能开停设置部分。分站红外遥控显示含义见表 15-7。

表 15-7　分站红外遥控显示含义

序号	显示数值、状态	含义
1	目前分站号	该功能是设置分站号，d 固定不变，是分站号的引导符，其后是真正的分站号，xxx 表示分站号，其范围为 1 ~ 255，目前有效分站号范围为 1 ~ 64
2	通道号	该功能是设置分站口号，其范围为 1 ~ 16
3	通道启用与关闭	该功能是设置已选定分站口可用或不可用，On 表示可用，Off 表示不可用
4	传感器量程	该功能是设置已选定分站口所接传感器的量程代码
5	频率与非频率	该功能是设置已选定分站口所接传感器的信号制式，显示默认所接传感器的信号制式为频率型，"下降"键时表示所接传感器的信号制式为非频率型
6	断电值设置	该功能是设置上限断电值，即已选定分站口所接传感器实测值如果大于等于该值时，分站将实施断电，具体断电逻辑由下面的红外遥控功能号 =8 时设置
7	复电值设置	该功能是设置上限断电恢复值，即已选定分站口所接传感器实测值如果小于该值时，分站将实施复电，具体复电逻辑由下面的红外遥控功能号 =8 时设置
8	断电口设置	该功能是设置上限断电值及其恢复值对应控制口，xxx 是 N（大分站 N=8，中分站 N=4，小分站时 N=2）个控制口的组合，故对大分站来说 xxx 范围为 0 ~ 255，对中分站来说 xxx 范围为 0 ~ 15，对小分站来说 xxx 范围为 0 ~ 4

续表

序号	显示数值、状态	含义
9	上限报警值	该功能是设置上限报警值，即已选定分站所接传感器实测值如果大于该值时，分站将实施断电，具体复电逻辑由下面的红外遥控功能号 =10 时设置
10	上限报警值对应控制口	该功能是设置上限报警值对应控制口，xxx 是大分站 N=8，中分站 N=4，小分站时 N=2）个控制口的组合，故对大分站来说 xxx 范围为 0～255，对中分站来说 xxx 范围为 0～15，对小分站来说 xxx 范围为 0～4
11	下限报警值	该功能是设置下限报警值，即已选定分站口所接传感器实测值如果小于该值时，分站将实施断电，具体复电逻辑由下面的红外遥控功能号 =c 时设置
12	下限报警值对应控制口	该功能是设置上限报警值对应控制口，xxx 是 N（大分站 N=8，中分站 N=4，小分站时 N=2）个控制口的组合，故对大分站来说 xxx 范围为 0～255，对中分站来说 xxx 范围为 0～15，对小分站来说 xxx 范围为 0～4
13	下限断电值	该功能是设置下限断电值，即已选定分站口所接传感器实测值如果小于该值时，分站将实施断电，具体断电逻辑由下面的红外遥控功能号 =F 时设置
14	设置下限断电恢复值	该功能是设置下限断电恢复值，即已选定分站口所接传感器实测值如果大于该值时，分站将实施复电，具体复电逻辑由下面的红外遥控功能号 =F 时设置
15	设置下限报警值对应控制口	该功能是设置下限报警值对应控制口，xxx 是 N（大分站 N=8，中分站 N=4，小分站时 N=2）个控制口的组合，故对大分站来说 xxx 范围为 0～255，对中分站来说 xxx 范围为 0～15，对小分站来说 xxx 范围为 0～4
16	模拟量超量程、开关量为开时对应控制口	该功能是设置已选定分站所接模拟传感器实测值超量程（或所接开关量传感器开）时对应控制口，XXX 是 N（大分站 N=8，中分站 N=4，小分站时 N=2）个控制口的组合，故对大分站来说 xxx 范围为 0～255，对中分站来说 xxx 范围为 0～15，对小分站来说 xxx 范围为 0～4
17	模拟量负漂（或开关量为停）时对应控制口	该功能是设置已选定分站口所接模拟量传感器实测值负漂（或所接开关量传感器停）时对应控制口，xxx 是 N（大分站 N=8，中分站 N=4，小分站时；N=2）个控制口的组合，故对大分站来说 xxx 范围为 0-255，对中分站来说 xxx 范围为 0～15，对小分站来说 xxx 范围为 0～4
18	开关量传感器断线时对应控制口	该功能是设置已选定分站口所接模拟量传感器实测值断线（或所接开关量传感器断线）时对应控制口，xxx 是；N（大分站 N=8，中分站 N=4，小分站时 N=2）个控制口的组合，故对大分站来说 xxx 范围为 0～255，对中分站来说 xxx 范围为 0～15，对小分站来说 xxx 范围为 0～4
19	当前已选定口设置完毕	该功能是表示当前已选定口设置完毕，如果按"选择"键可继续设置下一需设置口，如果同时按"上升"键及"下降"键可结束红外遥控操作

5. KDF-2 型井下监控分站的故障分析与排除

KDF-2 型井下监控分站的常见故障分析与处理见表 15-8。

表 15-8　KDF-2 型井下监控分站的常见故障分析与处理

故障类型	故障现象	排除方法
分站电源故障	分站电源箱显示断线	分站电源箱显示断线，说明传感器信号未进入。排除时，首先应用万用表检测输入通道取样电阻两端的电压，看其是否在 0.2 ~ 1V 之间。如没有，可考虑断线、传感器故障或输入通道保护器件损坏等因素；如有则考虑是后面电路的问题
分站电源箱故障	分站电源箱工作时显示值不准确、出现乱断电等情况	可考虑电路主板上的芯片 6264、X5045P、74HC373 等是否出现故障，传感器类型初始化设置是否正确
分站电源箱与地面监控主机故障	分站电源箱与地面监控主机不能正确通信	首先应检查主板上相应的跳线是否正确，电源是否正常，如无异常，则应考虑芯片，更换；MAX1487E、MAX813L、光耦等是否损坏；DPSK 通信方式时查看 DPSK 通信板是否损坏
分站电源箱输出故障	分站电源箱控制输出不翻转	首先应检测保险管内的保险丝是否已熔断，如不是，则应考虑 DLP521-4 光耦、81C55 继电器等是否损坏
分站电源箱直流故障	分站电源箱直流电源发光二极管不指示	可用万用表检测输入插头处有无 +12V、+18V 直流电压；如无电压，则可考虑是对应电源板接触不良或出现故障等原因
红外线操作故障	红外线操作不灵	用万用表检测红外接收部分的解码芯片对应管脚电平是否正常翻转，如不能正常翻转，则可能是 BL9149 芯片或红外接收头损坏；如二者正常，则应考虑芯片 81C55 是否损坏
直流电源输出偏低故障	直流电源输出偏低时	应检查对应不同电源等级的变压器抽头连接是否正确
交流电源停电故障	当交流电源停电时，备用电源不能正常投入	考虑电源电池是否失效，也可能是电源充电板出现故障

二、KDF-2 型监控分站电源箱

1. KDF-2 型监控分站电源箱的功能

KDF-2 型监控分站电源箱采用矿用隔爆兼本质安全型防爆设计，可使用于煤矿井下有瓦斯、煤尘爆炸危险的场所，为 KDF-2 型井下监控分站及与分站配套的各种矿用传感器提供本质安全型电源。它具有四路近程断电能力，在分站给出控制信号时，立即实现就地断电，KDF-2 型监控分站电源箱电池能在交流电源切断的瞬间控制备用电池自动投入，保证分站和传感器继续正常工作。

2. KDF-2 型监控分站电源箱的工作原理

电源变压器采用恒压式设计，利用变压器的一个谐振绕组与外接电容的补偿作用，达到二次侧电压不随一次侧电压波动而变化，从而实现对输入电压的稳压。当

输入电源电压变化 –25% ~ +10% 时，输出绕组电压变化小于 1%。

变压器副边有两个绕组，输出 27V、25V 两组电压，经桥式整流、滤波后供给后级电路使用。经稳压后向分站提供 +12V/400mA 直流电源。采用高效的开关振荡电路，经滤波平滑后再配上过流、过压、短路保护的安全栅电路（安全栅采用模块封装，胶封在一个 20mm×30mm 的厚膜电路里，设计精巧、结构简单、便于维护），向配接传感器提供（5+18）V/350mA 直流电源。24V 用来给备用电池充电，当电池电压达到额定值后，电路自动保护，有效避免过充。在交流停电的瞬间，转换电路自动识别出交流消失，立即将输出切换到备用电池，使分站和传感器能继续工作，不出现间断。在满负载情况下，备用电池的供电时间大于 2h。

当电池电压低于额定值时，转换电路会自动切断备用电池到负载的电路，并维持断路状态直至交流电再次投入。为了使系统能够及时了解电源箱的供电情况，电源箱向 KDF–2 型井下监控分站提供交直流供电信号。当交流供电时，AC/DC 信号为 +12V 电平。备用电池投入工作时，AC/DC 信号为 0 电平。

KDF–2 型监控分站电源箱中安装了 4 路近程断电继电器，分别受分站控制量输出的控制。当分站给出高电平时继电器动作，实现就地断电。

3. KDF–2 型监控分站电源箱的主要技术参数

（1）输入电压（交流）技术参数见表 15–9。

表 15–9　输入电压（交流）技术参数

输入电压（交流）/V	频率 /Hz	电压波动范围 /%
127	50	–25 ~ +10
220	50	–25 ~ +10
380	50	–25 ~ +10
660	50	–25 ~ +10

（2）本安输出电压参数见表 15–10。

表 15–10　本安输出电压参数

输出电压 /V	过流保护整定值 /mA	过压保护整定值 /V	短路电流 /mA	稳压精度 /%	路数
+12	480（电阻性负载）	13.3–14.7	< 20	±5	1 路
+18	320（电阻性负载）	22.8–25.2	< 20	±5	8 路

电源箱至分站的距离小于 1.5m，采用绝缘阻燃信号电缆；电源箱通过分站到传感器的电缆小于 2km，采用矿用聚乙烯绝缘阻燃聚氯乙烯护套信号电缆（蓝色）；

电缆的型号为 PUYVR4×1×7/0.52 和 HUYV4×1×7/0.28，其直流电阻≤12·7Ω；分布电容≤0.06μF/km；分布电感≤0.8mH/km。

（3）断电控制分为两种情况：控制输出直流110Vx5A，控制输出交流660VxlA，一组常开及常闭接点。交流电源输入及断电控制电缆：电缆型号规格为VY3x16，电缆使用VY型聚氯乙烯绝缘聚乙烯护套电力电缆，电源箱到备用电池箱的电缆类型为绝缘阻燃信号电缆。

4. KDF-2 型监控分站电源箱的安装与使用

KDF-2型监控分站电源箱箱体有4个喇叭口，安装电缆通过这4个喇叭口过线与相应端子接线。用内六角拧去上盖螺母，掀起盖板，可见相应的接线端子。

（1）连接输入电源

将电源电缆从右上角的喇叭口穿入，引进电源箱，剥去电缆外皮，将电缆线压接在变压器的交流输入端子排上，盖上塑料盖板，调节好电缆长度，将喇叭口中胶垫圈、铜垫圈、压紧螺母依次送入，并将其拧紧、压牢，使其不能松动。

（2）电源变压器的连接

电源变压器输入电压配置类型有127V、220V、380V及660V，变压器通过改变接线方法可以输入不同的交流电压。出厂时已根据用户的使用要求连接输入输出线。连接线通过快速插头形式连接，每个接头都标有其对应的电压。将从交流输入端电路板下面引出的接头与对应使用的电压接头连接即可。

（3）检查熔断器

检查熔断器是否完好，不同用途的熔断器使用不同容量。熔断器技术参数见表15-11。

表 15-11 熔断器技术参数

名称	容量
变压器原边绕组保护熔断器	2A（660V）、0.5A（220V）、1A（380V）、0.5A（127V）
电池输入保护熔断器	5.0A
变压器副边 27V 绕组保护熔断器	2.0A
变压器副边 24V 绕组保护熔断器	5.0A
四路近程断电保护熔断器	5.0A

（4）加电检查

检查电路板和连接线是否有松动，全部检查完后关闭盖板，加电。此时从电源箱观察孔中可以看到红色指示灯亮，从电源箱连接分站的电缆插头能够测量出电源箱的 1 路 +12V、8 路 +18V 及交直流信号的输出。

（5）连接分站

用长度为 1m 左右的矿用聚乙烯绝缘阻燃聚氯乙烯护套信号软电缆与 KDF-2 型井下监控分站配接，末端接 19 线密封插头。分站上电后，将末端插头插到 KDF-2 型井下监控分站的电源插座中，对准定位槽，拧紧螺扣。给分站电源箱加电，检查分站自身运行情况和传感器工作情况。

（6）连接断电控制

电源箱去电，将电缆穿过喇叭口引入电源箱中，剥开外皮，压接在断电控制输出接线端子排上，调好长度，将喇叭口中的胶垫圈、铜垫圈、压紧螺母依次送入，并将其拧紧、压牢，不得松动，盖好隔爆外壳箱盖，电源箱加电。通过中心站和分站的手动远程控制分别对继电器 1 ~ 4 进行测试，确保控制无误，完毕后，将中心站的调试设置改为正常使用。在不需要使用近程断电的场合，必须将两个喇叭口密封好，保证隔爆要求。

5. KDF-2 型监控分站电源箱的维护方法

（1）电源箱内电源变压器提供 4 种输入电压等级，使用时，根据实际输入电压正确接线。

（2）电源箱为隔爆兼本质安全型电源，在有煤尘、瓦斯爆炸环境中使用时，必须关闭电源开关后，方能开盖。

（3）当电源箱开盖后，要保护好隔爆面，隔爆面不允许划伤，并要有防诱措施，如涂防锈油等。

（4）隔爆外壳的密封圈不允许随意更换，必须用检验合格后的密封圈。

（5）电源箱至分站连接电缆长 1m 左右。电源箱通过分站至传感器的最大距离为 2km。连接传感器的电缆型号允许选用分布参数优于此电缆各项指标的其他型号电缆。检修时不得改变本安电路及其关联电路的电气设备及元件的型号、规格、参数等。

第四节　避雷器与调制解调器

一、避雷器

1. 防雷电基础知识

（1）雷电的产生与危害

雷是大气中的放电现象，雷击有直击雷和感应雷两种。其中直击雷只占雷击率的 10% 左右，危害范围比较小，但破坏力强；感应雷占雷击率的 90%，危害范围广，难以有效进行防护。

1）直击雷的产生与危害

直击雷是带电云层和大地之间的放电所造成的。在形成雷云的过程中，一部分云层带正电荷，另一部分云层则带负电荷，当两种云层接近一定程度时便发生迅速强烈的放电。放电时的温度可高达 200001，空气受热急剧膨胀，在几微秒内释放出巨大能量。当雷云很低，周围又缺少其他异性电荷的雷云时，此时便会在建筑物或地面感应出异性电荷，致使带电云层向地面或建筑物放电，放电电流可达到几十甚至几百千安，这种雷电就是直击雷，它对建筑物和人、畜、树木等危害巨大。

2）感应雷的产生与危害

感应雷是由静电感应和雷电流产生的电磁感应所造成的。当带电雷云靠近输电线路时，会在线路上感应出异性电荷，这些异性电荷被雷云电荷束缚着，当雷云对附近地段或接闪器放电时，电荷迅速中和，此时输电线路上的被束缚电荷便成为自由电荷，形成局部感应高电位，这种感应高电位发生在低压架空线路时最高可达 100kV；在电讯线路上可达 40～60kV，它可以顺延线路进入各种电子装置，从而造成电子装置损坏，而损坏的主要原因是电磁感应。电磁感应是雷击后巨大的雷电流在周围空间产生交变磁场，引起雷场附近线路或装置感应出高电压而损坏电子设备。感应雷的雷电流的波头（由零至幅值）一般只有几秒，波尾也只有几十微秒，感应雷的雷电流包含丰富的高次谐波，它的基波频率大约等于几十千赫。

（2）雷电的防护

雷电防护有双重含意，防"雷"击，指的是气象学中的"雷击现象"，防护的是"直击雷"和"感应雷"；"电"的保护，指的是对电力电源中发生的异常现象（如高电位、大电流、瞬态浪涌电流）进行有效的防护。防雷电危险的有效措施，最常用的方法是设置接地装置。

2. 计算机信息网络的接地

计算机信息网络系统的接地包括计算机网络设备的接地、防雷保护接地、计算机网络机房防静电接地与屏蔽接地。

（1）计算机网络设备直流工作接地

计算机直流接地既是计算机网络系统中所有逻辑电路的共同参考点（逻辑地），又是计算机网络电路中数字电路的等电位地。直流地的目的是消除各电路电流流经一个公共地线阻抗时所产生的噪声电压；避免受磁场和地电位差的影响，不使其形成回路；避免由于接地方式处理不妥而形成的噪声耦合。

计算机直流地是数字电路系统的基准电位，但不一定是大地电位。把该接地系统经一低阻通路接至大地上，则该系统的电位可认为是大地电位，即称为直流地接大地；反之，则称为直流地悬浮。

1）计算机直流地接大地

计算机直流地接大地，就是把计算机数字电路的等电位地与大地相接，接地电阻原则上是越小越好，一般在 1Ω 以下。直流地接大地克服了直流地悬浮的局限性，提高了计算机系统抗电磁干扰和静电防护能力。但直流地接大地之前，应保持对大地足够的绝缘电阻，一般不小于 $1M\Omega$。根据直流地与大地的连接方式可分为串联式直流接地、并联式直流接地和网络式直流接地 3 大类。

①串联式直流接地。用宽 200～500mm、厚 1～2mm 的长铜排制成，铜排下垫 2～5mm 厚的绝缘物质，然后将计算机设备用铜线串联式地接在接地母排上。

串联式直流接地只用一个接地系统，由于各个设备的工作电流和各接地地点电阻的不同，导致设备地线上产生电位差，造成各设备的直流逻辑地电位不同。另外，此种接地的公共地线阻抗会耦合干扰信号，引起其他设备的参考点改变，易造成计算机信息传输误码，因此，计算机串联式直流接地方式应用较少。

②并联式直流接地。用一块厚 2～20mm、面积 500mm×500mm 的铜板作接地母板，在铜板下垫绝缘物质，然后用铜线将计算机设备接在母板上，最后用铜线将铜板接在系统上。

并联式直流接地时，各设备的接地点电位只与本设备的工作电流、接地电阻有关，各点间电位差较小，并且消除了公共地线阻抗的影响，各设备间的参考点也不易改变，因此，这种接地方式应用较普遍。缺点是使用铜线较多，布线复杂，成本较高。

③网格式直流接地。用宽 25～35mm、厚 1～2mm 的铜带，在机房的活动地板下交叉组成 600mm×600mm 的网格，在其网格交叉处进行电气连接，在铜带下垫 2～3mm 厚的绝缘橡皮或聚氯乙烯板等绝缘物质，然后将计算机设备用铜线以最短距离与网格交叉点进行电气连接，最后用截面面积不小于 $120mm^2$ 的铜线与接地系统连接。

网格式直流接地方式大大提高了计算机设备内部和外部抗干扰能力。缺点是布线比较复杂，价格昂贵，一般只在大型计算机系统中应用。

2）计算机直流地悬浮

计算机直流地悬浮，就是计算机直流地不接大地，与地严格绝缘，对地电阻一般在 $1M\Omega$ 以上。直流地悬浮的原因：数字电路的直流地与交流地接在一起，有可能引入交流电网的干扰，因此，为防止这种干扰须把交流地与直流地分开。由于交流地网是接大地的（中线接地），这就导致计算机直流地不接大地而悬浮。

交流地和直流地接在一起并入地，在计算机设备安装、调试、维修过程中均发生过元器件烧毁事故，其主要原因是设备、仪器、维修工具等漏电所致。而把交流地和直流地分开则可使交流与直流二者之间不会形成电流回路，防止了漏电进入计算机系统毁坏元器件事故的发生。

直流地悬浮的局限性主要表现在以下两个方面：

①在无安全接地的计算机系统中，一方面可能使设备带有瞬态电压，通过相互间连线的电容耦合去干扰邻近设备；另一方面由于静电荷在机壳上的积累，影响计算机系统的稳定性和可靠性。

②若交流线与机柜发生相碰，就会使机柜带有很高的交流电压，威胁人和设备的安全。

（2）计算机网络设备交流工作接地

在计算机网络系统中，除了使用直流电源设备外，还使用交流电源设备，如计算机机房的变压器、UPS 电源设备等。这些设备应按国家有关规程的要求进行工作接地，即人们常说的交流接地，也称之为二次接地。所谓交流工作接地就是将这些电源设备输出三相绕组的中性点与埋入大地的接地体相连接。进行交流接地的目的如下：

1）确保人身安全。当中性点接地时，由于中性点的接地电阻很小，若电源一相碰地时，保护电器能迅速切断电源，从而保护了人体的安全。

2）保障设备安全。中性点接地时，当电源一相碰地时，接地电流大，保护设备则能准确而迅速地切断电源，从而保护了人体和设备的安全。

机房设备常采用金属外壳及机架接 PE 线或直接接地。为了防止电源线计算机的辐射干扰，要求设置在机房和活动地板下面的交流电源馈线，采用 4 芯屏蔽电缆，并将电缆的屏蔽层接在分线盘的接地母线上。当电缆长度超过 50m 时，应从接地母线上用专线引出机房作双重接地。同时，要求电源供电采用多级分电盘分支供电方式供电，每路馈线应设有带过流脱扣器的低压断路器，以便发生故障时，能迅速切断电源而又不扩大停电范围。

（3）计算机网络机房防静电接地

1）静电

静电是由两种不同物质相互接触、分离、摩擦而产生的正负电荷。静电电压的大小与物体接触表面处电解质的性质和状态、表面之间相互贴近的压力大小、表面之间相互摩擦的速度、物体周围的温湿度有关。静电电压可能达数千伏，而电流却可能小于 $1\mu A$，故当电阻小于 $1M\Omega$ 时，就有可能发生静电短路而泄放静电能量。静电放电的火花能引起爆炸和火灾，也是生产人员工伤的主要原因之一。

2）防止静电危害的主要措施

防止静电危害的主要措施就是接地。但是应注意，在多数情况下，金属器具、贮罐和管道的表面或内壁会出现沉淀的非导电物质（如胶状物、薄膜、沉渣等），这种物质不但使接地失去作用，反而使人产生"静电已被消除"的错觉。对于搪瓷或其他有绝缘层的金属器具等，接地不能防止静电危害。

3）防静电接地的方法

计算机网络机房静电接地是为了消除计算机网络系统运行过程中产生的静电电荷而设计的一种接地系统。主要由防静电活动地板、引下线、接地装置组成，机房静电接地电阻一般小于 10Ω，静电地板系统泄漏电阻为 $1 \times 10^5 \sim 1 \times 10^8 \Omega$，它是防静电活动地板的电阻、测试电极等的接触电阻与接地电阻的综合电阻值。测量泄漏电阻的目的主要是检测作为防静电措施的接地效果是否良好。

4）防静电接地的接地线及其连接

由于防静电接地系统所要求的接地电阻值较大而接地电流很小（微安级），所以其接地线主要按机械强度来选择，其最小截面为 $6mm^2$。一般采用绝缘导线，对移动设备则采用可挠导线。对于固定式装置的防静电接地，接地线应与其焊接（如电焊、气焊、锡焊）；对于移动式装置的防静电接地，接地线应与其可靠连接，防止松动或断线。

（4）计算机网络机房屏蔽接地

计算机网络机房屏蔽接地是为了防止外来电磁波（含雷电电磁脉冲）干扰机房内的设备，以及防止机房内部设备产生的电磁辐射传出机房而失密的特殊接地。

1）屏蔽接地分类

根据屏蔽的原理不同，屏蔽接地可分为以下 3 类：

①静电屏蔽接地。静电屏蔽接地主要是防止静电耦合干扰，其目的是消除两个电路之间由于分布电容的耦合产生的干扰，利用低阻抗金属材料使机房内部的电力线传不到外部，而外部的电力线也影响不到机房内部的一种屏蔽接地。

②磁屏蔽接地。磁屏蔽接地主要用于低频，采用有一定厚度的高磁导率的材料，以便将磁场封闭在机房内部，以防止网络设备电磁辐射扩散到机房外部的一种屏蔽接地。

③电磁屏蔽接地。电磁屏蔽接地主要用于高频，采用低电阻的金属材料，使电磁场在金属屏蔽层产生的涡流起到屏蔽作用的一种屏蔽接地。

2）屏蔽接地的作用

①屏蔽接地可以防止在计算机机房屏蔽层上由于电荷的集聚、电压的上升而造成人员不安全或引起火花放电的事故发生。

②屏蔽接地的目的是抑制信号干扰，若接地处理不好，就会使机房屏蔽层变成一个天线，把干扰源引进机房内或把保密信号发射到机房外部。

③屏蔽接地可以使一个机房屏蔽层既起到电磁屏蔽作用又起到静电屏蔽作用，同时使屏蔽层上的感应电荷迅速入地。

3）屏蔽接地的方法

计算机机房屏蔽层的接地必须采取一点接地，若采取两点以上接地时，就会在点与点之间存在电位差，使屏蔽层上产生电流。这种干扰电流的存在，会在计算机机房屏蔽层内外形成干扰电场。因此，计算机机房屏蔽层必须采取一点接地技术。

3. KHX90 型通信线路避雷器

（1）用途

KHX90 型通信线路避雷器可防止煤矿井下和机房遭受雷电通过通信线路窜入的袭击，从而损坏与之相连的电气设备，主要用于双绞线通信线路的防雷保护，适用于地面机房及井口非爆炸性危险场所。

（2）主要技术参数

1）工作环境

环境温度：–5 ~ +40℃

环境相对湿度：≤ 90%

大气压力：70 ~ 116kPa

2. 电量参数

最大限制电压：≤ 350V

最大流通容量：10kA，8 ~ 20μs

接地电阻：≤ 2Ω

插入损耗：≤ 0.5dB

电感量：78μH/ 路

（3）工作原理

KHX90 型通信线路避雷器采用半导体放电原理，由阻抗线圈、压敏线圈和熔断保险管等多种无源器件组成保护装置，其内部设有混合型、多层次雷电及浪涌保护屏障。

浪涌也叫突波，是指超出正常工作电压的瞬间过电压。本质上讲，浪涌是发生在仅仅几百万分之一秒时间内的一种剧烈脉冲。可能引起浪涌的原因有短路、电源切换、大型发动机或雷电。通信避雷器含有浪涌阻绝装置，可以有效地吸收突发的巨大能量，以保护连接设备免于受损。浪涌保护器也叫信号防雷保护器，是一种为各种电子设备、仪器仪表、通信线路提供安全防护的电子装置。

通信避雷器工作时，一旦在电气回路或者通信线路中因为外界的干扰突然产生尖峰电流或者电压时，即电流或者电压超过雪崩电流或者电压时（含雷电窜入），保险丝熔断，同时保护装置中的压敏电阻值迅速变小，能量迅速释放，从而将瞬态的过电压定位在特定值上，起到了过压保护作用。

（4）安装与使用

KHX90 型通信线路避雷器的安装如图 15–19 所示。

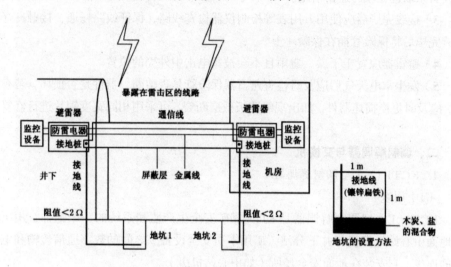

图 15–19　KHX90 型通信线路避雷器的安装示意图

使用前先安装配套的保险管，通信避雷器包括 A 路和 B 路两条防雷线路，可将两路分别使用，也可并联使用。分开使用时，将线路分别接在 A 路或 B 路的两端，将地线与暴露在雷击区域一端的屏蔽层、接地端（接地 1 或接地 2）连接；并联使用时将左右两端的接线柱 A+、B+，A–、B– 连接，接地方法与分开时相同，其接线方式如图 15–20 所示。

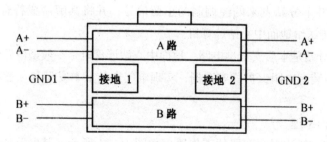

图 15–20　KHX90 型通信线路避雷器接线方式示意图
A+、A—接通信线路 A；B+、B—接通信线路 B；GND1—接地 1；GND2—接地 2

（5）使用维护注意事项

1）两端地线不可接在一起，应同时接地，否则将会失去防雷效果，入线端和出线端可相互调换。

2）接地必须可靠，接地极附近的土壤应保持湿润。使用、维护人员应定期检查接地电阻的阻值，保持接地电阻 ≤ 2Ω，当接地电阻的阻值增大时，必须及时对所联设备采取进一步的避雷措施。

3）接线完毕后应使用万用表等检测仪器检查线路，保证线路畅通，接触良好。安装完毕后将保险管插在保险座上。

4）避雷器应置于干燥、避雨且不会被雷电击中外壳的位置。

5）发生雷电天气后应及时检查避雷器保险管是否熔断、器件是否损坏。若有损坏，应及时更换损坏器件。如出现线路板敷层断裂，可采用相同宽度铜片进行修复。

二、调制解调器与交换机

1. KCT1（E）型调制解调器

（1）用途

KCT1（E）型调制解调器是 KJ4N 煤矿安全生产监测系统的一个部件，用于实现地面中心站计算机与井下分站（矿用本质安全设备）之间的数字通信传输和电气上的连接，它安装在地面安全场所（如中心站机房）。

（2）功能

KCT1（E）型调制解调器为双线传输方式，在煤矿安全生产监测系统中有以下作用：

1）将地面中心站计算机发送给井下分站的以 RS–232 形式存在的控制命令调制成正弦波信号向井下分站发送。当"1"时，调制成 4·043kHz 的正弦波；当"O"时，调制成 2·510kHz 的正弦波。

2）接收井下分站发来的经调制的正弦信号，并将其解调成符合 IEEE 标准的 RS–232 信号传送给地面中心站计算机。

3）井下分站是本质安全型电路，地面中心站计算机是一般型电路。KCT1（E）型调制解调器装有电阻保护式安全栅，实现电气通信上本安型和一般型电路的安全连接。

（3）工作原理

KCT1（E）型调制解调器的工作原理如图 15–21 所示，其电路原理如图 15–22 所示。

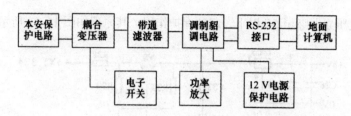

图 15-21　KCT1（E）型调制解调器的工作原理框图

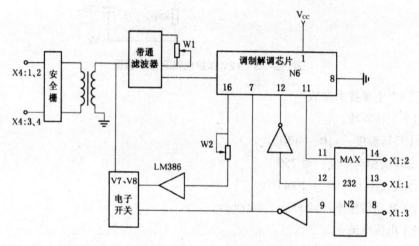

图 15-22　KCT1（E）型调制解调器的电路原理示意图

当接收时，井下分站送来的正弦信号，经安全栅和耦合变压器，由带通滤波器滤除干扰信号，经调制解调芯片 N6 解调成数字信号，经 N2 转换为标准的 RS-232 信号，传送给地面中心站计算机。W1 用来调整接收信号幅度。

当发送时，地面中心站计算所发出的 RS-232 信号经 N2 转换为 0 ~ 5V 的幅度，送入 N6 调制成两个不同频率的正弦波信号，经功率放大，再经一组由 V7、V8 组成的电子开关，送到耦合变压器，经安全栅后，送往井下通信电缆。W2 用来调整发送幅度，LM386 输出的最大幅度为 10V（峰 – 峰值）。N2 的 8 端接地面中心站的控制信号，由于通信采用半双工方式，当 N6 的 7 脚接高电平时，其芯片处于解调工作状态，此时 16 脚输出高电平；当 7 脚接低电平时，16 脚有正弦波信号输出，它随输入数字信号是"0"或"1"，调制出两个不同频率的正弦波信号。

带通滤波器（1200bps）采用一个四阶带滤波器，它是将一个截止频率为 f_2 的低通滤波器和一个截止频率为 f_1（$f_1 < f_2$）的高通滤波器级联起来。

12V 电源保护电路由 V9、V10 和有关电阻组成，当调制解调器出现故障，使 +12V 电流过大时，R28 上的电压增加，使 V9 趋于截止（这时 V10 处于导通状态），

+12V 输出电压立即降至 5V 以下，起到保护作用，其原理如图 15-23 所示。

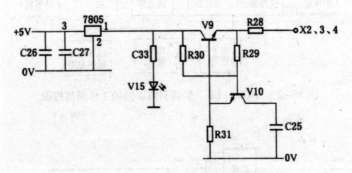

图 15-23　12V 保护电路原理示意图

（4）主要技术参数

1）工作环境：

①环境温度：+10 ~ +30℃。

②环境相对湿度：≤ 75%。

③大气压力：80 ~ 106kPa。

2）数据传输率：1200bps、2400bps。

3）电压电流：

①输入电压：AC180 ~ 250V。

②输入电压经过集成一体化电源转换成 DC12V，最大耗电电流为 90mA。

③本安端（发送端）：工作电压（AC）< 7V，工作电流 < 3mA，开路电压（AC）< 8V，短路电流 < 12mA。

4）与井下分站连接的通信电缆参数：

电缆型号：PUYV39（-1）或 PUYVP-4。电缆分布电容：0.05μF/km。电缆分布电感：0.7mH/km。电缆直流电阻：13.5Ω/km。

5）最大传输距离：20km。

6）防爆标志：（ib）I（150℃）。

（5）使用方法

1）将九芯插头连接线一端接到计算机后盖板的对应 9 线插座上（RS-232C 串口），另一端插到地面调制解调器上的 9 芯矩形插座上，将与井下分站连接的通信电缆的井上一端（分站通信头的 1、2 端）与 4 芯连接线相连接，并将 4 芯连接线插头插在地面调制解调器上的 4 芯通信信号圆插座上，将 220V 电源线插好。

2）安装完毕后，打开计算机，进入中心站监测系统，调制解调器后板的开关拨到"开"位置，则表明地面调制解调器与计算机、通信线连通，前面板 +12V 指示灯应亮。前面板显示灯指示工作状态。当系统运行开始后,接收灯与发送灯交替闪烁,中心站显示通信正常,并传输数据。开关拨在"关"位置时,则表明调制解调器电源关断,断开地面中心站计算机与井下的通信。

3)调幅电位器的使用。

电位器 RP2 用于调整发送信号幅度,RP1 用来调整接收信号幅度。当发送幅度不够时,调整 RP2 使 LM386 的第 5 脚的波形峰 – 峰值为 10V。接收信号幅度过小时,以输入峰 – 峰值为 IV 的波形作参考,调整 RP1,使输入为峰 – 峰值 IV 的波形在 N2 的第 4 脚变成峰 – 峰值为 1V 的波形。电位器 PR3 用于调整接收偏置门限电平以达到最小的误差,N2 的 7 脚典型值为 2.7V;电位器 RP4 用于调整载波检测电平,N2 的 10 脚典型值为 3.3V(上述调整时必须使用示波器)。

(6)使用维护注意事项

1)要求连接电缆时,应正确、牢固(3 根电缆,一根为 220V 电源线,一根为 9 芯插头连接线,一根为 4 芯插头连接线)。

2)检修调制解调器时,不得改变原电路电气参数以及各电气元件的型号、规格,特别是安全栅部分。

3)在更换安全栅部分元器件时,需要将保护电阻 R1、R2 装好隔离套管。

4)不允许利用地线作为本安回路。

5)使用时只可连接本产品的关联设备,其他设备要连接时,须进行设备关联防爆检验。

6)所配接设备电路中和本电路中不得含有镉、锌、镁、铝材质。

2. KJJ103 型矿用网络交换机

(1)功能与用途

KJJ103 型矿用网络交换机是本质安全型设备,可应用于煤矿井下有瓦斯或煤尘爆炸的危险场所,是以工业以太网和现场总线相结合的 KJ90 宽带煤矿综合监控系统的主要平台,具有远程光纤传输、电缆传输及近距离双绞线传输等功能,它提供 4 个电口,4 个光口,为井下网络设备提供网络交换。

(2)工作原理

网络交换机是以 KIEN 工业以太网为核心,是一种专用的工业以太网设备。它提供的解环自锁、断线快速恢复和强大的网络管理等优越性能及其良好的电磁兼容性,能够极大地满足工业自动化和过程控制的应用。工作时,交换机通过光纤收发器接收地面中心站的数据。交换机对数据进行优化解环处理,把经过处理的数据转交给网络信号放大器,再把数据传输到更远的网络交换机或者中心站。

（3）主要技术参数

1）电气技术特性

①输入本安电源：最大值为 3.5V/2A、12.5V/500mA（2 路）。

②接线输入端口：4 个电口，4 个光口。

③通信距离：双绞线传输时距离小于 120m，光纤传输时小于 20km，输入本安电源最大值为 3.5V/2A、12.5V/500mA（2 路）。

2）配接设备与接口参数

① KDD（24）型矿用备用电源箱。

② KXH（4）型矿用网络信号放大器。

③本安直流输入最大值：3.5V/2A、12.5V/500mA。

④电气端口：RJ–45 带屏蔽，4 个自适应 10/lOOBase–TX，自适应全双工/半双工。

⑤光纤端口：4 个 100Mbit/s 光纤端口（SC/PC：连接器）。

⑥控制端口：1 个 RS–232 端口（RJ–45 连接器，带屏蔽）。

⑦ LED 指示灯：电源指示、ROT/COT、ACT、UNK、10/100。

3）系统参数

①支持标准：IEEE802.3、IEEE802.3X、IEEE802.3D、IEEE802.3DT、IEEE802.3Q、IEEE802.IP。

②存储转发速率：148810bPs。

③ MAC 地址表：8k。数据包存储器：2Mbit。

④时延：小于 $5\mu s$。冗余时间：300ms。功耗：<5W。

4）光口参数与电磁兼容参数

①波长：1310nm。

②发光功率：大于 –8dbm（单模），传输距离 20km。

③接收灵敏度：大于 –34dbm（单模）。

5）防爆标志

ibI（150℃）。

（4）使用方法

KJJ103 型矿用网络交换机与井下各关联设备的连接如图 15–24（a）所示，网络交换机内部连接如图 15–24（b）所示，航空插头管脚排序如图 15–24（c）所示。

其中航空插头管脚：1—12V；2—Vss；3 ~ 5—空；6—电源 +3.3V、1.8A；7—备用电源投入信号；8—GND 备用主板地；9—近程控制 1；10—备用端口。

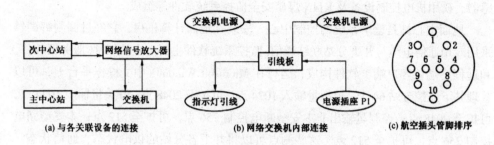

图 15-24　KJJ103 型矿用网络交换机连接示意图

外接电源输入网络交换机的交流接线端分为 660V、380V、220V 三种，且每个接线端子上都有明显的电源等级标志。与外接交流电源相接时，务必选择与外接交流电源电压等级相同的接线端子，正确、可靠连接。本安输出口对外输入本安电源的同时，还将备用电源的投入信号输出到网络交换机。备用电源的充放电为智能化充放电电源，备用电源的充电与投入是由电路板自动检测，使用时将备用电源开关打开即可。

（5）使用维护注意事项

1）使用前，检查网络交换机内外的各插头是否有松动；引入的交流电压等级与网络交换机电源箱接线端子上所标电压等级是否相符，连接是否正确；各种接线是否准确无误。

2）严格按照说明书中规定的要求连接网络交换机的外接电路和配接设备，网络交换机各种未用的接口和插座，用户不得随意占用。

3）使用中，若要打开电源箱或网络交换机，必须把电源箱的交流输入电源和备用电池用电全部断开，不得随意拧动主板上的任何电位器。

4）检修网络交换机时，不得改动原电路的参数及条件，不得改动电气元件的规格和型号，与网络交换机连接的所有电路和电气设备必须是本质安全电路或本质安全型电气设备。

第五节　煤矿安全监控系统中心站

一、KJ4N 煤矿安全监控系统

KJ4N 系统由地面中心站、调制解调器、井下分站、井下防爆电源、各种矿用传感器、矿用机电控制设备及 KJ4N 煤矿安全监控系统软件等组成。

地面中心站是整个系统的控制中心，安装在地面计算机房，它经过调制解调器采用专用通信电缆与井下分站联结通信。监控系统软件主要由主控软件（服务器软件）和远程终端（客户端）软件构成，运行在 Microsoft Windows 中文操作平台上，可以管理井下监控分站 64 个，模拟量输入 1024 点，可扩至 2048 点；开关量输入 1024 点，可扩至 2048 点；控制量输出非本安型断电控制 256 点，可扩至 512 点；本安型断电控制 256 点，可扩至 512 点。这些测点可以将井下各分站的供电状态、通信状态、环境参数、设备状态等信息实时地传送到地面监控主机上，通过表格、图形等形式显示出来，从而实现井下生产的综合安全监测监控。

（1）KJ4N 系统中心站硬件的组成

KJ4N 系统地面中心站的硬件包括专用数据服务器、终端、Windows 兼容网卡、网线、插头等，同时可选配 KJ4N 联网图形工作站，图形工作站由商用机、专业多屏显示卡和多台专业大屏幕显示器组成。

1）主机配置

服务器：主频 1.8GHz 以上 CPU；512M 以上的内存；160GB 容量以上的硬盘（SCSI）；17 英寸彩色显示器；18 倍速 CD-ROM 驱动器。

2）客户机配置

主频 1.6GHz 以上 CRJ；512M 以上的内存；160GB 容量以上的硬盘；17 英寸彩色显示器；128M 以上显存的显卡；18 倍速 CD-ROM 驱动器。

（2）KJ4N 系统软件

1）系统需安装的软件

Microsoft Windows 2000（2003）中文操作系统；Microsoft OLE DB 驱动程序；KJ4N 版监测系统中心站软件；打印机的打印驱动程序；网卡的驱动程序；其他相关外设的驱动程序。

2）软件主要技术特点

服务器端操作系统选用 Windows 2000 Server 或 Windows 2003 Server，提高了监控软件整体的可靠性和稳定性。

采用 3 层结构体系（客户端、中间层、数据库服务器），软件升级、安装十分容易。

数据库采用数据库平台 SQLServer2000，ADO+0LEDB 数据库接口，保证数据稳定可靠，具有查询速度快，多用户并发调度机制，数据管理容易。

软件模块分为前后台方式，所有定义、数据查询均在前台，前台出现任何错误（如死机）均不会影响后台数据采集、控制、存储，保证软件核心模块运行的稳定性。

支持双串口同步循检，最大循检周期＜ 30s。

显示图页中每页的静、动态像素数量不受限制；显示曲线支持动态增、删显示方式，支持 32 条曲线同时显示，具有十字架、局部放大功能。

数据可导入 Excel 表格，由用户自己做二次处理。

实时数据、运行报告、趋势报告等数据存储没有限制。

具有方便地外接其他子系统的扩展能力。

二、主控台及定义

1. 主控界面

启动 KJ4N 系统以后，进入系统主控台接口。主控台是用户启动系统其他各部分功能的地方，当它被关闭时，KJ4N 系统将退出，系统的各个分功能通过在主控接口中，使用鼠标选择相应菜单或功能按钮和工具栏中的图标进行运行。

（1）主要功能

菜单中各子菜单所对应的功能及工具栏中对应的功能如下：

【定义】菜单中工具按钮：通信设备、通信队列、测点定义、图页定制、日报选点、继电器控制、标校定义、页定义。

【显示】菜单中工具按钮：图页显示、通用显示、页显示、报警窗口。

【查询】菜单中工具按钮：数据记录、运行报告、综合报表、运行报告（选点）、信息提示、新版报表、控制逻辑、模拟量新版查询、开关量新版查询。

【曲线】菜单中工具按钮：趋势曲线、实时曲线、综合曲线。

【字典】菜单中工具按钮：操作员、传感器、图库、报警颜色、班次定义、统计分类。

【配置】菜单中工具按钮：用户管理、系统配置。

【日志】菜单中工具按钮：系统日志。

【退出】菜单中工具按钮：退出。

（2）接口的系统信息

【用户】：显示当前使用本系统的用户名称。【应用服务器】：显示整个系统所使用的应用服务器的名称，主要负责接收和下发各终端发出的请求。【日期】：显示当前系统的日期，以正在使用的计算机的日期为准。【时间】：显示当前系统的时间，以正在使用的计算机的时间为准。【数据库服务器】：显示整个系统所使用的数据库服务器的名称，主要用来存放系统数据，便于管理。【切换窗口】：用户同时打开多个窗口的时候，用鼠标点中图标，会出现一个菜单，显示各窗口的名称，再用鼠标点中要察看的窗口名称，即显示出本窗口。切换窗口后面的数字为 0，表示启动成功；有数据变化了就表示有数据接收到；若出现 E-1 则表示配置有问题，要检查配置后重新启动。

2. 定义

（1）通信设备定义

从系统主控台的工具栏中选中【定义】按钮，在展开的工具中选中【通信设备】，即进入通信设备模块的主接口，或从主菜单中选中【参数设置】再选中【通信设备】子菜单，通信设备需要输入用户名和密码。

1）各部件主要功能

定义通信设备（即调制解调器）所接的端口。

【端口描述】：显不通信设备信息。【通信端口】：定义通彳目设备所在的端口号，从 coml 到 com6，有6个端口供用户选择。【通信速率】：通信设备的波特率（600bps、1200ObPs、2400bps）。

2）操作步骤

系统缺省情况下定义了两个通信设备，用户不能对其进行增加和删除，只能根据需要改变其属性，先在【通信端口】的下拉列表中选择要接入的端口号，再在【通信速率】的下拉列表内选择波特率，最后用鼠标单击【保存】按钮，将定义过的通信设备信息存入数据库。

（2）通信队列

从系统主控台的工具栏中先选中【定义】按钮，在展开的工具中选中【通信队列】，即进入通信队列模块的主接口，或从主菜单中选中【参数设置】再选中【通信队列】子菜单，通信队列需要输入用户名和密码。

1）接口结构及各部件功能

分站的定义包括分站号、分站描述、分站类型、扫描标志和队列编号等。

【分站号】：KJ4N 系统所管理的井下分站的代号。【分站描述】：定义分站所在地点。【分站类型】：分站的类型有 C、D、F、G、H 等，分站类型在分站第一次被定义时选择，如果是一个已经定义过的分站，则其类型不可修改，如要修改，必须先删掉此分站的所有测点然后再重新定义。【扫描标志】：用来定义本分站是否参加扫描，如不参加扫描，表示本分站以后不再被采集，用于分站的维修、传感器的标校以及其他用途。【队列编号】：选择分站所在队列。分站的扫描队列分为两种类型：【主队列】，本分站在每一圈主采集循环中都要被采集一次；【从队列】，每一次主米集循环之后，从队列中的分站有一台被采集（按顺序）。状态查询中共分为两级：第一级代表通信队列，分为主队列和从队列；第二级代表分站所在的队列。

2）操作步骤

①增加。先选定要增加的分站是在哪一个通信设备的主队或从队中，再用鼠标

单击【增加】按钮，在树状查询的第二级中即增加一条新的空记录，然后依次输入分站号（使用鼠标单击分站号旁的编辑框，由键盘键入要录入的分站号，或选后面的小计算器输入）。【分站类型】：使用鼠标单击分站类型旁的编辑框，随即出现一个下拉列表，显示所有分站类型，用鼠标单击要录入的类型即可，或使用键盘的↑键或↓键上下选择，选中后按回车键，效果是一样的。【扫描标志】：如果本分站参加扫描，则用鼠标左键将扫描标志后的选择框选中（"√"），否则，选择框为空。【队列编号】：在下拉列表中提供了所有队列号，如果用户想改变已有分站所在的队列，用鼠标点选相应项即可。

②保存。执行完增加操作后，单击【保存】按钮，将定义后的通信队列信息写入数据库，供测点定义时使用。

③删除。单击【删除】按钮，系统弹出一对话框，如果确实要删除，单击【确定】按钮；否则，单击【取消】按钮。

（3）测点定义

从系统主控台的工具栏中先选中【定义】按钮，在展开的工具中选中【测点定义】，即进入通信队列模块的主接口，或从主菜单中选中【参数设置】再选中【模拟量】子菜单，测点定义需要输入用户名和密码。

1）接口结构及各部件功能

【测点名称】：用来标示分站的安装地点等信息，已定义的测点名称可以被重新修改。【分站号】：用来标示测点所属的分站。

【通道号】：用来标示分站可接入的输入/输出量（分别表示接入的模拟量、开关量、继电器）的路数。

【通道类型】：用来标示分站接人的输入/输出量的类型，即模拟量、开关量、继电器、计时、计数。

【传感器名称】：如低浓瓦斯传感器。

【统计类型】：用于页定义时给测点分类，另外在统计分类中定义了各种控制值和回差值，简便了测点的定义，还可以在通用显示中按类型显示，如回风瓦斯。

【测点类别】：在通用显示中按类别显示，如通风类。

【区域位置】：在通用显示中按区域位置显示，如工作面。

【上限】：一个大于等于高控值的值，一般用于报表统计。

为了使测点定义操作更方便，本系统将模拟量和开关量的定义合并到一个窗口中，并且采用了分页控制的方式来分别定义它们。

①模拟量定义

【高控值】：当传感器监测到的数据大于等于高控值时，系统将报警，并提供本地自动断电功能。高控时要控制本身分站的哪一路继电器，选中高控右边的 8 个继电器选择框的对应位置（出现"√"），8 个位置从左到右分别表示第 1 路到第 8 路继电器。

【高报值】：高报时系统也提供报警和本地继电器断电。

【低报值】：对某些类型传感器（如水位、风速等），当监测数值小于某一值时，需要系统报警。也提供本地继电器断电。

【低控值】：当传感器监测到的数据小于等于低控值时，系统也将报警，并提供本地自动断电功能。低控时要控制本身分站的哪一路继电器，选中高控右边的 8 个继电器选择框的对应位置（出现"√"），8 个位置从右到左分别表示第 1 路到第 8 路继电器。

【断控值】：当传感器监测到的数据为断线值时，系统也将报警，并提供本地自动断电功能。断线时要控制本身分站的哪一路继电器，选中高控右边的 8 个继电器选择框的对应位置（出现"√"）

【回差值】：高报或高控情况下的回差值表示当传感器值从高报或高控下降时，下降到什么数值时，系统才允许解除其所控制的继电器的断电状态。例如，一个低浓瓦斯传感器定义高控值为 1.5%，控制第一路继电器断电，回差值为 1.2%。则瓦斯超过 1.5%，系统自动控制第一路继电器断电。稍后，经过采取措施，瓦斯浓度降低，低于 1.5% 但仍高于 1.2%，如 1.3% 时，系统仍保持断电状态。只有降到 1.2% 以下时，才可以解除断电状态。同样，低报和低控情况下的回差值则表示当传感器值从低报和低控上升时，上升到什么数值时，系统才允许解除其所控制的继电器的断电状态。

【异控分站】：在本地对其他地点的分站进行控制。

【异地控制继电器】：在本地对其他地点的分站的某几个继电器进行控制。

【异控值】：当传感器监测到的数据大于等于或小于等于异控值时，系统将提供异地自动断电功能。

【异控回差】：异地控制时解除断电状态的值。

【报警定义】：指明本测点在超过定义的高控、高报、低控、低报及断线值时是否需要报警，如果需要，在相应的选择框内打"√"，默认为报警。

【记录定义】：指明本测点是否需要记录实时数据、趋势数据及运行报告。记录实时数据和趋势数据时均要确定是否将该资料存盘，如需存盘，单击"保存"，否则，单击"不存"（实时数据保存时还要输入灵敏度）。记录运行报告则表示是否需要将高控、高报、低控、低报、断线记入运行报告，如果需要，在相应的选择框内打"√"，默认为记录。

②开关量定义

数字量的状态改变也可以控制继电器断电。

【关继电器控制】：在数字量输入为"0"时希望控制继电器，则将相应状态后的继电器选择框选中（"√"）即可（具体步骤参见模拟量）。

【开继电器控制】：在数字量输入为"1"时希望控制继电器，则将相应状态后的继电器选择框选中（"√"）即可（具体步骤参见模拟量）。

【断线继电器控制】：当传感器监测到的数据为断线值时，系统也将报警，并提供本地自动断电及异地自动断电功能。断线时要控制本身分站的哪一路继电器，选中高控右边的8个继电器选择框的对应位置（出现"√"）。

【报警定义】：指明本测点在开（1）、关（0）变化及断线时报警。

【记录定义】：指明本测点是否需要将开（1）、关（0）变化及断线记入运行报告，如果需要，在相应的选择框内打"√"，反色代表显示时颜色与正常显示相反。

③异地控制定义

增加异控应先保存该测点的本地信息。

【异控分站】：用键盘键入被控分站的分站号。

【异控值】：用键盘键入控制值。

【异控】（R1～R8）：要控制分站的哪一路继电器，选中高控右边的8个继电器选择框的对应位置（出现"√"）菜单，8个位置从左到右分别表示第1路到第8路继电器。

【异控回差】：解除控制时所控制的继电器，用键盘键入。

【下控】：如果是低控，则打"√"否贝怀打。

2）操作步骤

①增加。用鼠标单击【增加】按钮，左边的树状查询中将出现一个新的空测点，此时右边测点的全部属性都变成空，等待用户对测点进行定义。依次输入：测点名称（用键盘键入新测点的名称，如低浓瓦斯）；分站号［用鼠标左键点击分站号旁的编辑框，即出现一下拉菜单，显示所有定义过的分站号（1、2、3、4…），选中要定义的分站号，用鼠标左键点击或按回车键即可］；通道类型［将光标置于通道类型旁的编辑框，鼠标点击即出现一下拉菜单，显示所有通道类型（A、D、R、C、P、T、N），选中相应项类型，用鼠标左键单击或按回车键即可］；传感器名称（方法同通道类型）。如果要定义的测点是模拟量，则在选择完传感器名称后，系统会自动显示出该传感器的名称、单位、量程高、量程低和断线值，这些值都是从字典维护中的传感器定义中读取的；然后再用键盘依次输入高控值、高报值、低控值、低报值、异地控制分站及其相应的回差值和继电器控制；最后，是定义报警定义和记录定义，如果需要报警，在相应的选择框中打"√"，否则为空，记录实时数据时，

如要将实时数据存盘，用鼠标左键点击"保存"并用键盘输入灵敏度即可，否则点击"不存"，记录运行报告时在相应的选择框中打"√"即可。如果要定义的测点是开关量，只需定义开态和关态继电器控制，如果需要报警，则在相应的选择框中打"√"，否则为空，记录定义时只需对运行报告记录，在相应的选择框中打"√"即可。

通道类型表示：A—模拟量；D—开关量；R—继电器；P—电源供电量；C—通信量；H—瓦斯抽放混合量；W—瓦斯抽放纯量；T—计时量；N—计次量（要定义该通道的计时计次量前，必须要先定义该通道的开关量）。

异地控制定义时用鼠标单击【增加】按钮，异控分站、异控值、回差值都变为0，异控继电器由灰变白，异控记录增加一条空记录。依次输入异控分站、异控值、异控（R1～R8）、异控回差、下控。

②保存。执行完增加操作后，单击【保存】按钮，将定义后的通信队列信息写入数据库，供其他功能使用。

③删除。单击【删除】按钮，系统弹出一对话框，如果确实要删除，单击【确定】按钮；否则，单击【取消】按钮。

（4）图页定制

从系统主控台的工具栏中先选中【定义】按钮，在展开的工具中选中【图页定制】，即进入图页定制模块的主接口。

1）部件功能和主要特点

图形元素分为静态图对象和动态图对象。

静态图对象有直线、圆、矩形、椭圆、扇形、弧线、多边形、文字。

可以以选择的方式来改变静态图对象的界线颜色和填充颜色。

以选择的方式来改变静态图对象的边界式样和填充式样；以鼠标拖动的方式来改变静态图对象的位置、大小、形状；以拖动滚动条的方式来改变扇形和圆弧的开口方向和大小。

可以对对象进行上下左右的微移和微调对象的大小；可以复制或删除静态图对象。

静态图可以分层设计，层之间互不干扰，可以添加和删除层。

工具栏左边有对象属性编辑器，可以对各个动态对象进行设置和编辑，并在图形显示部分动态显示。

2）操作步骤

①单击【增加】按钮，系统会自动弹出一对话框，在该对话框里输入新建图的名字、图形大小后单击【确定】按钮。

②单击【设计】按钮，系统会自动弹出工具条。

③如果要加入静态图对象在工具栏上选择静态图，动态图对象工具栏上选择动态图。

④画静态图。

画直线方法：单击直线图示，然后在起始点单击鼠标，在结束点单击鼠标。画矩形方法：单击矩形图示，然后在要画矩形的左上角点单击鼠标，在右下角点单击鼠标。画圆方法：单击饼图示，然后在圆心处单击鼠标，在圆边界处单击鼠标。画椭圆方法：单击椭圆图示，然后在要画椭圆区域的左上角点单击鼠标，在右下角点单击鼠标。画扇形方法：单击扇形图示，然后在要画扇形区域的左上角点单击鼠标，在右下角点单击鼠标，拖动工具栏上的两个滚动条改变扇形的开口方向和开口大小。画弧线的方法和画扇形相同。画多边形方法：单击多边形图示，在各个边界点单击鼠标，最后回到起始点单击结束。画文字对象方法：单击文字图标，以画矩形的方式先画出一个虚线矩形作为文字的显示区域，在工具栏上的文字输入框里输入要加入的文字，按回车（ENTER）输入，然后在工具栏上选择字体、大小、颜色、粗斜体、下划线等方式。改变对象的边界线的颜色方法：单击选中对象，单击颜色表示框的左上角图示，然后在右边的颜色列表里选择边界颜色。改变对象的填充颜色方法：单击选中对象，双击颜色表示框的右下角图示，然后在右边的颜色列表里选择填充颜色。改变对象的位置方法：单击选中对象，拖动对象可以改变对象的位置。微移和微调对象方法：工具栏下部有微调按钮，单击可以对当前对象进行上下左右的微移和微调对象的大小。改变对象的形状方法：在对象的边界上拖动可以改变对象的形状；对于选中对象，工具栏上的关联工具可以改变对象的显示方式如线形、线宽、填充类型或字体等，文字对象选择文字，图形对象选择图形。复制或删除对象方法：用鼠标右键单击当前对象，可以选择复制或删除对象。增加图层方法：在工具栏上选择图层页（通过调节页导航键），然后单击"增加图层"按钮。删除图层方法：在图层页上单击"删除图层"按钮，那么当前图层（层列表框里颜色为蓝色的那层）及该图层里的所有对象将被删除。图层编辑和修改方法：可以通过在层列表框里选取某层来对该层对象进行编辑或者修改，这时别的层上的对象将不能编辑或者修改，除非再次选中该层，也可以通过单击某层层名前面的方框来使该层可见或者不可见，打钩表示可见，否则不可见。

⑤画动态图。

画动态对象时，在动态图对象工具栏上选择动态图，然后选择需要的动态图对象，在表示它的图示上单击，在编辑页上合适的位置放置对象（按下鼠标左键并拖放到适当的大小）；在工具栏左边的对象属性编辑器上对当前动态对象进行设置和编辑。动态图对象有文字描述、显示单元、静态开停、显示信息、数码管、温度计、移动物体、流动线、液位仪、示波器、表盘、底板、图片、热点位图、Gif 动画点、曲线、时钟、报警窗。

【文字描述】：用来显示传感器的描述信息或一段描述文字。用法：单击描述文字图标，按下鼠标并拖放。设置属性：透明设置为 TRUE 时只显示文字不显示底板，否则显示底板标题为要显示的描述文字范围为对象的放置方式，一般不用设。通道定义：选择一个通道来和此对象对应，如选择标题为测点的测点描述；单击通道定义右边的文字，再单击出现的图示，在弹出的测点选择对话框的左边选择测点并单击右边的确定说明，默认为测点的测点描述。

【显示单元】：用来显示传感器的值，用法和设置与文字描述类似，不过其显示的信息是由传感器自动定义，传感器的设置是通过通道定义来定义的，设置方法同文字描述。

【显示信息】：用来显示传感器的状态，其余和显示单元类似。

【静态开停】：根据开关量的状态选择合适的图表示开停状态，开关量为开时显示开态图，开关量为停时显示停态图，开关量为断线时显示断线图，其他的设置方法同文字描述。

【移动物体】：在特定的区域让特定的图片按特定的方向移动。设置属性：在方向列表里选择一个方向，时间间隔为物体移动的频率，启动为 TRUE 时物体按指定的方向移动，否则静止，设置通道定义。

【温度计】：用来显示测点的温度情况，显示内容由测点决定，而测点通过通道定义来设置。

【示波器】：用波形的方式表示测点值的变化情况。设置属性：时间间隔为网格左移的时间间隔，而测点通过通道定义来设置。

【液位】：表示液位或其他动态变化的值，属性的设置方法同示波器。

【热点位图】：为到别的页面建立连接，当进入图页显示中后，单击该连接就可以进入所设置的页面；设置方法是选择一个充当连接的图片，然后设置属性"图号"，选择希望到达的页面。

【底板】：主要用于放置其他对象，尤其是移动物体对象，移动物体可以只在底板内移动，这样通过改变底板的位置和大小就可以改变移动物体的移动位置。

【Gif 动画点】：用一个后缀名为"Gif"的动画文件表示一个测点的状态，通过"通道定义"来选择测点，通过"Gif 图片"来选择动画文件。

【报警窗】：在页面中嵌入一个报警窗口。

【时钟】：显示当前系统时间，属性显示格式可以是图形方式或文字方式。

【流动线】：以流动的线条来表示测点的动态变化，可以改变流动线的流动方向、颜色、快慢，分别通过设置属性方向、线段1颜色、线段2颜色、时间间隔来设置，其中时间间隔以毫秒为单位，1000为1s。

【多个对象的排列】：当有多个对象需要对齐时可以同时选中多个对象。先选中一个，按住SHIFT键点中别的对象就可以单击左对齐、右对齐、上对齐、下对齐、竖直居中、水平居中来对多个对象进行相应的排列。

⑥删除图元。选中要删除的图元，静态图元点鼠标右键删除图元；动态图元直接按DELETE键删除。

⑦鼠标右键。通过鼠标右键可以隐藏页文件选择窗和窗口菜单或者是恢复它们，还可以删除某个选中的对象。

⑧保存和退出。页文件新建或修改后必须保存才能存入数据库，按【保存】或【另存】按钮进行保存。要删除已存在的页文件，在退出前先单击【设计】按钮，以退出设计模式。要改变页文件必须先进入设计模式，同样单击【设计】按钮，然后单击【退出】按钮，进行退出。

（5）日报选点

从系统主控台的工具栏中先选中【定义】按钮，在展开的工具中选中【日报选点】，即进入日报选点模块的主接口。

1）部件功能和主要特点

【组名】：日报表的名字。【类型】：有模拟量和开关量两种报表类型，即右边的通道类型，模拟量为A，开关量为D。

下面的两个测点定义框，左边为待选测点，右边为已选测点。

2）操作步骤

①单击【增加】按钮，组名为空，下面右边的测点框为空，右边的组名出现一条空记录。选择模拟量或开关量，输入组名后，单击点上面的【保存】按钮。

②选中一个组名，系统会根据模拟量或开关量，自动列出相应测点，单击左边列表中的测点，按【 〉】按钮增加到右边列表框中，右边是最后选中要显示的测点，也可以单击【 <】按钮删除不要的测点，【 》】按钮是选择左边的全部增加到右边，【 《】按钮是删除右边的全部；选择完测点后单击【保存】按钮，进行保存。

③报表新建或修改后必须保存才能存入数据库，单击【保存】按钮，保存测点，然后退出。也可单击【删除】按钮，，进行删除已存在的报表，只要在右边的组名列表中选中相应的组名，然后单击【删除】按钮即可。

（6）继电器控制

从系统主控台的工具栏中先选中【定义】按钮，在展开的工具中选中【继电器控制】，即进入继电器控制模块的主接口，或从主菜单中选【控制】，再选操作子菜单也可进入继电器控制模块的主接口。

1）主要功能

对继电器的吸合进行手动控制。

【控制值】：打"√"表示对该路继电器断电，否则，表示复电。【有效值】：选择要控制的是分站的第几路继电器。

2）操作步骤

①在左端的列表中选择要控制的分站号。

②确定手控时要控制本身分站的哪一路继电器，然后选中控制值和有效值右边的 8 个（G 型 4 个）继电器选择框并在对应位置打"√"，8 个位置从左到右分别表示第 1 路到第 8 路继电器。

③单击【执行】按钮，即将控制值和有效值下发到分站，执行手控操作。

（7）标校定义

从系统主控台的工具栏中先选中【定义】按钮，在展开的工具中选中【标校定义】，即进入标校定义模块的主接口，或从主菜单中选【参数设置】，再选中【标校定义】子菜单，标校定义需要输入用户名和密码。

1）主要功能

标校窗口主要是针对检测井下设备而制定的，当对设备进行校校之前，要先设置标校标志，使系统知道当前值是标校状态下的测量值，以区分正常值；标校完成后，将标校标志去掉，使系统恢复正常测量值。注意，标校值不参加报表运算。

2）操作步骤

标校窗口主要由 3 部分组成：窗口左侧显示所有已经定义过的分站，每次只能选择一个分站；窗口右侧有两个列表框，上方的用来显示该分站的所有测点，下方的则显示所有标校过的测点。操作时，按以下步骤进行：

①用鼠标左键选择要标校的测点所在的分站。

②在右上方的列表框中会自动显示出该分站的所有测点，再用鼠标选中要进行标校的测点，如果需要设置标校标志，在选择框选中"√"。

③设置完成后，单击【保存】按钮，将结果存入数据库。

（8）页定义

从系统主控台的工具栏中先选中【定义】按钮，在展开的工具中选中【页定义】，即进入页定义模块的主接口，或从主菜单中选【参数设置】，再选中【页定义】子菜单，也可进入页定义模块的主接口。

1）主要功能

可定义显示的分页显示的内容。选择条件可以按分站和按类型。

2）操作步骤

①单击【增加】按钮，系统光标会定位在页名称上，输入页名称，单击【保存】按钮。

②单击左边列表中的测点，单击【＞】按钮，增加到右边列表框中，右边是最后选中要显示的测点，也可以单击【＜】按钮删除不要的测点，【》】按钮是选择左边的全部增加到右边，【《】按钮是删除右边的全部，测点为插入方式。

③页文件新建或修改后必须保存才能存入数据库，单击【保存】按钮，将结果存入数据库。

三、显示

1. 图页显示

从系统主控台的工具栏中选中【显示】按钮，在展开的工具中选中【图页显示】，即进入图页显示模块的主接口。

（1）主要功能

主要用于显示定制好了的图，能快速查找到要显示的图（显示页），双击图元显示的测点名称和测点号，可分别查询该测点的调用显示、数据曲线、测点定义、综合查询；还可以显示循环图，选择【多图】选项，在选择框中选择定义好的循环图。

（2）操作步骤

单击【图页显示】，选择要观察的图，如果图形太多，可以输入拼音码或定义码来查找（拼音码是图形名字的每个字的汉语拼音的第一个字母组成的字符串），或者通过单击窗口流动条上的【A】或【V】按钮来查找。

2. 通用显示

从系统主控台的工具栏中选中【显示】按钮，在展开的工具中选中【通用显示】，即进入通用显示模块的主接口。

（1）主要功能

用来记录各测点的状态及相关属性，包括所有测点、模拟量、开关量、电源供电和通信状态5部分。

（2）操作步骤

如果想察看某一部分信息，用鼠标左键单击分页控制上端的按钮进行切换即可。如果在窗口内单击鼠标右键，会弹出一个菜单，包括如下功能：

【颜色】：鼠标左键单击，弹出一个颜色选择框，供用户自行修改窗口背景色。【字体】：鼠标左键单击，弹出一个字体选择框，供用户自行修改窗口内字体大小。【实时曲线】：实时方式显示当前值的曲线。【调用显示】：显示地点、名称、报警门限、断电门限、复电门限、最大值及时刻、平均值、最大值、最小值、断电馈电信息、措施及时刻等。【数据曲线】：可以查询某段时间的实时曲线、实时数据、趋势数据、运行报告。【测点定义】：可以查询该测点的定义信息。【综合查询 L 查询某段时间的模拟量（开关量）报警记录、模拟量（开关量）馈电记录等。【关闭窗口】：鼠标右键单击退出本窗□。

3. 页显示

从系统主控台的工具栏中选丰【显示】按钮，在展开的工具中选中【页显示】，即按照页定义中定义的页的内容显示。

（1）主要功能

主要用于显示定制好了的图，能快速的查找到要显示的图（显示页），选中【循环显示】选项，输入循环显示周期，可循环显示所有的页。

（2）操作步骤

单击【页名称】窗口按钮，选择要观察的页，如果页太多，可以输入拼音码或定义码来查找，或者通过单击窗口流动条上的【A】或【V】按钮来查找。

4. 报警窗口

当模拟量监测值超限（需要报警或断电）、馈电异常（断电命令与馈电状态不符）或开关量状态为报警状态时，报警窗口自动弹出。

模拟量报警、断电和馈电异常显示内容包括模拟量的报警时刻、报警信息、名称、地点、单位、监测值、断电区域、断电状态、断电时刻、馈电状态、馈电时刻等信息。

开关量报警、断电、馈电异常和状态变动显示内容包括地点、名称、设备状态及时刻、报警状态及时刻、馈电状态及时刻、措施及时刻等。

设备故障报警窗口显示监控设备的中断、断线等情况，显示内容包括故障时刻、地点、名称、报警值等。

四、查询

1. 数据记录

从系统主控台的工具栏中选中【查询】按钮，在展开的工具中选中【数据记录】，即进入数据记录模块的主接口。

（1）主要功能

查询和显示实时数据、趋势数据，运行报告，预览和打印报表。

（2）操作步骤

1）实时数据查询。单击实时数据选项卡，选择开始日期和结束日期（单击时间输入框的下拉箭头并选择），在左边的分站列表里选择一个分站号（若分站太多也可以通过分站号输入框输入分站名的拼音码以快速检索），在实时数据页面中设置了一个过滤条件，使用户可以按照数值范围来查询数据，在【＜数值＜】旁有一个显示框，用鼠标单击右侧的软键盘来输入数值，也可直接用键盘输入，单击【查询】按钮，数据即显示在列表中，实时数据的颜色根据报警颜色的定义显示，查询完资料后，可单击【预览】按钮进行预览，或单击【打印】按钮进行打印。

2）趋势数据查询。操作步骤同实时数据查询，不同的是查询条件，用户可以按照最大值、最小值、平均值或所有值来分类查询。

2. 运行报告

从系统主控台的工具栏中选中【查询】按钮，在展开的工具中选中【运行报告】，即进入运行报告模块的主接口。

（1）主要功能

查询和显示模拟量、开关量、继电器、通信、电源的运行报告。

（2）操作步骤

选择开始日期和结束日期（单击时间输入框的下拉箭头并选择），单击【查询】按钮，然后在【选择过滤条件】中设置过滤条件（单击选中），最后单击【过滤】按钮，即显示查询结果。

3. 综合报表

从系统主控台的工具栏中先选中【查询】按钮，在展开的工具中选中【综合报表】，即进入综合报表模块的主接口。

（1）接口结构及各部件功能

综合报表主要是为了方便用户查询及打印而定制的，它将模拟量日报、模拟量24小时报表、开关量日报和开关量班报集中到一个窗口内显示。

（2）操作步骤

本窗口由4张选项卡构成，用鼠标单击某一选项卡，即可进行相关查洵。

（1）选择测点组。测点组是日报选点中定义的组名，在【选择测点组】旁的下拉列表中，选择测点组，模拟量日报、模拟量24小时报表为模拟量报表，开关量日报和开关量班报为开关量报表，系统会自动列出所定义的模拟量或开关量组名。

2）【模拟量日报】选项卡。选择查询日期（由于是日报，一次只能查询一天的数据，缺省情况下为当前日期），然后单击【查询】按钮即可。

3）【开关量班报】选项卡。设置了日期、开始班次和结束班次供用户选择，由用户根据具体情况输入（缺省情况下为当前日期，班次都为第一班），然后单击【查询】按钮即可。

4)【开关量报表】选项卡。设置了 3 个查询条件，在此为了使用户定制报表时分类更明确，特别设计了报表类型供用户选择，主要划分为日报、周报、月报、季报和年报 5 大类，用户根据自己的需要选择报表类型（用鼠标单击【报表类型】旁的下拉列表即可）；相应的右侧的开始时间和结束时间也会自动给出，如果选择日报，开始时间为上一天的 0 点，结束时间为上一天的 23 点 59 分；如果选择周报，开始时间为上周一，结束时间为上周日；如果选择月报，开始时间为上个月的第一天，结束时间为上个月的最后一天；如果选择季报，开始时间为上个季度的第一天，结束时间为上个季度的最后一天；如果选择年报，开始时间为上一年的第一天，结束时间为为上一年的最后一天；但是如果用户想按自己的规定制定时间，也可以自己选择开始时间和结束时间（用鼠标单击时间选择列表即可）。

5）预览与打印。单击【预览】按钮，可查看报表打印结果，单击【打印】按钮，进行打印。

4. 运行报告（选点）

从系统主控台的工具栏中先选中【查询】按钮，在展开的工具中选中【运行报告（选点）】，即进入运行报告（选点）的主接口。

（1）接口结构及各部件功能

运行报告（选点）与运行报告的区别在于，运行报告是所有测点的信息，而运行报告（选点）则是查询所选测点的信息。可以根据需要同时选择查看不同类型测点的值。整个窗口共分为两部分，左边是定义过的全部测点，右边是显示数据。

（2）操作步骤

1）在【开始时间】、【结束时间】输入框中，选择开始时间和结束时间。

2）用鼠标选中要查看的测点，选择框选中出现"√"。

3）单击【查询】按钮，即可显示所查看的数据。

4）单击【预览】按钮，可进行预览；单击【打印】按钮，可进行打印。

5. 信息提示

从系统主菜单中先选中【查询】，再选中【信息提示命令】，即进入信息提示模块的主接口，显示一个【值班提示 .txt】记事本文件窗口，可以对提示信息进行更改、保存，其操作方法同 Windows 的记事本。

6. 新版报表

从系统主控台的工具栏中先选中【查询】按钮，在展开的工具中选中【新版报表】，即进入新版报表模块的主接口。

（1）主要功能

报表分组为日报选点中定义的报表名，根据日报选点中定义的报表分模拟量和开关量两种，模拟量报表包括模拟量日（班）报表、模拟量报警日（班）报表、模拟量断电日（班）报表、模拟量馈电异常日（班）报表、模拟量统计值记录。

（2）操作方法

1）在【开始时间】、【结束时间】输入框中，选择开始时间和结束时间。

2）选择报表分组，在【报表分组】窗口的下拉列表中选择分组。

3）选择报表类型，在【报表类型】窗口的下拉列表中选择报表类型。

4）单击【查询】按钮，即可显示所查看的数据。

5）单击【预览】按钮，可进行预览；单击【打印】按钮，可进行打印。

6）开关量相关报表包括开关量报警及断电日（班）报表、开关量状态变动日（班）报表、监控设备故障日（班）报表。

7. 控制逻辑

从系统主控台的工具栏中先选中【查询】按钮，在展开的工具中选中【控制逻辑】，即进入控制逻辑模块的主接口。

其主要功能是查询模拟量、开关量和继电器量的相关控制关系。

模拟量可查询其控制的继电器、当前值、控制关系、控制值和回差值；开关量可查询其控制的继电器、当前值、控制关系、控制值；继电器量可查询控制它的模拟量和开关量及它们的当前值、控制关系、控制值和回差值。

8. 模拟量新版查询

从系统主控台的工具栏中先选中【查询】按钮，在展开的工具中选中【模拟量新版查询】，即进入模拟量新版查询的主接口。

（1）主要功能

模拟量新版查询包括模拟量报警记录查询显示、模拟量断电记录查询显示、馈电异常记录查询显示。

（2）操作方法

1）用鼠标单击相应选项卡标签，在窗口相应位置输入查询时间、选择查询地点等，单击【查询】按钮，即可显示查询结果。

2）模拟量报警记录查询显示。根据所选择的查询时间，显示查询时间内的累计报警次数等，显示内容包括地点、名称、单位、报警浓度、累计报警次数、累计报警时间、报警期间最大值及时刻、每次报警期间最大值及时刻、每次报警时间、每次报警起止时刻、每次报警措施、查询起止时刻等。

3）模拟量断电查询显示。根据所选择的查询时间，显示查询时间内的累计断电次数等，显示内容包括地点、名称、.单位、断电门限、复电门限、累计断电次数、累计断电时间、查询期间最大值及时刻、每次断电最大值及时刻、每次断电时间、每次断电命令及起止时刻、断电区域、馈电状态及时刻、安全措施、查询起止时刻等。

4）馈电异常记录查询显示。根据所选择的查询时间，显示查询时间内的馈电异常时刻等，显示内容包括地点、名称、单位、报警门限、断电门限、复电门限、监测值、报警及时刻、断电及时刻、断电区域、馈电状态及时刻、安全措施等。选择馈电异常记录查询显示 tab 页。

9. 开关量新版查询

从系统主控台的工具栏中先选中【查询】按钮，在展开的工具中选中【开关量新版查询】，即进入开关量新版查询模块的主接口。

（1）主要功能

开关量新版查询分开关量报警及断电记录查询显示、状态变动记录查询显示、馈电异常记录查询显示 3 个 tab 页。

（2）操作方法

1）用鼠标单击相应选项卡标签，在窗口相应位置输入查询时间、选择查询地点等，单击【查询】按钮，即可显示查询结果。

2）开关量报警及断电记录查询显示。根据所选择的查询时间，显示查洵时间内开关量累计报警次数等，显示内容包括地点、名称、报警状态、累计报警次数、累计报警时间、每次报警及断电时间、起止时刻、措施及采取措施时刻、查询起止时刻等。

3）开关量状态变动记录查询显示。根据所选择的查询时间，显示查询时间内开关量状态、变动次数等，显示内容包括地点、名称、报警及断电状态、累计报警/断电时间、动作次数等。

4）馈电异常记录查询显示。根据所选择的查询时间，显示查询时间内的开关量断电命令与馈电状态不符次数等，显示内容包括地点、名称、断电区域、馈电异常累计时间、累计次数、每次时间、起止时间、措施及采取措施时刻等。

参考文献

［1］李正祥.煤矿机电设备管理［M］.重庆大学出版社，2010.

［2］吴义顺，沈颂芸.煤矿机电设备管理［M］.中国矿业大学出版社，2012.

［3］隆泗.煤矿机电设备与安全管理［M］.西南交通大学出版社，2010.

［4］王娟，温玉春.煤矿机电设备电气自动控制［M］.化学工业出版社，2014.

［5］苏月.煤矿机电设备技术管理［M］.化学工业出版社，2014.

［6］时均龙，王伟，赵慧杰.浅谈煤矿机电设备维修管理模式及发展趋势［J］.中国煤炭，2008（05）：59-60.

［7］曲冬，杜艳华.煤矿机电设备维修技术管理的现状与对策［J］.煤炭技术，2009，28（002）：187-188.

［8］叶铁丽，林金钟.煤矿机电设备维修管理模式初探［J］.中国煤炭，2000（09）：13-15.

［9］张强，崔冬，倪健，等.煤矿机电设备管理信息系统设计研究［J］.中国煤炭，2006（08）：26-27.

［10］王占奎.浅析煤矿机电设备维修管理模式及发展趋势［J］.能源与节能，2018，000（004）：174-176.

［11］郭国政.煤矿安全技术与管理［M］.冶金工业出版社，2006.

［12］孙泽宏，朱云辉.煤矿安全技术［M］.中国矿业大学出版社，2012.

［13］吴强，秦宪礼，张波.煤矿安全技术与事故处理［M］.中国矿业大学出版社，2001.

［14］邱阳，刘仁路.煤矿安全技术与风险预控管理［M］.冶金工业出版社，2016.

［15］侯殿坤.露天煤矿安全技术教程［M］.内蒙古大学出版社，2011.

［16］王国林.我国煤矿安全技术的研究与发展［J］.经营管理者，2009（04）：178.

［17］王其军，程久龙.人工智能及其在煤矿安全技术中的应用探讨［J］.矿

业安全与环保，2005（05）：23-25.

[18]桂兵，张士斌，陈本华.冲击地压矿井安全技术管理探讨和研究［C］//山东省煤矿冲击地压防治研讨会议论文集.2007.

[19]罗勇.提升煤矿安全技术应用效果的有效措施［J］.2016.

[20]冉宪荣.关于现代煤矿安全技术培训的探讨［J］.黑龙江科技信息，2008，000（005）：37-37.